全国医药类高职高专规划教材·药品类专业

供药学、医学检验、药物制剂、生物工程、预防医学、中药学、药品营销等专业用

无机化学

主　编　吴小琼　王志江

副主编　商传宝　于　辉　宋　慧

编　者（按姓氏笔画为序）

于　辉　承德护理职业学院

王　蓓　首都医科大学燕京医学院

王志江　山东中医药高等专科学校

吴小琼　安顺职业技术学院

宋　慧　广西医科大学

李彩云　天津医学高等专科学校

陈　卓　安顺职业技术学院

顾　明　安顺职业技术学院

商传宝　淄博职业学院

曾平莉　浙江医药高等专科学校

U03391396

西安交通大学出版社

XI'AN JIAOTONG UNIVERSITY PRESS

内容简介

　　《无机化学》教材分为上、下两篇。上篇为理论部分共八章,下篇为实训部分共十二个实训。编写时以无机化学的四大平衡为主线进行编写,主要内容为四大平衡、两结构(原子结构、分子结构)、元素及其化合物的性质及在医药上的应用,把与医药类专业相关的无机化学基础知识和基本技能贯穿到后续课程特别是专业课程中。本教材适用于药学、医学检验、药物制剂、生物工程、预防医学等专业教学使用,也可供其他相关专业参考使用。

图书在版编目(CIP)数据

　　无机化学/吴小琼等主编. —西安:西安交通大学
出版社,2012.8
　　ISBN 978 - 7 - 5605 - 4444 - 1

　　Ⅰ.①无… Ⅱ.①吴… Ⅲ. ①无机化学Ⅳ. ①O61

　　中国版本图书馆 CIP 数据核字(2012)第 145539 号

书　　　名	无机化学	
主　　　编	吴小琼　　王志江	
责任编辑	问媛媛	
出版发行	西安交通大学出版社	
	(西安市兴庆南路 10 号　邮政编码 710049)	
网　　　址	http://www.xjtupress.com	
电　　　话	(029)82668357　82667874(发行中心)	
	(029)82668315　82669096(总编办)	
传　　　真	(029)82668280	
印　　　刷	陕西元盛印务有限公司	
开　　　本	787mm×1092mm　1/16 　**印张** 14　彩页1页　**字数** 331千字	
版次印次	2012 年 8 月第 1 版　　2012 年 8 月第 1 次印刷	
书　　　号	ISBN 978 - 7 - 5605 - 4444 - 1/O·403	
定　　　价	28.00 元	

前　言

本教材的编写是根据医药类专业学生学习专业课程及其他相关课程的需要,在已经学习高中化学的基础上,介绍无机化学的基本理论、基础知识和基本操作技能。其总任务是使学生获得无机化学基础理论、基本知识和实验操作的基本技能,提高观察、分析、解决问题的能力,为学好基础课和专业课奠定基础。

全书以无机化学的四大平衡为主线进行编写。主要内容为四大平衡、两结构(原子结构、分子结构)、元素及其化合物的性质及在医药上的应用。上篇为理论部分共八章。下篇为实验部分共十三个实验项目。在编写上力求实用为先、够用为度;在内容取舍上注意理论与实际结合,过程设计突出开放性、职业性和实用性;适当降低难度;按"基础够用,突出技能"的原则安排教学内容,充分反映高职高专医药类专业的特色。教材后附有各种常用表和参考文献。

本教材体现高职高专的教学特色,遵循"三基(基本理论、基本知识、基本技能)五性(思想性、科学性、先进性、启发性、适用性)"和"三特定(特定的读者对象、特定的时限、特定的内容)"的编写原则,为培养应用型人才服务。为了提高学习者的兴趣,教材尽量做到通俗易懂、简明扼要,力争做到既可作教师的教本,又是学生的读本。教材整体优化,把培养职业能力作为主线,并贯穿始终,创新性编写模板,为便于教师教学和学生阅读,分五个模块编写:学习目标、正文、知识拓展、小结、目标检测。突出专业特色,服务专业要求。

本教材由具有多年教学经验的教师编写并征求后续课程教师的意见和建议,以确保前期课程为后续课程服务,并设置知识板块供教师和学生阅读,既能体现专业特色,又能丰富学科实践内容,为学生实习、走上工作岗位打好基础。在编写过程中尽量不与中学教材内容重复,编者紧紧围绕课程总目标(培养技能型、应用型、符合市场需要的专业技术人才),参阅大量新出版的化学教材,分章编写,互审稿件,以提高教材质量。

本教材主要供医药类高职高专药学、医学检验、药物制剂、生物工程、预防医学等专业教学使用。也可作为同类院校师生的参考书。各校使用该教材时可在保证该课程基本内容的前提下酌情取舍,章节的编排只作为参考,各校可自行安排。

鉴于编者学术水平有限,编写时间仓促,编写过程中虽经过数次修改,不妥之处也在所难免,敬请读者及同行批评指正,同时对在编写过程中提供鼎力相助的同行一并致谢。

编　者
2012 年 6 月

目 录

上篇 理论知识

附录

主要参考文献

上 篇

理论知识

绪　论

学习目标

【知识目标】
- 掌握无机化学的基本概念及研究对象。
- 熟悉无机化学的学习方法。
- 了解无机化学与医学的关系；无机化学的分支及各分支之间的关系。

【能力目标】
- 能处理好无机化学与医药的关系。

化学是研究物质的组成、结构、性质及变化规律的一门自然科学。化学研究的对象是物质，物质是不依赖于人们的感觉而存在，并且可以被人们的感觉所认识的客观存在，简而言之，物质是客观存在的东西。当今化学发展的趋势大致是：由宏观到微观，由定性到定量，由稳定态到亚稳定态，由经验上升到理论并用理论指导实践，进而开创新的研究。化学各分支学科与边缘学科的建立产生了众多的分支学科，其中经典的四个分支学科是：无机化学、有机化学、分析化学、物理化学。化学在人类的生存和社会的发展中起着重要的作用，化学的发展历经了古代化学、近代化学和现代化学三个时期。从古代开始人类就从事与化学相关的生产实践，如制陶、冶金、酿酒。

近几十年，古老的无机化学发生了飞跃，特别是结构理论的发展和现代物理方法的引入，使人们对大量无机物的结构和变化规律有了比较系统的认识，积累了丰富的热力学和动力学数据，无机化学这门学科不断从描述性向推理性过渡、从宏观向微观深入、从定性向定量转化，展示出了一部辉煌的发展史。无机化学作为自然科学中的一门重要学科，主要是在分子层次（分子、原子或离子）以及以超分子为代表的分子以上层次上研究物质的组成、结构、性能、变化、变化过程中的量能关系以及所遵循规律的科学——是自然科学中的基础学科（中心学科之一）。它是人类认识自然，改造自然，从自然中得到物质文明的一种重要依据，如新能源的开发利用、环境保护、功能材料的研制、生命奥秘的探索等都与无机化学的发展密切相关。随着整个社会地不断发展，无机化学已经深入到人类生活的各个领域，并在国民经济中起着越来越重要的作用。

第一节　无机化学的研究内容

无机化学在化学科学中处于基础和母体地位，是化学领域中发展最早的分支学科，它对整个化学的发展一直起着非常重要的作用。无机化学是研究所有元素的单质和化合物（碳氢化合物及其衍生物除外）的性质、结构和化学变化的规律及其应用的学科。无机化合物简称无机物,指除碳氢化合物及其衍生物以外的一切元素及其化合物,如水、食盐、硫酸、一氧化碳、二氧化碳、碳酸盐、氰化物等。其总任务是使学生获得无机化学基础理论、基本知识和实验操作的基本技能,提高观察、分析、解决问题的能力,为学习医药学基础课和专业课奠定基础。

无机化学是随着元素发现而逐步发展起来的,已形成了许多分支学科,如普通元素化学、无机高分子化学、稀土元素化学、配位化学、无机合成化学。无机化学一方面继续发展本身的学科,另一方面正在同其他学科进行渗透交叉,如(向生物学渗透形成)生物无机化学、(无机化学和有机化学交叉形成)金属有机化学、环境化学、地球化学、海洋化学、药物无机化学、材料科学等,这些学科都为无机化学的研究和发展开辟新的途径。

无机化学是一门理论与应用并重的科学。在发展进程中,鉴于人们对于无机化学理论和实验科学体系的研究要求和生产需求,导致无机化学基础理论的形成,拓宽了现代无机化学的领域,刺激无机化学研究进入了一个崭新的时代。如:元素无机化学中由于稀土元素的特殊电子构型,具有许多独特的电、光、磁性质,使新型稀土永磁材料、稀土激光晶体、稀土高温超导材料等不断问世。近年来,人们对于新理论、新方法、新领域、新材料以及高产出和低污染等的追求,促进了无机化学的深入研究。因此无机化学的任务除了传统的研究无机物质的组成、结构、性质及反应外,还要不断运用新的理论和技术,研究新型无机化合物的开发和应用,以及新研究领域的开辟和建立。

本教材根据医药专业的需要,课程的内容主要包括无机化学的基本概念,如溶液渗透压的概念、氧化还原的概念、配合物的概念等;基本理论,如原子结构、分子结构、化学平衡(酸碱平衡、沉淀-溶解平衡、氧化还原平衡和配位平衡)等;化学计算,如化学平衡的计算、电极电势的计算、溶液浓度的计算等;元素及其化合物的性质、实验等。

第二节 无机化学与医药的关系

近现代以来,疾病的诊断、治疗和预防都离不开化学。无论是合成药物的研发、天然药物的提取,还是药物剂型、药理及生物解毒的研究,都要依靠化学知识。药物在煎煮和炮制过程中发生了化学反应。合成药物和化学检验则完全依赖化学。化学已经渗透到许多与生命科学有关的研究领域(如分子生物学、药学)和工业过程(如制药)中。

一、无机化学与人类健康

人类早已认识到生命机体的构成和活动与有机物质息息相关,然而随着人类对生命奥秘探索地不断深入,也认识到了无机物质在生命活动中的重要作用,无机化学与人类健康的关系日益显现出来。如有些无机物质作为矿物药(表1),是中药的重要组成部分。我国矿物药种类繁多,应用矿物药治病历史悠久。《中药大辞典》、《全国中草药汇编》等专著也有矿物药记载。

人类维持生命所必需的元素为生命必需元素。生命必需元素不仅是生物体的重要组成部分,而且不同的元素具有不同的功能,特别是生物工程体的一些微量元素,与生物体的物质代谢、能量代谢、信息传递、生物解毒等多方面的生命活动过程紧密相关(表2)。微量元素不足或过量都会引起病变。

表 1　常见的几种矿物药

名称	主要成分	功效	常用中成药
雄黄	As_2S_3	解毒、杀虫	牛黄解毒丸
胆矾	$CuSO_4 \cdot 5H_2O$	催吐、化痰、消淤	光明眼药水
石膏	$CaSO_4 \cdot 2H_2O$	生用清热、泻火	明目上清丸
无名异	MnO_2	去痰止痛、消肿生肌	跌打万花油

表 2　微量元素在人体中的作用

元素	缺乏引起的疾病	过量引起的疾病
Fe	贫血	肝硬化
Cu	贫血、冠心病	癫痫
Ca	骨骼畸形	白内障、胆结石、动脉硬化
Mn	不孕、死胎	运动机能失调、头痛
Zn	侏儒症	高热症、致癌
Na	肾上腺皮质机能减退	高血压
Cr	糖尿病、动脉硬化	肺癌

二、新药中的无机化学

　　医药学是生命科学的一部分,其任务是预防和治疗疾病、促进身体健康,并揭示药物与人体及病原体相互作用的规律。

　　目前在新药开发中,以无机物为主的制剂也大量出现。研究金属元素和药物的关系,研究在生物体内由于某些元素的失衡所引起的各种疾病和治疗这些疾病的药物以及治疗手段,即药物无机化学,是近十多年来十分活跃的一个领域,可以认为是生物无机化学的一个分支。例如:用无机化学和有机化学的理论和方法合成具有特定功能的药物,研究各种无机和有机化学反应以了解药物的结构-性质-生物效应关系;在药物生产中,分析原料药、药物中间体以及制剂中的有效成分及杂质;用物理化学的方法研究药物的稳定性、生物利用度及药物代谢动力学;用化学的概念和理论解释病理、药理和毒理的过程,提出解决问题的办法。

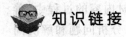 知识链接

无机化学的发展前景

　　(1)抗癌药物的研究。最近的研究表明,在抗癌化合物的任意筛选中,从无机化合物中发现活性物质的概率要比在有机化合物中大 25 倍。例如铂系配合物的抗癌药物,1967 年,人们发现顺铂(顺式-二氯二氨合铂)具有抗肿瘤活性,目前已经研制和开发出第二和第三代铂类抗癌药物卡铂(顺-环丁二羧二氨基合铂)。

　　(2)金属配合物解毒剂。依地酸二钠钙是临床上治疗铅中毒及某些放射性元素中毒的高

效解毒剂。二巯丁二酸钠是我国创制的解毒剂,用于锑、汞、铅、砷及镉等中毒。

(3)纳米中药。20世纪90年代纳米中药的问世,又为应用无机化学开辟了一个新领域。将矿物药制成纳米颗粒(0.1～100 nm)、微囊、贴剂等多种剂型,大大提高了临床疗效。

第三节　无机化学的学习方法

无机化学是医药类专业的一门重要专业基础课。学习无机化学的目的是使学生通过理论课的学习为今后有机化学、分析化学及其他医药类专业课程的学习打好基础。通过配套实验课程掌握一些基本实验技能,为专业技能的形成奠定基础。同时养成高效率的学习方法,培养较强的自学能力,提高自己的创新意识、独立思考和独立解决问题的能力。

无机化学课程内容主要包括:四大平衡和基本理论、元素各论、拓宽内容及实验部分。为确保学好无机化学,要做好如下几个方面:

(1)课前做好预习,提高学习能力。根据每章前的"学习目标"了解每章的重点、难点,讲授的基本内容,做到心中有数。做好课前预习,完成老师布置的阅读提纲或阅读思考题,把握重点难点,预先了解知识的脉络体系。

(2)课堂认真听讲,记好笔记。课堂听讲十分关键,老师授课包含其教学经验,内容经过了精心设计,以突出重点和化解难点。有些讲授内容、比拟、分析推理和归纳会很生动深刻,对理解很有帮助。听课时要紧跟老师的思路,积极思考。特别要注意弄清基本概念、基本原理。注意教师提出问题、分析问题和解决问题的思路和方法,从中受到启发,培养自己良好的思维方式。听课时应适当做好笔记,重点记下讲课内容,以备复习、回味和深入思考。

(3)课后归纳,启发思考。从原子结构变化的本质去学习和认识元素化合物性质的变化规律,牢固掌握和运用四大平衡和基本理论。每章内容学习完之后,应归纳总结本章所学内容。归纳总结可以按照事物求同的某种属性,运用求同思维去进行;也可以根据事物本质加以概括,使知识更加简约、精练,更加便于理解和记忆。鼓励创新,利用现代化手段激励学生学以致用,启迪智慧。

(4)注重实验,增强教学互动性。实验课是无机化学课程的重要组成部分,是理解和掌握课程内容、学习科学实验方法、培养动手能力的重要环节。通过实验可以帮助学生形成化学基本概念、基本理论,认证所学过的定义和原理,理解和巩固化学基础知识,同时为专业技能的形成打下扎实的基础。

最后还想强调一点,就是不要习惯于单纯地死记教材内容,而是要求同学们顽强地钻研教材,力求融会贯通。在理解的基础上掌握学过的内容,并在辩证地思考教材内容的过程中,善于提出问题,为解决这些问题,学会利用各种参考资料,通过思考提高自己分析问题和解决问题的能力,从中培养主动的学习习惯。"去分析怎样从不知到知,怎样从不完善的、不确切的知识到比较完全、比较确切的知识。"

第一章 原子结构与化学键

学习目标

【知识目标】

* 掌握原子核外电子排布的原理;原子的电子层结构与元素周期律、元素性质之间的关系。
* 熟悉四量子数的物理意义及取值规则;共价键的特征,现代价键理论和杂化轨道理论的基本要点。
* 了解原子核外电子运动的基本特点;原子轨道和电子云的概念;化学键的含义、基本类型和杂化轨道理论的基本要点;分子间作用力、氢键及它们对物质性质的影响。

【能力目标】

* 会判断四个量子数的取值规则,并能熟练地利用四个量子数的具体取值判断电子的具体运动状态。
* 会对周期表中前四周期元素的原子进行核外电子排布,并能根据核外电子排布判断元素在周期表中的具体位置(周期、族、区)。

第一节 原子结构与元素周期表

一、原子的组成

自然界物质的种类繁多,性质千差万别,它们的相互作用更是千变万化。究其原因,是与物质的结构(原子结构、分子结构等)有关。原子是组成物质的基本单元,它由原子核和核外电子组成,原子核由带正电荷的质子和不带电的中子组成,核外电子带负电,整个原子对外呈电中性。化学变化本质上是构成物质的原子的重新排列和组合的过程,在这个过程中,原子核并不发生变化,变化的只是核外电子。因此要了解物质的性质及其变化规律,首先必须了解原子的内部结构,特别是核外电子的运动状态。

二、核外电子的运动状态

(一)微观粒子运动的特殊性

要了解电子在核外的运动状态,必须先要了解核外电子运动的特殊性,找出运动规律,并且用一定的方法来描述这种运动规律。

原子中的电子质量很小(9.1×10^{-31} kg),运动速度极快(约为 10^6 m·s^{-1}),属微观粒子范畴,它的运动不遵守牛顿力学规律,不能用研究宏观物体的方法来研究微观粒子。微观粒子有诸如波粒二象性、测不准原理、量子化(表征电子运动状态的某些物理量具有不连续性变化的特征)等不同于宏观物体的运动属性。因此首先应了解微观粒子运动的特殊性。

1. 波粒二象性

波粒二象性是指微观物质既具有波动性又具有粒子性。在经典理论中,粒子和波是两种截然不同的概念。粒子有一定的体积、质量,其运动有确定的轨迹;波则没有一定的体积、无静止质量,它的运动没有一定的轨迹可寻,而是用波长、频率、周期等来描述,具有干涉、衍射等现象。所以,是粒子就不能是波,是波就不能是粒子。

但是,在微观体系中波和粒子的界限就模糊了。大家都知道光在传播中会产生干涉、衍射等现象,是传统上认为的波。但在一些实验中光却表现出了粒子性,如实物反射光、光电效应等,说明光又具有粒子性,是由一个一个能量子(光子)组成的,即光既具有波动性又具有粒子性,它具有波粒二象性。既然光在某些场合表现出了粒子性,那么粒子是否也会表现出波动性呢?1924年法国物理学家德布罗意(de Broglie L. V.)提出假设:二象性并非光所特有,一切运动着的实物粒子也都具有波粒二象性。并且推导出质量为 m,运动速度为 v 的粒子,相应的波长 λ 可由下式求出:

$$\lambda = h/P = h/mv \qquad (1-1)$$

式中 h 为普朗克常数,其值为 6.626×10^{-34} J·s;P 为动量;λ 为具有静止质量的微观粒子运动时的波长,称为物质波,是标志波动性的物理量。质量、能量是标志粒子性的物理量,故上式体现了波粒二象性。

1927年,在电子通过金属箔或晶体粉末的实验中,发现了类似衍射的现象(图1-1)。这是电子流具有"波"的特性的证明,即电子亦具有波动性,从而证实了德布罗意设想的正确。所以波粒二象性其实是一切运动物体的属性,只不过宏观物体如尘埃,质量较大,其运动时表现出的波长几乎趋于零,很难观察到衍射现象,主要表现为粒子性。而微观粒子如电子,质量极小,其运动时表现的波长就很显著了,故表现出波动性。

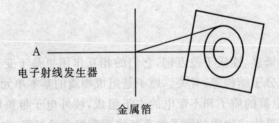

A ———
电子射线发生器

金属箔

图1-1 电子衍射装置示意图

【例1-1】 若电子以 5.9×10^6 m·s^{-1} 的速度运动,试计算其在运动中表现出的波长是多少?若一颗质量为 20 g 的子弹,以 10^3 m·s^{-1} 的速度运动,它的波长又是多少?

解: $\lambda_1 = \dfrac{h}{mv} = \dfrac{6.626 \times 10^{-34}}{9.1 \times 10^{-31} \times 5.9 \times 10^6} \approx 1.23 \times 10^{-9}$ m $= 123$ pm

$\lambda_2 = \dfrac{h}{mv} = \dfrac{6.626 \times 10^{-34}}{20 \times 10^{-3} \times 1 \times 10^3} \approx 3.31 \times 10^{-35}$ m $= 3.31 \times 10^{-23}$ pm

2. 测不准原理

对于宏观物体,如人造卫星、飞行的导弹、运动的汽车等,从上面的例子可以看出其物质波趋近于零,无波动性,它运动时有确定的轨道,根据牛顿力学理论,可以同时准确确定它们在某一瞬间所在的位置和速度。例如,高射炮打飞机就是测量飞机的飞行速度和它的坐标(即位置)而确定飞机航道的。但是微观粒子如原子核外的电子,由于质量小,速度快,具有波粒二象性,因此不可能同时准确测定它的空间位置和速度,而是符合海森堡(Heisenberg W.)的测不准关系。

$$\Delta P \cdot \Delta x \approx h \quad 或 \quad m \cdot \Delta v \cdot \Delta x \approx h \tag{1-2}$$

式中,ΔP 为动量的不准确程度;Δx 为位置的不准确程度;Δv 为速度的不准确程度;m 为微观粒子的质量;h 为普朗克常数。

由测不准关系可知,微观粒子位置测定准确度越高(Δx 越小),则其动量或速度的测定准确度就越差(ΔP 或 Δv 越大),反之亦然。

【例 1-2】 质量为 1 g 的宏观物体,若其位置不准确度 Δx 为 10^{-6} m(已是相当准确),问此时速度的不准确度 Δv 是多少?

解: 由 $m \cdot \Delta v \cdot \Delta x \approx h$,有

$$\Delta v = \frac{h}{m\Delta x} = \frac{6.626 \times 10^{-34}}{10^{-3} \times 10^{-6}} = 6.625 \times 10^{-25} \text{ m} \cdot \text{s}^{-1}$$

由此可以看到速度的不准确量是如此的微小,已远远小于测量误差,说明测不准原理对宏观物体是不起作用的,即宏观物体可以同时准确测量其位置和速度。

【例 1-3】 质量为 9.1×10^{-31} kg 的电子,若 Δx 为 10^{-11} m,则其 Δv 是多少?

解: $\Delta v = \frac{h}{m\Delta x} = \frac{6.626 \times 10^{-34}}{9.1 \times 10^{-31} \times 10^{-11}} \approx 7.3 \times 10^{7}$ m $\cdot$ s^{-1}

结果表明,这个不准确量已大于电子自身的运动速度[电子的速度一般在 $10^4 \sim 10^7 (\text{m} \cdot \text{s}^{-1})$],可见要同时准确测定电子的位置和速度是不可能的。这也说明电子不可能有确定的轨道。

(二)核外电子运动状态的描述

宏观物体的运动规律可以用牛顿力学方程来描述,即物体在任一瞬间都有某一确定的位置或速度。而电子属于波动性粒子,按测不准原理,它在原子中的运动轨迹是无法用位置和速度来描述的,那么如何来研究原子中电子的运动状态呢?量子力学通过研究电子在核外空间运动的概率分布来描述电子运动的规律性。1926 年,奥地利物理学家薛定谔(Schrodinger E.)根据德布罗意关于物质波粒二象性的观点,建立了著名的描述微观粒子运动状态的量子力学波动方程,称为薛定谔方程:

$$\frac{\partial^2 \Psi}{\partial x^2} + \frac{\partial^2 \Psi}{\partial y^2} + \frac{\partial^2 \Psi}{\partial z^2} + \frac{8\pi^2 m}{h^2}(E-V)\Psi = 0 \tag{1-3}$$

式中,Ψ 为波函数;x、y、z 为电子位置的空间坐标;m 为电子质量;E 为电子总能量;V 为电子势能;h 为普朗克常数。

求解薛定谔方程也就求出了描述核外电子运动状态的波函数 Ψ,但由于求解过程涉及十分复杂的、较深的数学计算,这里不作介绍。

1. 电子云的概念

(1)电子运动的统计解释 在日常生活中,常常用到统计方法。例如,对一个具一定射击水平的运动员,虽然无法预测每发子弹命中靶子的具体位置,但是,如果对他连续多次的射击进行统计,就会发现命中率的分布是有规律的。如在 1000 次的练习中,有 500 次中十环,我们

就说,他中十环的机会是50%或0.5;有250次中九环,就说中九环的机会是25%或0.25;有1次脱靶,那么脱靶的机会就是0.1%或0.001,等等。这种"机会"的百分数(或小数)就称为概率。因此,也可以说,中十环的概率是0.5,中九环的概率是0.25,脱靶的概率是0.001。

再看靶子上的洞眼,就会看到一张围绕中心分布的斑斑点点的图像。在这个图像上,中心的洞眼最密,外围的洞眼依次变稀。因此又可以说,中心的概率密度最大,外围的概率密度依次变小。所以,概率密度是指空间某处单位体积中出现的概率大小,即:概率 = 概率密度 × 体积。

(2)电子云是概率密度分布的形象化表示 电子云是概率密度分布的形象化表示。假如能够深入到原子内部,对氢原子的一个电子在核外运动的情况进行观察,并用照相机拍下该电子在核外空间每一瞬间出现的位置,会发现在每张照片上电子出现的位置是偶然的(图1-2),但是若把大量的照片,以原子核位置为中心重叠起来就可发现明显的统计规律(图1-3)。

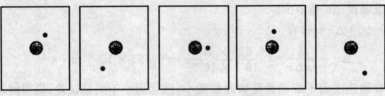

图1-2 氢原子核外电子瞬间照片

在离核较近的地方黑点密集,说明电子在这些区域出现的机会多,即电子在这些区域出现的概率大,反之,离核较远的区域黑点较稀疏,说明电子在这些区域出现的机会少,即概率小。图1-3形象地反映了电子在原子中的概率分布情况,其形状就像在原子核外笼罩着一团电子形成的云雾,故称之为电子云。需要注意的是图中的黑点数目并不代表电子的实际数目,而是表示在某一瞬间电子在该位置出现过。

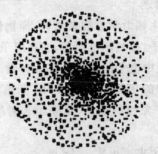

图1-3 氢原子1s电子云

综上所述,概率密度和电子云都是电子在核外空间运动状态的描述。不同的是,概率密度是一种数值$|\Psi|^2$,由解薛定谔方程求得;电子云是一种图像,是概率密度分布的形象化表示。$|\Psi|^2$在空间分布的具体图像即为电子云。

电子云描述核外电子运动状态,包括以下几个方面:

① 电子云在核外空间的扩展程度:电子云在核外空间扩展程度越大,所对应电子的能量也越高,不同能量电子在核外运动的区域是分层的,叫能层(电子层)。能层按能量由低到高分第一、二、三、四、五、六、七……层,分别称为K、L、M、N、O、P、Q……层。

② 电子云的形状：处在同一能层中的电子能量也有差异，表现在电子层的形状不同。处于第一能层电子的电子云只有一种形状：球形对称的 s 电子云；处于第二能层的，有两种形状：s 电子云和哑铃型的 p 电子云；处于第三能层的有三种形状：s 电子云、p 电子云和四叶花瓣型的 d 电子云；处于第四能层的，有四种形状：s 电子层、p 电子层、d 电子云及形状更为复杂的 f 电子云(图 1-4)。为表达处在一定能层而又具一定形状电子层的电子，应用"能级"(亚层)的概念。第一能层(K)只有 1s 能级，第二能层(L)有 2s 和 2p 两个能级，第三能层(M)有 3s、3p、3d 三个能级……

③ 电子云在空间的伸展方向：s 电子云是球形对称的，即处于 s 状态的电子在核外空间半径相同的各个方向上出现的概率密度相同。p 电子云在空间有三种不同的伸展方向，它们相互垂直，分别是 p_x、p_y 和 p_z。d 电子云有五种不同取向，分别为 d_{z^2}、$d_{x^2-y^2}$、d_{xy}、d_{xz}、d_{yz}。f 电子云有七种取向。

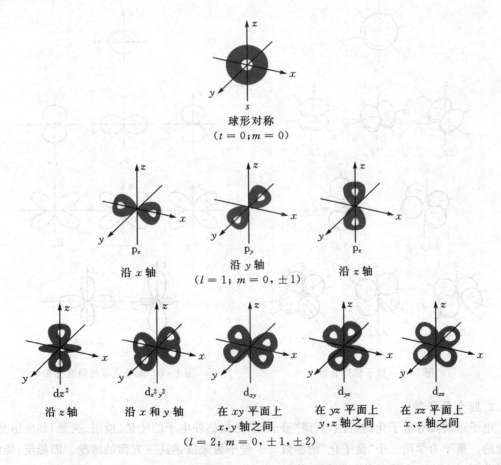

球形对称
$(t = 0; m = 0)$

沿 x 轴　　　沿 y 轴　　　沿 z 轴
$(l = 1; m = 0, \pm 1)$

沿 z 轴　　沿 x 和 y 轴　　在 xy 平面上　　在 yz 平面上　　在 xz 平面上
　　　　　　　　　　　　x,y 轴之间　　y,z 轴之间　　x、z 轴之间
$(l = 2; m = 0, \pm 1, \pm 2)$

图 1-4　电子云模型

(3)波函数、原子轨道和电子云的区别与联系　一定的波函数描述电子一定的空间运动状态。如 Ψ_{1s}、Ψ_{2s}、Ψ_{2px}、Ψ_{3d} 等，分别表示电子处于不同的空间运动状态。处于一定运动状态下的电子，有一定的概率分布。这就好像用经典力学描述物体运动轨道的情况一样，量子力学中常常借用经典力学中的"轨道"一词，称原子中一个电子的可能空间运动状态为原子轨道。而

这种可能的运动状态各由一个波函数描述。显然,原子轨道与波函数是等同的概念。如 Ψ_{1s},表示 1s 原子轨道,通俗地说,电子在 1s 轨道上运动,科学地说则是指电子处于 1s 的空间运动状态。要注意的是,不能把原子轨道的含义同行星轨道等宏观物体轨道的概念混同。如氢原子 1s 原子轨道的空间图形是个球,其电子在空间出现的概率密度分布是球形,此时不应理解为电子是绕核做圆周运动。

还需注意的是,原子轨道的含义并不等于电子云。原子轨道是指电子的一种空间运动状态,这种空间运动状态除了有一定的概率分布外,还有其他的物理性质如能量、平均距离等。而电子云只是电子在空间出现的概率密度分布的形象化表示。即电子云图形是指 $|\Psi|^2$ 的空间分布图形,而原子轨道的图形是指 Ψ 的分布图形。原子轨道的轮廓图和角度分布图如图 1-5、1-6 所示。

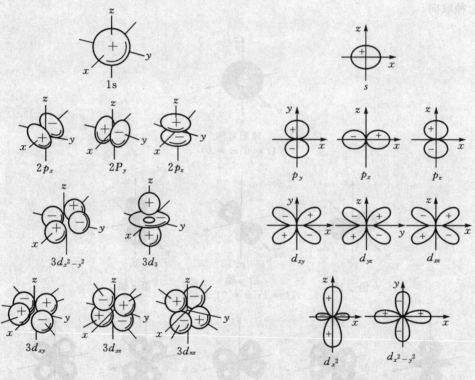

图 1-5 原子轨道轮廓   图 1-6 原子轨道的角度分布

2.四个量子数

电子运动具有量子化的特性,所谓"量子化"是指核外电子的能量(能层、能级)和轨道是不连续的。量子力学用三个"量子化"的参数——量子数来描述这三方面的情况。即能层、能级、轨道分别对应于三个量子数的可能取值。

(1)主量子数 n　对应于能层(电子层)。表示电子所属电子层(指电子在核外空间出现概率最大的区域)离核远近的参数,也是决定轨道能量的主要因素。它的取值为 1,2,3,4……自然数。

(2)角量子数 l　与能级(亚层)对应的量子数。表示电子在空间角度分布的情况,即与电子云的形状有关。l 的取值受主量子数 n 制约,可取从 0,1,2,3……至 $(n-1)$。l 取值与能级的对应关系如下：

角量子数 l 的取值	0	1	2	3	4
能级符号	s	p	d	f	g

对于多电子原子，l 还是决定电子能量的因素之一。

（3）磁量子数 m　与轨道对应的量子数，是表示原子轨道在空间的伸展方向。m 取值受角量子数 l 制约，从 $0,\pm1,\pm2\cdots\cdots\pm l$。当 $l=0$ 时，m 只有一个取值 0；当 $l=1$ 时，m 有三个取值：$0,\pm1$；当 $l=2$ 时，m 有五个取值：$0,\pm1,\pm2$。因此，s、p、d、f 能级的轨道数有 1，3，5，7 个。同一能级下的原子轨道能量是相同的，如 $2p_x$、$2p_y$、$2p_z$ 称为等价轨道（简并轨道）。

实验证明，电子除了在核外高速运动之外，自身还作自旋运动。

（4）自旋量子数 m_s　自旋量子数是描述电子自旋状态的参数。由于电子的自旋方向只有"顺时针"、"逆时针"两种，因此自旋量子数的值只有两个，即 $+\frac{1}{2}$ 和 $-\frac{1}{2}$。

综上所述，明确了四个量子数就可以确定电子在原子核外的运动状态。其中 n 确定了电子所在的电子层；l 确定了原子轨道的形状；m 确定了原子轨道的空间伸展方向。n 和 l 共同决定了电子的能量（氢原子的能级只由 n 决定），n、l、m 三个量子数确定了电子所处的的原子轨道。m_s 确定了电子的自旋状态。因此要完整地描述电子的运动状态必须有四个量子数，缺一不可。

四个量子数与核外电子运动的可能状态数如表 1-1 所示。

表 1-1　核外电子运动的可能状态数

n	l	轨道符号	m	能级中轨道数	电子层轨道总数	m_s	各能级电子数
1	0	1s	0	1	1	$\pm1/2$	2
2	0	2s	0	1	1	$\pm1/2$	2
	1	2p	$0,\pm1$	3	3	$\pm1/2$	6
3	0	3s	0	1	1	$\pm1/2$	2
	1	3p	$0,\pm1$	3	3	$\pm1/2$	6
	2	3d	$0,\pm1,\pm2$	5	5	$\pm1/2$	10
4	0	4s	0	1	1	$\pm1/2$	2
	1	4p	$0,\pm1$	3	3	$\pm1/2$	6
	2	4d	$0,\pm1,\pm2$	5	5	$\pm1/2$	10
	2	4d	$0,\pm1,\pm2$	7	7	$\pm1/2$	14

三、原子的电子层结构与元素周期律

(一)原子轨道能级

1. 近似能级图

鲍林根据光谱实验的结果,提出了多电子原子中原子轨道的近似能级图(图1-7)。

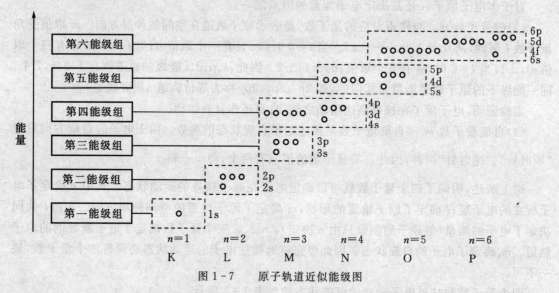

图1-7　原子轨道近似能级图

(1)图中每个小圆圈代表一个原子轨道,小圆圈位置的高低,代表能级的高低;处于同一水平位置的几个小圆圈,表示能级相同的等价(简并)轨道。如p轨道是三重简并的,d轨道是五重简并的等等。图中将能量相近的能级划分为一组(虚线框起部分),称为能级组,通常分为七个能级组。依1,2,3,……能级组的顺序其能量逐次增加。

(2)角量子数l相同时,主量子数n越大,轨道的能量(或能级)越高。例如:

$$E_{1s} < E_{2s} < E_{3s} < E_{4s} \cdots$$
$$E_{2p} < E_{3p} < E_{4p} \cdots$$

这是因为n越大,电子离核越远,核对电子的吸引力越小的缘故。

(3)主量子数n相同时,角量子数l越大,轨道的能量(或能级)越高。例如:

$$E_{2s} < E_{2p}$$
$$E_{3s} < E_{3p} < E_{3d}$$

(4)主量子数和角量子数同时变动时,从图中可知,轨道的能级变化比较复杂。当$n \geqslant 3$时,可能发生主量子数较大的某些轨道的能量反而比主量子数小的某些轨道能量低的"能级交错"现象。例如:

$$E_{4s} < E_{3d} < E_{4p}$$
$$E_{5s} < E_{4d} < E_{5p}$$

为了更好地表达多电子原子中轨道的能量与主量子数n和角量子数l的关系,我国量子化学家徐光宪根据大量光谱实验数据归纳出一个近似规律:对于一个中性原子,其外层电子能量随($n+0.7l$)值的增大而增大,称为$n+0.7l$规律。例如,比较3d轨道与4s轨道的能量高低：

4s 轨道：$(n+0.7l)$ 值 $=4+0.7\times0=4.0$

3d 轨道：$(n+0.7l)$ 值 $=3+0.7\times2=4.4$

故 $E_{4s}<E_{3d}$

又如：比较 6s 轨道与 4f 轨道的能量高低：

6s 轨道：$(n+0.7l)$ 值 $=6+0.7\times0=6.0$

4f 轨道：$(n+0.7l)$ 值 $=4+0.7\times3=6.1$

故 $E_{6s}<E_{4f}$

$(n+0.7l)$ 值是原子轨道能量大小的量度，若将 $(n+0.7l)$ 值的整数值相同的能级归为一组就是能级组。整数值为 1 的称为第一能级组；整数值为 2 的称为第二能级组……例如：3s 和 3p，它们的 $(n+0.7l)$ 值分别为 3.0 和 3.7，它们的整数是 3，应属于第三能级组；4s、3d、4p 的 $(n+0.7l)$ 值分别为 4.0、4.4、4.7，它们属于第四能级组等等。同一能级组的轨道能量相近，相邻两能级组上的轨道能量则相差较大。能级组的划分是导致周期表中化学元素划分为周期的原因。

对于多电子原子中出现的能级交错现象，如上示例中的 $E_{4s}<E_{3d}$、$E_{5s}<E_{4d}$ 及 $E_{6s}<E_{4f}$ 等，一般可用屏蔽效应来解释。

2.屏蔽效应

外层电子既受到原子核的吸引力，又受其余电子的排斥力，前者使电子靠近原子核，后者使电子远离原子核。因此，对于某一电子来说，其余电子的存在势必会削弱原子核对这个电子的吸引力，就相当于抵消了一部分核电荷。由于其余电子的存在，核对电子吸引作用减弱的现象称为屏蔽效应。屏蔽效应使得原子核对电子的吸引力减小，并使电子的能量增大。

3.钻穿效应

电子(一般指价电子)具有渗入原子内部空间而靠核更近的本领称为钻穿。电子的"钻穿"使其避开了其他电子的屏蔽，从而达到增加有效电荷、降低轨道能量的作用。这种外层电子钻到内层空间，靠近原子核，避开内层电子的屏蔽，使其能量降低的现象称为钻穿效应。

屏蔽效应和钻穿效应两者互相联系又互相制约，是影响轨道电子能量的两个重要因素。一般来说，钻穿效应大的电子受其他电子的屏蔽作用较小，电子能量较低；反之，则电子能量较高。

(二)核外电子排布规律

上面讨论了核外电子运动的特征和电子在核外可能存在的各种运动状态。那么多电子原子的核外电子是怎样分布的呢？根据光谱实验结果，归纳出基态原子中电子分布的三条原理。

1.能量最低原理

基态原子的核外电子总是在不违反下面两条原则下，从最低的能级依次向高能级填充。填充的顺序基本按照图 1-7 所示。

2.泡利原理

泡利(Pauli)原理也称为泡利不相容原理，其内容是：在同一原子中没有四个量子数完全相同的电子。或者说在一个轨道里最多只能容纳 2 个电子。它们的自旋方向相反。所以 s、p、d、f 各亚层最多所能容纳的电子数分别为 2,6,10,14 个。每一个电子层中原子轨道的总数

为 n^2。所以,各电子层最多可容纳的电子数为 $2n^2$ 个。

3.洪特规则

洪特($F \cdot Hund$)根据大量的光谱实验数据总结出一条规律:等价轨道上的电子尽可能分占不同轨道且自旋平行。例如碳原子有 6 个电子,其电子排布为 $1s^2 2s^2 2p^2$,$2p$ 电子的排布是

作为洪特规则的特例,对于等价轨道中电子处于全充满(p^6、d^{10}、f^{14})、半充满(p^3、d^5、f^7)是比较稳定的。例如:铬(Cr)原子的外层电子排布是 $3d^5 4s^1$,而不是 $3d^4 4s^2$;铜(Cu)原子的外层电子排布是 $3d^{10} 4s^1$,而不是 $3d^9 4s^2$。

(三)电子层结构与元素周期律

元素周期律是俄国化学家门捷列夫(Mendeleev)于 1869 年提出的,它指出了元素的性质随原子量的增加而呈现周期性的变化,并根据这个规律将当时已发现的 63 种元素排成了元素周期表,并在表中预留了当时还未发现的元素的位置,且预言了它的大致性质,恩格斯称赞他"完成了科学上的一个勋业"。各种元素形成有周期性规律的体系称为元素周期系,元素周期表是元素周期系的具体表现形式。

原子结构理论问世以后,人们才知道元素性质变化的主要因素不是原子量,而是原子序数,所以,元素周期律应该表述为随着原子序数的递增,元素性质呈现周期性变化的规律。原子结构的研究证明,原子的外层电子构型是决定元素性质的主要因素,而不同元素原子的外层电子构型是随原子序数的递增呈现周期性地重复排列。因此,原子核外电子排布的周期性变化是元素周期律的本质原因。元素周期表是各元素原子核外电子排布呈周期性变化的反映。

1.周期

周期表中共有七个横行,每一横行上的元素组成一个周期,从上到下共分为七个周期:其中第一(2 种元素)、第二、第三周期(各 8 种元素)元素较少,称为短周期;第四、第五(各 18 种元素)、第六周期(32 种元素)元素较多,称为长周期;第七周期现在只有 23 种元素,尚未填满,故称为不完全周期。

从表 1-2 中可以看出,周期与能级组存在密切的关系。

(1)周期表中,周期数=能级组数=最外电子层主量子数。每个能级组对应于一个周期,能级组有七个,相应就有七个周期。例如:Cl 原子的电子构型为 $1s^2 2s^2 2p^6 3s^2 3p^5$,有 3 个能级组,$n=3$,故 Cl 位于第三周期;Cu 原子的外层电子构型为 $1s^2 2s^2 2p^6 3s^2 3p^6 3d^{10} 4s^1$,有 4 个能级组,$n=4$,故 Cu 位于第四周期。

(2)周期表中每一新周期的出现,相当于原子中一个新的能级组的建立。电子在原子核外的分布是按照能级组的顺序进行填充的。每一个能级组都是从 ns 开始,电子填入一个新的电子层,出现一个新的周期。

(3)周期表中每一周期中的元素数目,等于相应能级组内各轨道所能容纳的电子总数。例如:第二能级组内包含 $2s$、$2p$ 轨道,共可容纳 8 个电子,故第二周期共有 8 种元素;第四能级组内包含 $4s$、$3d$、$4p$ 轨道,共可容纳 18 个电子,故第四周期共有 18 种元素。

表 1-2　周期与能级组的关系

能级组			周　期		
序数	能级	填充电子数	序数	原子序数	元素数
1	1s	2	1	1~2	2
2	2s2p	8	2	3~10	8
3	3s3p	8	3	11~18	8
4	4s3d4p	18	4	19~36	18
5	5s4d5p	18	5	37~54	18
6	6s4f5d6p	32	6	55~86	32
7	7s5f6d(未完)	未填满	7	87~——	未完成

2. 族

周期表中,把元素分为 16 个族:七个主族(I A~ⅦA),七个副族(I B~ⅦB),Ⅷ族及零族。同族元素的原子,它们的最高能级组(又称最外能级组)具有相同的电子构型,由于外层电子构型是影响元素性质的主要因素,而内层电子对元素的性质影响则较小,所以同一族元素具有相似的化学性质。最高能级组上的电子也称为"价电子"。

(1)主族元素　最后 1 个电子填充在 ns 和 np 能级上的元素是主族元素。主族元素原子最外能级组电子数和它所属的族号是一致的,即:主族元素的族数=最高能级组电子数($ns+np$)。I A、ⅡA 最高能级组分别有 1 个和 2 个电子,价电子构型分别是 ns^1 和 ns^2;ⅢA 的最高能级组上应有 3 个电子,其价电子构型是 ns^2np^1;ⅣA~ⅧA 可以分别类推。

(2)副族元素　最后 1 个电子填充在 d 能级和 f 能级上的元素是副族元素。副族元素的原子,最高能级组由 2~3 个能级构成。在这些能级中,ns 和 $(n-1)$d 能级是决定元素性质的主要能级。从表 1-2 中看到,除少数元素的电子排布有例外,同族元素原子的 ns 和 $(n-1)$d 能级构型相同。这是导致同一副族元素性质相似的根本原因。除第 Ⅷ、I B 和 ⅡB 外,大多数副族族数等于 $(n-1)$d$+ns$ 电子数。例如,Mn 的电子排布为 $1s^2 2s^2 2p^6 3s^2 3p^6 3d^5 4s^2$,价电子构型是 $3d^5 4s^2$,所以属于 ⅦB 族。而对于 I B 和 ⅡB 族,$(n-1)$d 上充满 10 个电子,ns 上为 1~2 个电子。Ⅷ族 $(n-1)$d$+ns$ 电子数为 8~10 个。

周期表中 57 号镧以后的 14 个元素以及 89 号锕以后的 14 个元素,其原子中最后一个电子都是填充在 $(n-2)$f 能级上,这些元素称内过渡元素。由于 $(n-2)$f 能级的构型对元素性质的影响很小,所以镧和其后的 14 个元素性质极其相似,占据周期表同一格内,命名为镧系元素。锕系元素与镧系类似。

例:

元素的原子	价电子构型	族序数
K	$4s^1$	I A
S	$3s^2 3p^4$	ⅥA
Mn	$3d^5 4s^2$	ⅦB
Fe	$3d^6 4s^2$	Ⅷ
Cu	$3d^{10} 4s^1$	I B

3.区

周期表中的元素除按周期和族划分外,还可按照原子的价电子结构特征分为五个区域。

(1)s区　包括ⅠA族和ⅡA族,元素原子的价电子结构分别为 ns^1 和 ns^2,即最后 1 个电子填充在 s 轨道上的元素。

(2)p区　包括ⅢA～ⅦA族和零族,价电子构型为 $ns^2np^{1\sim6}$,即最后 1 个电子填充在 p 轨道上的元素。

(3)d区　包括ⅢB～ⅦB族和Ⅷ族,价电子构型为 $(n-1)d^{1\sim8}ns^{1\sim2}$,即最后 1 个电子电子填充在 $(n-1)d$ 轨道上的元素(个别例外)。

(4)ds区　包括ⅠB族和ⅡB族,价电子构型为 $(n-1)d^{10}ns^{1\sim2}$,即次外层 d 轨道充满,最外层轨道上有 1—2 个电子。

(5)f区　包括镧系和锕系元素,价电子构型为 $(n-2)f^{0\sim14}ns^2$ 或 $(n-2)f^{0\sim14}(n-1)d^{0\sim2}ns^2$,即最后 1 个电子填充在 f 轨道上。

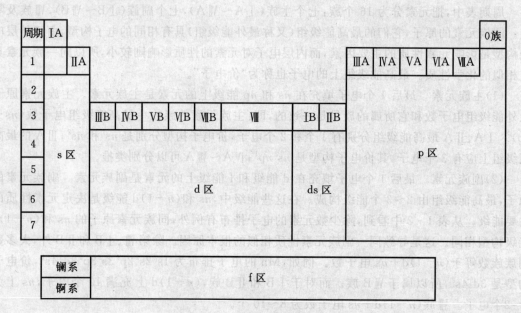

图 1-8　元素周期表的分区

【例 1-4】　已知某元素在第四周期ⅣA,试写出它的价电子构型和原子的电子层结构。

解:根据周期数等于电子层数,主族元素族数等于最高能级组电子数,可推知该元素有 4 个电子层,4 个价电子,价电子构型为 $4s^24p^2$。根据电子排布规律,内层电子全充满,因此,可以推断各电子层的电子数为 2、8、18、4。该元素原子的电子层结构为 $1s^22s^22p^63s^23p^63d^{10}4s^24p^2$ 或 $[Ar]3d^{10}4s^24p^2$,该元素是锗(Ge)。

【例 1-5】　已知某元素原子序数为 21,试指出其属于哪一周期、哪一族、什么区,该元素是什么?

解:该元素的原子序数是 21,核外有 21 个电子,其电子层结构为 $1s^22s^22p^63s^23p^63d^14s^2$ 或 $[Ar]3d^14s^2$,属于第四周期,ⅢB,d 区,该元素是钪(Sc)。

(四)原子结构与元素性质的关系

元素性质取决于原子的结构,原子的电子层结构具有周期性变化的规律,使得元素的基本性质也呈现出周期性变化。元素性质主要有原子半径、电离能、电子亲和能和电负性等,都与电子层结构有关,它们亦呈现周期性变化的规律。

1.原子半径

除稀有气体外,其他元素的原子总是以单质或化合物的键合形式存在。根据原子存在的不同形式,一般可把原子半径分为三种。

共价半径:同种元素的两个原子以共价单键相结合成单质分子时,两原子核间距离的一半,称为该原子的共价半径。

金属半径:在金属单质的晶体中,相邻两原子核间距的一半,称为该原子的金属半径。

范德华半径:在分子晶体中,相邻两分子的两个原子核间距的一半,称为范德华半径。

一般来说,共价半径较小,金属半径居中,范德华半径最大。三种半径的比较见图1-9。

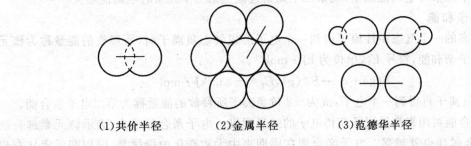

(1)共价半径　　　　(2)金属半径　　　　(3)范德华半径

图1-9　原子半径

对于短周期的元素,从左到右,原子半径明显减小,这是因为电子依次填充到最外层上,而同层电子的屏蔽作用较小,因而有效核电荷 Z^* 增加速度较快。对于长周期的过渡元素,从左到右,原子半径减小得较为缓慢,这是因为电子依次填充在次外层的 d 轨道上,对最外层电子的屏蔽作用大,而使有效核电荷增加的速度变慢。至于镧系元素,原子半径减小地更为缓慢。这是因为电子依次填充在倒数第三层的 4f 轨道上,因而对最外层电子的屏蔽作用更大,使有效核电荷递增极小,致使整个镧系元素的原子半径减小非常缓慢。镧系元素的原子半径随原子序数的递增而逐渐减小的现象,称为镧系收缩。其结果使ⅣB族到ⅠB族的第五周期与第六周期同族元素的原子半径相差不大,它们的外层电子构型也相同,因而化学性质极为相似,以至很难分离它们。

同一主族的元素,从上到下,原子半径逐渐增大,这与电子层数逐渐增多有关。虽然核电荷数也增加了,有使原子半径缩小的作用,但由于内层电子的增多,对外层电子的屏蔽作用较大,使其有效核电荷增加不多,因而电子层数增多使原子半径增大的因素起到了主导作用。同一副族的元素,从上到下原子半径增大的幅度不大,除ⅢB外,尤其是第五、第六周期同族元素的原子半径很接近,这主要是由于镧系收缩的结果。

总之,原子半径随原子序数的递增而变化的情况,具有明显的周期性,其原因是有效核电荷变化的周期性。

2.电离能

一个基态的气态原子失去电子成为气态正离子时所需要的能量称为电离能,符号 I,单位

常用 $kJ \cdot mol^{-1}$。

对于多电子原子,失去一个电子成为+1价气态正离子所需的能量称为第一电离能(I_1),由+1价正离子再失去一个电子形成+2价正离子时所需的能量称为第二电离能(I_2),第三、第四…电离能的定义类推:

$$M(g) \rightarrow M^+(g) + e^- \qquad I_1$$
$$M^+(g) \rightarrow M^{2+}(g) + e^- \qquad I_2$$

各级电离能大小顺序是 $I_1 < I_2 < I_3 < \cdots$,因为离子的正电荷越高,半径越小,有效核电荷明显增大,核对外层电子的吸引力增强,失去电子逐渐变得困难,需要的能量就依次增大。

在元素的电离能中,第一电离能具有特殊的重要性,可作为原子失电子难易的量度标准。第一电离能越小,表示该元素原子越容易失去电子;反之,第一电离能越大,则原子失电子就越困难。原子失电子的难易体现了元素金属活泼性的强弱。

同周期元素从左到右电离能增大;主族元素从上到下电离能减小;副族元素,第一个元素过渡到第二个元素时电离能减小,而第二个元素过渡到第三个元素时电离能增大。

3. 电子亲和能

处于基态的一个气态中性原子得到一个电子形成气态负离子时,所释放的能量称为该元素的第一电子亲和能,符号 E_1,单位为 $kJ \cdot mol^{-1}$。

$$F(g) + e^- \rightarrow F^-(g), E_1 = -332 \ kJ \cdot mol^{-1}$$

—1价负离子再得到一个电子,成为—2价负离子所释放的能量称为第二电子亲合能。

电子亲合能可用来衡量原子获得电子的难易程度。电子亲合能越大,表示该元素越易获得电子,非金属性也就越强。电子亲合能在周期表中大致变化的规律是:同周期元素从左到右,电子亲合能一般逐渐增大。这是因为有效核电荷数递增,原子半径递减,核对电子的引力增强,得到电子变得容易所致。

同族元素(主要指卤族)从上到下,电子亲合能逐渐减小。但第二周期元素的电子亲合能一般均小于同族的第三周期元素。这是因为第二周期的元素(氟、氧等)原子半径最小,导致核外电子云密度最大,电子之间的斥力很强,当结合一个电子时由于排斥力而使放出的能量减小。

4. 电负性

电离能和电子亲合能都是表征孤立(气态)原子的性质。同一原子具有这样的双重性质——失去电子和获得电子,如何综合这两个对立过程的能力,来说明元素在化学物质中的行为呢?化学物质中的原子是以化学键结合在一起的原子,简称键合原子。每个原子都有得或失电子的能力,或者说都有接受或提供电子的能力。把一个原子吸引成键电子对的相对能力称为该元素的相对电负性,简称电负性(X)。鲍林于1932年,最先从热化学实验数据中整理出一套电负性数据。他把最活泼的非金属元素氟(F)的电负性指定为4.0,然后通过对比求出其他元素的电负性。

随着原子序数的增加,电负性明显地呈周期性变化。同一周期从左至右,电负性增加,主族及副族元素都是这样,原因在于原子的电子层数(n)不变,原子的有效核电荷数(Z)依次增加,原子半径(r)依次减小,原子吸引成键电子的能力依次增强;同族从上至下,原子的电子构型相同,原子半径增加的影响超过有效核电荷数增加的影响,使得原子吸引成键电子的能力依次减弱,故同族从上至下,元素电负性依次减小。

第二节 化学键

由原子组成的分子是能稳定存在且保持物质化学性质的最小微粒。研究分子结构,对于了解物质的性质和化学变化的规律,具有重要意义。

分子结构通常包括两方面的内容:一是分子的空间构型(原子在分子中的空间排布方式),它影响着物质的许多理化性质,如分子是否有极性,熔点或沸点的高低等。二是原子与原子的结合方式,即化学键。在各种物质分子中,直接相邻的原子间强烈的相互作用力称为化学键。根据原子间相互作用的方式和强度不同,化学键可分为离子键、共价键和金属键。

一、离子键

原子失去电子成为阳离子,或得到电子成为阴离子,阴阳离子间通过静电引力而形成的化学键称为离子键。离子在任何方向都可以和带有相反电荷的其他离子相互吸引成键,并且只要周围空间容许,每种离子都尽可能多地吸引异性离子,所以,离子键既无方向性又无饱和性。

二、共价键

原子间通过电子云重叠(共用电子对)的方式而形成的化学键称为共价键,共价键具有饱和性和方向性。

(一)现代价键理论

1916 年美国化学家路易斯提出了原子间共用电子对的经典共价键理论。他发现绝大多数分子中的电子数目常为偶数,因而认为分子中的电子有成对倾向,相互作用的原子既可通过得失电子,也可通过共用电子方式,彼此达到符合八隅体规则的稳定电子排布。经典共价键理论虽然能解释不少物质分子的结构,但是存在着局限性,如它不能解释两个带负电荷的电子为什么不互相排斥反而相互配对成键;也不能解释共价键分子都具有一定的空间构型,以及许多共价化合物分子中原子的外层电子数虽少于 8(如 BF_3)或多于 8(如 PCl_5、SF_6 等)仍能稳定存在。为了解决这些矛盾,1927 年德国化学家海特勒(Heitler)和伦敦(London)把量子力学成功地应用到氢分子的结构上,使共价键的本质获得了初步说明。后来鲍林(Pauling)等人在此基础上建立了现代价键理论(Valence Bond Theory),简称 VB 法。1932 年,美国化学家密立根(Mulliken)和德国化学家洪特(Hund)从另外的角度提出了分子轨道法(Molecular Orbital Theory),简称 MO 法。这里,我们只讨论 VB 法。

1.氢分子共价键的形成本质

从量子力学的观点来看,联系两原子核的共用电子对之所以能形成,是因为两个电子的自旋相反,这是鲍林不相容原理用在分子结构中的自然结果。图 1-10 是形成氢分子的能量曲线。当两个原子相距无限远时,相互之间没有作用力,相互作用的能量几乎为零。随着它们的接

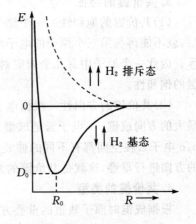

图 1-10 氢分子能量曲线

近,原子间的相互作用和电子的自旋方向密切相关。如果自旋方向相反,在到达平衡距离 R_0 之前,随着 R 的减小,电子运动的空间轨道发生重叠,电子在两核间出现的机会较多,即电子云密度较大,体系的能量逐渐降低,直至 R_0(实验值 74 pm)时体系能量达到最低。若两原子继续靠近,体系能量将迅速升高,因此体系能量最低的那个状态就是氢分子的稳定状态。若自旋方向相同,则原子间的相互作用总是推斥的,能量曲线不断上升,不会出现最低点,体系能量趋于升高,不可能形成稳固的分子。所以,两原子电子自旋相反时,电子云分布在核间比较密集,能量降低,形成氢分子;两原子电子自旋相同时,电子云分布在核间比较稀疏,能量升高,不能形成分子(图1-11)。

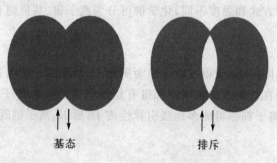

基态   排斥

图 1-11   氢原子的两种状态

2.现代价键理论的基本要点

该理论是在用量子力学处理氢分子取得满意结果的基础上发展起来的,对经典共价键理论的不足之处能给予较好的解释。其基本要点如下:

(1)具有自旋相反的成单电子的原子,相互接近时,电子云重叠,核间电子云密度较大,可形成稳定的化学键。一个原子有几个未成对的电子,便可和几个自旋相反的电子配对成键。这称之为电子配对原理。

(2)原子间形成共价键时,成键电子的电子云重叠越多、核间电子云密度越大,形成的共价键就越牢固。因此,共价键尽可能采取电子云密度最大的方向形成,这称之为电子云最大重叠原理。

3.共价键的特征

(1)共价键的饱和性   一个原子的未成对电子跟另一个原子的自旋相反的电子配对成键后,就不能再与第三个原子的电子配对成键,否则其中必有两个电子因自旋方向相同而互相排斥。因此一个原子中有几个未成对电子,就只能和几个自旋相反的电子配对成键,这就是共价键的饱和性。

(2)共价键的方向性   根据电子云的最大重叠原理,共价键形成时尽可能沿着电子云密度最大的方向成键。s电子云是球型对称的,因此,无论在哪个方向上都可能发生最大重叠,而p、d电子云在空间都有不同的伸展方向,为了形成稳定的共价键,电子云尽可能沿着密度最大的方向进行重叠,这就是共价键的方向性(图1-12)。

4.共价键的类型

根据成键时原子轨道的重叠方式不同,共价键有两种基本的类型:σ键与π键。

σ键:两个原子轨道沿键轴(两原子核间连线)方向呈圆柱形对称重叠,称之为"头碰头"重叠。这种共价键称为σ键[图1-13-(a)]。

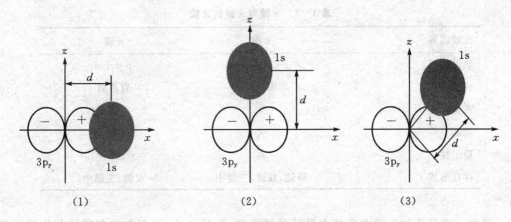

图 1-12　共价键的方向

π 键：两原子轨道沿着键轴方向以"肩并肩"的方式发生轨道重叠，重叠部分对通过键轴的一个平面具有镜面反对称，这种共价键称为 π 键[图 1-13-(b)]。

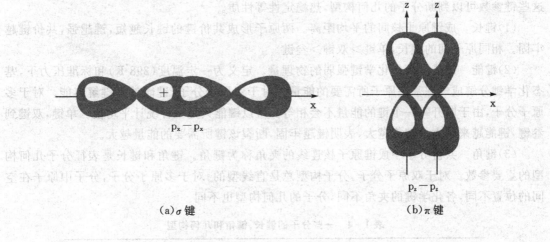

（a）σ 键　　　　　　　　　　　（b）π 键

图 1-13　原子轨道的角度分布

例如，N_2 分子中的两个 N 原子以三对共用电子结合在一起。N 原子的电子层结构为 $1s^2 2s^2 2p_x^1 2p_y^1 2p_z^1$，三个未成对电子的电子云，分别密集于三个互相垂直的对称轴上，当两个 N 原子相结合时，每个 N 原子若以一个 p_x 电子沿着 x 轴的方向"头对头"地重叠形成一个 σ 键，则 N 原子其余的 2 个 p 电子，只能采取"肩并肩"的方式重叠（图 1-13），形成两个互相垂直的 π 键。因此，在 N_2 分子中，两个 N 原子是以一个 σ 键和两个 π 键相结合的。N_2 分子的结构可以用 N≡N 来表示。

从上分析可见，如果原子间只有 1 对电子，形成共价单键，通常是 σ 键，如果形成的共价键是双键，则一个 σ 键一个 π 键，如果是三键，则由一个 σ 键和两个 π 键组成。

从原子轨道重叠程度看，π 键的重叠程度比 σ 键重叠程度小，π 键的稳定性要低于 σ 键。因此，π 电子比 σ 电子活泼，容易参与化学反应。

表 1-3　σ 键与 π 键的比较

比较内容	σ 键	π 键
轨道组成	s-s、s-p、p-p	p-p、p-d
成键方式	头碰头	肩并肩
重叠程度	大	小
键能	大	小
稳定性	高	低
存在形式	单键、双键、三键中	双键、三键中

σ 键和 π 键只是共价键中最基本最简单的类型,除此之外,还存在着多样的共价键类型。如共轭大 π 键,多中心键,反馈键等等。

5. 键参数

表征化学键性质的物理量称为键参数。共价键的键参数主要有键长、键能、键角等。利用这些键参数可以判断分子的几何构型,热稳定性等性质。

(1)键长　成键原子核间的平均距离。两原子形成共价键的键长越短,键越强,共价键越牢固。相同原子间的键长,单键＞双键＞叁键。

(2)键能　键能是衡量化学键强弱的物理量。定义为一定温度(298 K)和标准压力下,基态化学键分解成气态基态原子所需要的能量。对于双原子分子,键能就是键解离能。对于多原子分子,由于断开每一个键的能量不会相等。所以键能只是一种统计平均值。单键,双键到叁键,键能越来越大。键能越大,表明键越牢固,断裂该键所需要的能量越大。

(3)键角　共价分子中成键原子核连线的夹角称为键角。键角和键长是表征分子几何构型的重要参数。对于双原子分子,分子构型总是直线型的;对于多原子分子,分子中原子在空间的位置不同,各化学键的夹角不同,分子的几何构型也不同。

表 1-4　一些分子的键长,键角和几何构型

分子式	键长/pm(实验值)	键角/(°)(实验值)	分子构型
H_2S	134	93.3	V 字形
CO_2	116.2	180	直线型
NH_3	101	107.3	三角锥形
CH_4	109	109.5	正四面体

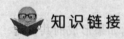 知识链接

NH_3 分子和 CO_2 分子的键角和键长

CO_2 分子是直线型的,它的结构被认为是 O＝C＝O,但 CO_2 分子中碳-氧键键长仅为 116.2pm,远小于碳氧双键键长 124pm,大于碳氧三键键长 113pm。故 CO_2 分子中碳氧键应有一定程度的三键特征。

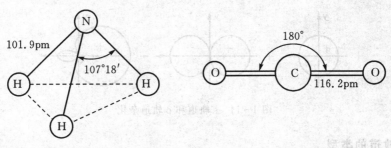

(a)NH₃分子的键角和键长   (b)CO₂分子的键角和键长

现在一般认为 CO_2 分子中 C 原子采取 sp 杂化,两条 sp 杂化轨道分别与两个 O 原子的 2p 轨道(含有一个电子)重叠形成两个 σ 键,C 原子上相互垂直的 p 轨道再分别与两个 O 原子中平行的 p 轨道形成 2 个大 π 键。如下图所示:

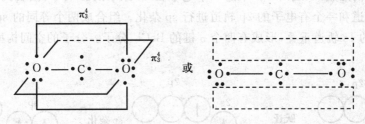

(二)杂化轨道理论

价键理论较好地阐明了共价键的形成过程和本质,解释了共价键的方向性和饱和性。但在解释分子的空间构型时遇到了困难。例如,C 原子最外层只有两个未成对的电子,依照 VB 理论只能和两个其他原子形成两个共价键,且这两个键应当是互相垂直的。但在 CH_4 分子中有四个等同的 C—H 键构成正四面体结构,C 原子位于中心,四面体的四个顶点为 H 原子所占,C—H 键间的夹角不是 90°度而是 109°28′。又如在 H_2O 分子中 O—H 键间的夹角也不是 90°而是 104°45′。为了解释分子的空间构型,鲍林于 1931 年在 VB 理论的基础上提出了杂化轨道理论。

1. 杂化轨道的基本概念

在形成分子时,由于原子间的相互影响,在同一原子中若干不同类型的能量相近的原子轨道,能够混合重新组成一组新轨道,这一过程称"杂化",组成的新轨道叫"杂化轨道"。同一原子中能量相近的几个原子轨道杂化,就形成几个杂化轨道。例如一个 ns 轨道和两个 np 轨道杂化,就形成三个杂化轨道。杂化轨道的成键能力比未杂化的轨道要强,形成的化学键更稳定。这是由于轨道杂化后,电子云形状和伸展方向都发生了改变,杂化轨道的电子云分布更为集中,成键时有利于形成最大重叠。例如一个 ns 轨道和一个 np 轨道杂化,叠加的结果一头变大一头变小,变大的一头更易和其他原子的轨道发生最大重叠成键(图 1-14)。轨道的杂化成键过程可分为激发、杂化和重叠三个步骤。这三个步骤是同时进行的,因此激发所需的能量完全可由成键时释放更多的能量来补偿。但只有能量相近的轨道才能发生杂化(如 ns 和 np 轨道),如 1s 和 2p 轨道能量相差较大,不能杂化。另外,只有形成分子时才发生杂化,孤立原子的 s 和 p 轨道不发生杂化。

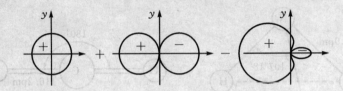

图 1-14　s 轨道和 p 轨道杂化

2. 杂化轨道的类型

由于参加杂化的原子轨道种类和数目的不同,可以组成不同类型的杂化轨道。

(1) sp 杂化　由一个 ns 和一个 np 轨道进行杂化组成两个等同的 sp 杂化轨道,每个 sp 杂化轨道中含 $\frac{1}{2}$ s 和 $\frac{1}{2}$ p 的成分,sp 杂化轨道间的夹角为 $180°$,分子构型呈直线型(图 1-14)。例如 $BeCl_2$ 分子的形成,Be 原子 $2s^2$ 中的一个电子在 Cl 原子的影响下,激发到 2p 轨道上去,同时,一个 2s 轨道和一个有电子的 2p 轨道进行 sp 杂化。组合成两个等同的 sp 杂化轨道,再分别和 H 原子的 1s 轨道重叠,形成有两个 σ 键的 $BeCl_2$ 分子。分子的空间构型是直线型(图 1-15)。

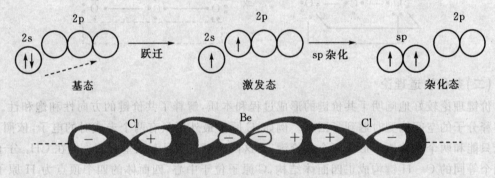

图 1-15　$BeCl_2$ 分子形成

(2) sp^2 杂化　由 1 个 ns 轨道和两个 np 轨道经杂化组合成三个等同的 sp^2 杂化轨道,每个 sp^2 杂化轨道含 $\frac{1}{3}$ s 和 $\frac{2}{3}$ p 轨道的成分,杂化轨道间的夹角为 $120°$,呈平面三角形(图 1-16)。例如 BF_3 分子的形成,B 的电子层结构为 $1s^2 2s^2 2p_x^1$,在 F 原子的影响下,其 $2s^2$ 的一个电子激发到一个空的 2p 轨道上,一个 2s 轨道和两个 2p 轨道经杂化形成三个等同的 sp^2 杂化轨道,再和 F 原子含有单电子的 2p 轨道重叠,形成三个 σ 键的 BF_3 分子。实验证明 BF_3 分子是平面三角形(图 1-16),B 原子位于中央,三个 F 原子位于三角形顶点,三个 B—F 键是等同的,$\angle FBF = 120°$。其他像 BCl_3、BI_3、和 GaI_3 等都是平面正三角形结构。

(3) sp^3 杂化　由一个 ns 和三个 np 轨道杂化形成四个等同的 sp^3 杂化轨道,每个 sp^3 杂化轨道含有 $\frac{1}{4}$ s 和 $\frac{3}{4}$ p 轨道成分。sp^3 杂化轨道间的夹角为 $109°28'$,呈正四面体构型(图 1-17)。例如 CH_4 分子的构型,C 原子电子结构为 $1s^2 2s^2 2p_x^1 2p_y^1$,在 H 原子的影响下,其 $2s^2$ 上的一个电子激发到 $2p_z$ 轨道上去,一个 2s 轨道和三个 2p 轨道杂化组合成四个等同的 sp^3 杂化轨道,每个 sp^3 杂化轨道与 H 原子的 1s 轨道重叠,形成有四个 σ 键的 CH_4 分子。CH_4 的构型为正四面体,∠HCH=109°28′,与实验测定的结果完全相符,见图 1-17。

此外,还有 d 轨道参与杂化的 sp^3d^2、d^2sp^3 等杂化轨道,本书不作介绍。

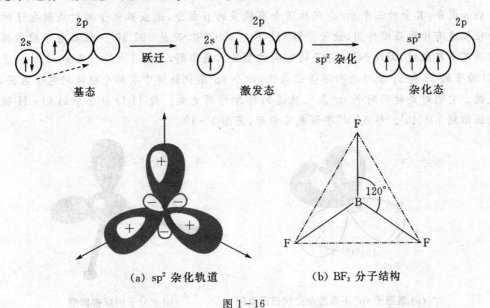

（a）sp^2 杂化轨道　　　　　（b）BF_3 分子结构

图 1-16

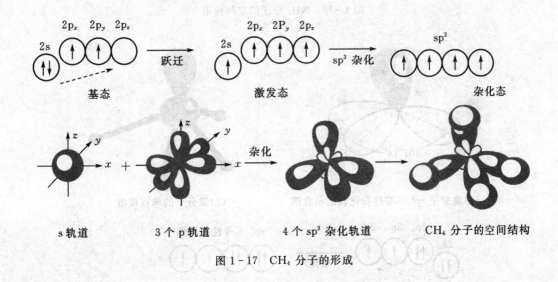

s 轨道　　　　3 个 p 轨道　　　　4 个 sp^3 杂化轨道　　　CH_4 分子的空间结构

图 1-17　CH_4 分子的形成

知识链接

等性杂化与不等性杂化

前面提到的每种杂化轨道都是等同的（能量相等、成分相同）,如 sp^3 杂化的四个 sp^3 轨道都含有 $\frac{1}{4}$s 和 $\frac{3}{4}$p 轨道的成分,这种杂化叫等性杂化。如果在杂化轨道中有未成键的孤电子对存在,使杂化轨道不完全等同,则这种杂化称为不等性杂化。例如 NH_3 分子的形成,N 原子的电子构型为 $1s^22s^22p_x^12p_y^12p_z^1$。由一个 2s 轨道和三个 2p 轨道杂化所形成的四个 sp^3 杂化轨道中,有一个杂化轨道被孤电子对占据,其余三个含有一个电子的杂化轨道,与 H 原子 1s 轨道重叠形成 NH_3 分子。由于孤对电子的电子云密集于 N 原子核附近,因而这个杂化轨道含有较多的 s 成分,其余的三个 sp^3 杂化轨道含有较多的 p 成分,造成孤电子对对成键电子所占据的杂化轨道有排斥压缩作用,致使 $\angle HNH$ 不是 $109°28'$,而是 $107°18'$。被孤电子对占据的杂化轨道不参与成键,因此 NH_3 分子的空间构型呈三角锥形,见图 1-18。又如 H_2O 分子的形成,O 原子的 2s 和 2p 轨道进行不等性杂化,四个 sp^3 杂化轨道中有两个被孤对电子占据,不参与成键。它们对成键的两个 sp^3 杂化轨道的排斥作用更大。使 H_2O 分子中的 O—H 键的键角被压缩到 $104°45'$。形成"V"字形或弯角形,见图 1-19。

(a) 氧原子 sp^3 不等性杂化轨道示意图　　　(b)水分子的球棍模型

图 1-18　NH_3 分子的空间构型

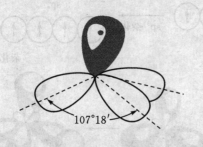

(1)氮原子 sp^3 不等性杂化轨道示意图　　　(2)氨分子的球棍模型

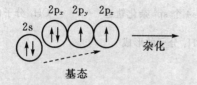

图 1-19　H_2O 分子的空间构型

三、金属键

　　金属晶体中,依靠一些能够流动的自由电子,把金属原子和离子结合在一起形成的化学键叫做金属键。这些自由电子为许多原子或离子所共有,但它与共价键不同,没有饱和性和方向性。

第三节　分子间作用力与氢键

一、分子的极性

(一)共价键的极性

1.非极性键

当两个相同的原子以共价键相结合时,由于原子双方吸引电子的能力(即电负性)相同,则电子云密度大的区域恰好在两个原子之间。这样原子核的正电荷中心和电子云的负电荷中心正好重合,这种共价键叫非极性共价键。例如 H_2、O_2、N_2 等单质分子中的共价键是非极性键。

2.极性键

当两个不同的原子以共价键相结合时,由于不同原子吸引电子的能力(电负性)不同,电子云密集的区域偏向电负性较大的原子一方,这样键的一端带有部分负电荷,另一端带有部分正电荷,即在键的两端出现了正极和负极。这种共价键叫做极性键。

可以根据成键两原子电负性的差值估计键的极性大小。一般电负性的差值越大,键的极性也越大。例如在卤化氢分子中,氢与卤素原子电负性的差值按 HI(0.4)、HBr(0.7)、HCl(0.9)、HF(1.9)的顺序依次增强,其键的极性也按此顺序依次增大。

位于周期表左边的碱金属元素电负性很低,右边的卤素电负性很高。当成键的两个原子的电负性相差很大时,例如 Na 原子与 Cl 原子的电负性差值为 2.1,氯化钠是离子型化合物。但是,近代实验指出,即使电负性最低的 Cs(铯)原子与电负性最高的 F 原子结合而成的离子型化合物 CsF,也并非纯静电作用。CsF 中也有约 8% 的共价性,只有 92% 的离子性(离子特征百分数)。

从键的极性而言,可以认为离子键是最强的极性键,极性键是由离子键到非极性键之间的一种过渡状态。

(二)极性分子和非极性分子

正、负电荷中心重合的分子称为非极性分子,如 H_2、Cl_2、O_2 等。正、负电荷中心不重合的分子称为极性分子,如 HCl、HF、HI 等。

判断分子是否有极性,除了考虑形成分子的键是否具有极性外,还要考虑分子构型是否对称。如 CO_2 分子,键是极性的(O=C),但分子是直线对称型的(O=C=O),正负电荷中心重合,两个键的极性相互抵消,分子为非极性分子。又如 SO_2 分子,两个 S=O 键都是极性键,但分子是 V 字形不对称的,正负电荷中心不重合,所以 SO_2 分子是极性分子。又如 BCl_3 分子是非极性分子,而 PCl_3 是极性分子,见图 1-20。

分子极性的强弱一般用偶极矩 μ 来衡量,若偶极长度为 d,偶极一端带有的电荷量为 q,则 $\mu=dq$,偶极矩 μ 的单位是库·米(C·m),例如 HCl、H_2O、CO_2 的偶极矩分别为 $\mu_{HCl}=3.61\times10^{-30}$ C·m,$\mu_{H_2O}=6.23\times10^{-30}$ C·m,$\mu_{CO_2}=0$。显然,偶极矩为零的分子为非极性分子;反之偶极矩不等于 0 的分子,则为极性分子。分子的偶极矩越大,分子的极性就越大;反之,偶极矩越小,分子的极性就越小。

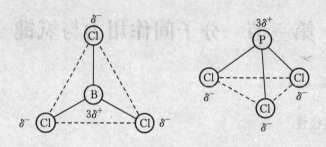

图 1-20　分子极性示意图

二、分子间作用力

分子间作用力(又称范德华力)与化学键相比,是比较弱的力。物质聚集状态的变化如液化、凝固与蒸发等主要靠分子间的作用力。分子间力包括以下三种类型:

(一)取向力

取向力发生在极性分子和极性分子之间。极性分子相互接近时,两极因电性的同性相斥、异性相吸,使分子发生相对转动,称之为取向。在取向的偶极分子之间,由于静电引力将相互吸引,当接近到一定距离后,排斥与吸引作用达到相对平衡,体系能量趋于最小值。这种因固有偶极而产生的相互作用,称为取向力,见图 1-21-(a)。

(二)诱导力

非极性分子在极性分子偶极电场的影响下,正、负电荷中心发生分离产生诱导偶极。诱导偶极与极性分子的固有偶极间的相互作用力称为诱导力,见图 1-21-(b)。极性分子相互之间因固有偶极的相互作用,每个极性分子也会产生诱导偶极而产生诱导力。

(三)色散力

非极性分子由于电子的运动,原子核的不断振动,能使正、负电荷的中心发生短暂的分离,产生"瞬间偶极"。这种瞬间偶极虽然存在的时间短暂,但出于大群分子反复产生,就会在非极性分子群中连续存在,另外这种瞬间偶极还会诱导邻近分子产生瞬间偶极。这种由于存在瞬间偶极而产生的相互作用力,称为色散力,见图 1-21-(c)。显然,极性分子也会产生瞬间偶极,极性分子间、极性分子与非极性分子间也存在色散力。

所以取向力存在于极性分子之间;诱导力存在于极性分子与非极性分子之间,也存在于极性分子相互之间;而色散力则存在于任何分子之间,除极性很强的分子(H_2O)外,大多数分子间以色散力为主。

总之,分子间力是一种永远存在于任何分子间的作用力。随着分子间的距离增大而迅速减小,作用范围约几 pm。作用能比化学键能要小 1~2 个数量级。分子间力没有方向性和饱和性。

分子间力对物质的熔点、沸点、溶解度等物理性质有很大影响。共价分子型物质的熔点低、沸点低;同类分子型物质的熔沸点随相对分子质量的增加而升高。如 Ar 和 CO 都是难液化的气体,水在常温下是液体。又如卤素分子(X_2)间只存在着色散力,由于色散力随相对分子量的增大而增大,F_2、Cl_2、Br_2、I_2 的熔点和沸点依次升高。极性溶剂易溶于极性溶剂,非极

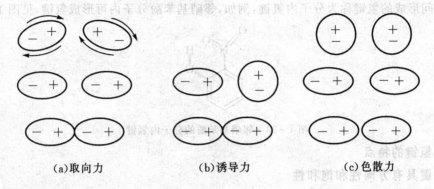

(a)取向力　　　　　(b)诱导力　　　　　(c)色散力

图1-21　分子间作用力

性溶剂易溶于非极性溶剂(即"相似相溶"),这实际上是与分子间作用力的大小有密切联系。极性分子间有着强的取向力,彼此互相溶解,如卤化氢、氨都易溶于水。而非极性分子 CCl_4 的分子间引力和 H_2O 的分子间引力都大于 CCl_4 与 H_2O 分子间的引力,因此 CCl_4 几乎不溶于水。而 I_2 分子与 CCl_4 间的色散力较大,故 I_2 易溶于 CCl_4,而较难溶于水。

三、氢键

(一)氢键的形成

HF 的物理性质不符合卤族元素氢化物的变化规律,显示反常,如密度特别大,沸点特别高等,这是由于 HF 分子之间存在氢键,使简单的 HF 分子聚合成缔合分子的结果。HF 中 H—F 键的共用电子对强烈地偏向 F 原子,使 F 原子带部分负电荷,使 H 原子几乎成为赤裸的质子,因它的半径小,电场强,所以很容易和另外带有部分负电荷的 F 原子相互吸引而发生缔合,这种作用力称为氢键,见图1-22。氢键可用 X—H…Y 表示,X,Y 可以是同种原子,也可以是不同种原子,但必须是电负性大、半径小且有弧对电子的原子,如 F,O,N 等元素。

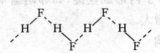

图1-22　HF 分子间的氢键

(二)氢键形成的条件

(1)有 H 原子,并且与电负性很大的元素 X 相结合。

(2)有一个电负性大、半径小并且有弧对电子的 Y 原子,如 F、O、N。

(3)氢键的强弱与 X、Y 的电负性和半径大小有关。X、Y 的电负性大,氢键强;Y 的半径小,氢键也强。下列氢键的强弱顺序为

$$F—H…F>O—H---O>N—H…N$$

(三)氢键的分类

氢键不仅存在于分子与分子之间,还可以在分子内形成。分子与分子之间形成的氢键称为分子间氢键,如水分子间形成的氢键,氨水溶液中水分子和氨分子形成的氢键。同一分子内

的原子之间形成的氢键称为分子内氢键,例如,邻硝基苯酚分子内可形成氢键,见图 1-23。

图 1-23 邻硝基苯酚的分子内氢键

(四)氢键的特点

1.氢键具有方向性和饱和性

分子间氢键是直线型的(使带负电原子间的斥力最小),形成氢键的三个原子在一条直线上时最稳定,而分子内氢键由于受环状结构的限制往往不能在同一直线上。氢键的饱和性是指每一个 X—H 只能与一个 Y 原子形成氢键。

2.氢键的键能

氢键是一种既不同于化学键,又不同于范德华力的作用力。其键能比化学键能小,比分子间力略大。

(五)氢键对物质性质的影响

1.对熔沸点的影响

破坏氢键需要消耗能量,因此分子间氢键使物质的熔沸点升高。例如,NH_3、H_2O、HF 的熔点和沸点,均比同族的相应氢化物为高,就是因为 NH_3、H_2O、HF 等物质均有氢键存在之故。分子内的氢键使物质的熔沸点降低,例如邻硝基苯酚的熔点是 45℃,而间位和对位的熔点分别是 96℃和114℃,邻硝基苯酚形成的是分子内氢键,后两者形成的是分子间氢键。

2.氢键对溶解度的影响

若溶质分子与溶剂分子间形成氢键,就会促进分子间的结合,使溶解度增大,例如乙醇和水能以任意比例互溶。若溶质分子内形成氢键,如邻硝基苯酚,在极性溶剂中溶解度就会减小,在非极性溶剂中溶解度就会增大。

3.氢键对密度或黏度的影响

溶液中生成分子间氢键,能使溶液的密度或黏度增大,而分子内氢键对密度或黏度无影响。

氢键对生物高分子的高级结构有重要意义。例如 DNA 的双螺旋结构就是羰基(C=O)上的氧和氨基(—NH)上的氢以氢键(C=O…H—N)联合而成。

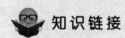 **知识链接**

冰为什么会浮在水面上?

氢键能使冰中的水分子之间形成正四面体骨架[如图 1-24-(1)所示],每个氧原子周围有 4 个氢原子,其中的 2 个氢是以共价键结合的(这 2 个氢又会与其他的氧原子形成氢键),另外 2 个来自于氧中,孤对电子吸引生成氢键的氢,离氧的距离稍远。冰较为空旷的结构使其密度小于水,这就是冰山能漂浮在水面上的原因。

氢键在生命过程中的重要意义

氢键在生命过程中也起着重要的作用。脱氧核糖核酸(DNA)是由磷酸、脱氧核糖和碱基构成的具有双螺旋结构的生物大分子,两条多核苷酸链靠碱基(C=O…H—N 和 C=N…H—N)之间形成氢键配对而相连,即腺嘌呤(A)与胸腺嘧啶(T)配对成两个氢键,鸟嘌呤(G)与胞嘧啶(C)配对形成三个氢键[图 1-24-(2)]。这样,两条链通过碱基间的氢键两两配对而保持双螺旋结构。此外,通过氢键形成的两特定碱基配对是遗传信息传递的关键,在 DNA 复制过程中有着重要的意义。

○氧　　。氢

（a）冰中的氢键　　　　　　　　（b）DNA 中的氢键

学习小结

1. 原子核外的电子属于微观粒子,具有微观粒子运动的特殊性:波粒二象性、测不准原理和量子化的特征,因此核外电子的运动状态不能用经典的牛顿力学理论来描述,而是用四个量子数 n、l、m、m_s 来描述,量子数与对应的原子轨道见表 1-5。

表 1-5　量子数与对应的原子轨道

主量子数(n)	1	2		3			4			
角量子数(l)	0	0	1	0	1	2	0	1	2	3
电子亚层符号	1s	2s	2p	3s	3p	3d	4s	4p	4d	4f
磁量子数	0	0	0	0	0	0	0	0	0	0
			± 1		± 1	± 1		± 1	± 1	± 1
						± 2			± 2	± 2
										± 3
亚层轨道数($2l+1$)	1	1	3	1	3	5	1	3	5	7
轨道总数(n^2)	1	4		9			16			
电子总数($2n^2$)	2	8		18			32			

2．电子层结构与元素周期表

表 1-6　电子层结构与元素周期表

区	包括的族	价电子构型
s 区	ⅠA、ⅡA	$ns^{1\sim2}$
p 区	ⅢA~ⅦA,0 族	$ns^2np^{1\sim6}$
d 区	ⅢB~ⅦB,Ⅷ族	$ns^{1\sim2}(n-1)d^{1\sim8}$（钯例外）
ds 区	ⅠB、ⅡB	$ns^{1\sim2}(n-1)d^{10}$
f 区	镧系、锕系	$(n-2)f^{0\sim14}(n-1)d^{0\sim2}ns^2$

3．元素性质的递变规律

表 1-7　元素性质的递变规律

基本性质	原子半径	电离能	电子亲和能	电负性
同周期（从左至右）	减小	增大	增大	增大
同族（从上至下）	增大	减小	减小	减小

4．化学键　分子或晶体中直接相邻的原子或离子之间强烈的相互作用叫化学键。化学键的比较见表 1-8。

表 1-8　化学键的比较

化学键类型		成键微粒	化学键的实质	化学键的特征
离子键		阴阳离子	静电作用力	无方向性和饱和性
共价键	极性键	不同的非金属原子	共用电子对（偏移）	有饱和性和方向性
	非极性键	相同的非金属原子	共用电子对（不偏移）	有饱和性和方向性

5．氢键　属于分子间作用力,不是化学键。其比范德华力强,比化学键弱得多。氢键有方向性和饱和性。氢键可表示为:X—Y…Y,其中 X 和 Y 是电负性大、半径小的原子(如 F、O、N 等),X 和 Y 可以是相同的原子,也可以是不同的原子。

6．现代价键理论认为,只有两个原子的未成对电子自旋方向相反,两个原子接近时轨道发生重叠,才能形成稳定的共价键。共价键分为 σ 键和 π 键两种,其特点是既有方向性,又有饱和性。

7．杂化轨道理论认为,同一原子中能量相近的原子轨道重新组合,形成一组等同的杂化轨道,更利于成键。s 轨道和 p 轨道的杂化分为 sp、sp²、sp³ 杂化三种形式,sp 杂化轨道的空间构型为直线型,sp² 杂化的空间构型为平面三角形,sp³ 杂化的空间构型为正四面体,其中水分子中 O 为不等性 sp³ 杂化,分子构型为"V"字形,氨分子中 N 亦为不等性 sp³ 杂化,分子空间构型为三角锥形。

8．分子的极性取决于分子中正负电荷中心是否重合。正负电荷中心重合的为非极性分子,正负电荷中心不重合的为极性分子。

9.分子间作用力包括取向力、诱导力和色散力。一般来说,色散力是分子间主要的作用力,普遍存在于各种分子之间;取向力只存在于极性分子之间;诱导力存在于极性分子和非极性分子之间,也存在于极性分子之间。分子间作用力随着相对分子质量的增大而增大。

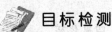 目标检测

一、选择题

1.下列各组量子数合理的是(　　)

A. 3,2,2,1/2　　　　B. 3,0,−1,1/2　　　　C. 2,2,2,2　　　　D. 2,0,−2,1/2

2.$n=3,l$ 的可能值是(　　)

A. 0,1,2　　　　B. 1,2,3　　　　C. 0,2,3　　　　D. 2,2,3

3.如果主量子数 $n=3$,则该电子层含有的轨道总数是(　　)

A. 5　　　　B. 3　　　　C. 9　　　　D. 10

4.具有下面各组量子数的电子中能量最高的是(　　)

A. 3,1,−1,1/2　　　　B. 2,1,1,−1/2　　　　C. 2,1,0,+1/2　　　　D. 3,2,1,+1/2

5.下列电子构型中正确的是(　　)

A. $1s^2 2s^1 2p^6$　　　　B. $1s^2 2s^2 2d^1$　　　　C. $1s^2 2s^2 2p^5$　　　　D. $1s^2 2s^2 2p^7$

6.下列轨道中,能量最高的是(　　)

A. 4s　　　　B. 3s　　　　C. 3p　　　　D. 3d

7.电子云形状为无柄哑铃型的是(　　)

A. 2s　　　　B. 3p　　　　C. 4d　　　　D. 5f

8.半充满的简并轨道是(　　)

A. $2s^2$　　　　B. $2p^6$　　　　C. $3d^5$　　　　D. $4f^1$

9.元素化学性质发生周期性变化的根本原因是(　　)

A. 元素的核电荷数逐渐增大

B. 元素的原子半径呈现周期性的变化

C. 元素的金属性呈现周期性变化

D. 元素的原子核外电子排布呈现周期性变化

10.某元素的原子最外层电子构型是 $4s^1$,次外层电子构型是 $3d^5$,它在周期表中的位置是(　　)

A. 第四周期第二主族　　　　　　　　B. 第四周期第六副族

C. 第四周期第五副族　　　　　　　　D. 第四周期第一副族

11.下列元素电负性最大的是(　　)

A. F　　　　B. I　　　　C. Na　　　　D. N

12.下列原子半径最小的是(　　)

A. C　　　　B. N　　　　C. B　　　　D. F

13.sp^3 杂化轨道的空间构型是(　　)

A. 正三角形　　　　B. 直线型　　　　C. 正四面体　　　　D. 三角锥形

14.三氟化硼的分子空间构型是(　　)

A. 正四面体　　　　B. 直线型　　　　C. 平面三角形　　　　D. 八面体形

15. 水分子的空间构型是（ ）

A. V 型　　　　　B. 直线型　　　　　C. 平面三角形　　　　　D. 八面体形

16. 氨气分子的空间构型是（ ）

A. 三角锥形　　　　　B. 直线型　　　　　C. 平面三角形　　　　　D. 八面体形

17. 下列分子为极性分子的是（ ）

A. 甲烷　　　　　B. 二氧化碳　　　　　C. 水　　　　　D. 四氯化碳

18. 属于化学键的是（ ）

A. 极性键　　　　　B. 色散力　　　　　C. 取向力　　　　　D. 诱导力

19. 不属于化学键的是（ ）

A. 离子键　　　　　B. 氢键　　　　　C. 共价键　　　　　D. 配位键

20. 下列分子为非极性分子的是（ ）

A. 二氧化碳　　　　　B. 水　　　　　C. 硫化氢　　　　　D. 氨气

21. NH_3 的水溶液中,溶质和溶剂分子间存在（ ）

A. 离子键　　　　　B. 配位键　　　　　C. 氢键　　　　　D. 共价键

22. 水具有异常的高沸点是由于水分子之间存在（ ）

A. 极性共价键　　　　　B. 离子键　　　　　C. 氢键　　　　　D. 范德华力

二、填空题

1. 共价键分为____键和____键,其中____更牢固一些,____更差一些。

2. CHCH 分子中,C 以____杂化轨道成键,其中____个 σ 键,____个 π 键。

3. $n=3,l=2$ 的原子轨道属于第____电子层,____能级,它们在空间有____种空间伸展方向,当该能级全充满时,可填充____个电子。

4. $n=4$ 的电子层最多可容纳____个电子,如果没有能级交错,其轨道的能级顺序为____,实际上 4f 上出现第一个电子的元素出现在____周期。

5. 29 号元素的电子排布式为____,位于元素周期表____周期,____族,____区。

6. 同一个原子内____相近的几个原子轨道重新混合组成一组新轨道,这一过程称为____,组成的新轨道叫____。

7. 化学键分为____键、____键、____键三大类。

8. 对于双原子分子,分子的极性和共价键的极性____;多原子分子的极性不仅与共价键的极性有关,还与____有关。

9. SiF_4 的分子构型为____,是____分子。

10. 已知在 $COCl_2$ 分子中,$\angle ClCCl=120°$,$\angle OCCl=120°$,由此可推断 $COCl_2$ 分子中 C 原子是____杂化,分子的空间构型为____。

三、简答题

1. 说出符号 p,2p,$2p^1$ 所代表的含义。

2. 已知 A、B、C、D 四种元素原子的价电子构型分别为 $3s^2 3p^5$、$3d^8 4s^2$、$3d^{10} 4s^1$、$3s^2 3p^6$,试回答:

(1) 各元素属于哪一周期? 哪一族? 哪一区?

(2) 各元素的电子型及原子序数。

3. 写出下列原子的电子层结构:^9C,^{11}Na。

4. 外层电子排布满足下列条件之一的是哪一族或何种元素?

(1) 具有 2 个 p 电子;

(2) 量子数 $n=2$, $l=0$ 的电子有 2 个, 并且 $n=2$, $l=1$ 的电子有 3 个;

(3) 2p 电子半充满, 2s 电子全充满。

5. 写出原子序数依次为 16、17 和 19 的三种元素基态原子的电子层结构、所属的周期与族、生成的离子电子层结构。

6. 简要说明 σ 键和 π 键的形成和主要特征, 并分析下列分子中存在何种共价键?

(1) N_2　　　　(2) HF

7. 判断下列各组分子间存在何种形式的分子间作用力。

(1) CCl_4 与 CS_2　　　(2) CCl_4 与 H_2O　　　(3) H_2O 与 NH_3　　　(4) HBr 气体

8. 解释下列现象: 沸点 HF>HI>HCl。

9. 请指出下列分子中哪些是极性分子, 哪些是非极性分子?

$CHCl_3$; NCl_3; BCl_3; HCl; CO_2

10. 指出下列化合物的中心原子可能采取的杂化轨道类型, 并预测分子的几何构型。

$BeCl_2$, BBr_3, SiH_4, PH_3, H_2S

第二章　溶　液

学习目标

【知识目标】

- 掌握溶液浓度的表示方法及有关计算；渗透压的概念。
- 熟悉渗透现象产生的条件；溶胶的性质及胶粒带电的原因；溶液的渗透压与浓度、温度的关系。
- 了解渗透压在医学上的意义。

【能力目标】

- 能熟练地进行溶液浓度的计算以及各种浓度之间的换算。
- 会比较溶液渗透压大小，并能判断溶液渗透的方向。

溶液是两种或两种以上的物质所形成的混合物，这些物质在分子层次上是均匀的，即分散程度达到分子水平。

溶液在日常生活、科学实验中被广泛应用。人体内许许多多的化学反应需在溶液中进行，各种营养物质的运输也需在溶液中进行，有些物质需形成胶体溶液才能稳定存在，如血液中的碳酸钙就是以胶体的形式存在；在临床治疗中常常需要把药物配成溶液才能被吸收，如临床上大量输液需用等渗溶液。由此可见，掌握溶液的有关知识是学好专业基础课和专业课的必备基础。

第一节　溶液的浓度

溶液的浓度是指溶质的量与溶液的量之比。

$$溶液的浓度 = \frac{溶质的量}{溶液的量}$$

式中的量是指物理量，可以是质量、物质的量、体积等。在化学上表示溶液浓度的方法很多，医药上常用以下四种方法来表示溶液的浓度。

一、溶液浓度的表示方法

（一）物质的量浓度

1. 概念

物质的量浓度是指溶液中溶质 B 的物质的量除以溶液的体积。用符号 c_B 或 $c(B)$ 表示，如氯化钠水溶液的物质的量浓度用 c_{NaCl} 或 $c(NaCl)$ 表示。

2. 计算公式

$$c_B = \frac{n_B}{V} \qquad (2-1)$$

式中：

n_B——溶质 B 的物质的量/mol；

V——溶液的体积/L。

3. 单位

物质的量浓度的 SI 单位是 $mol \cdot m^{-3}$，医学上常用的单位是 $mol \cdot L^{-1}$、$mmol \cdot L^{-1}$、$\mu mol \cdot L^{-1}$ 等。

(二)质量浓度

1. 概念

质量浓度是指溶液中溶质 B 的质量除以溶液的体积。用符号 ρ_B 或 $\rho(B)$ 表示，如氯化钠水溶液的质量浓度用 ρ_{NaCl} 或 $\rho(NaCl)$ 表示。

2. 计算公式

$$\rho_B = \frac{m_B}{V} \qquad (2-2)$$

式中：

m_B——溶质 B 的质量/g；

V——溶液的体积/L。

3. 单位

质量浓度的 SI 单位是 $kg \cdot m^{-3}$。医学上常用的单位是 $g \cdot L^{-1}$、$mg \cdot L^{-1}$ 等。

(三)质量分数

1. 概念

质量分数是指溶液中溶质 B 的质量除以溶液的质量。用符号 ω_B 或 $\omega(B)$ 表示，如氯化钠水溶液的质量分数用 ω_{NaCl} 或 $\omega(NaCl)$ 表示。

2. 计算公式

$$\omega_B = \frac{m_B}{m} \qquad (2-3)$$

式中：

m_B——溶质 B 的质量/g；

m——溶液的质量/g。

3. 单位

质量分数的单位为 1，其量值可以用小数或百分数表示。

(四)体积分数

1. 概念

体积分数是指溶液中溶质 B 的体积除以溶液的体积。用符号 φ_B 或 $\varphi(B)$ 表示，如甘油水溶液的体积分数用 $\varphi_{甘油}$ 或 $\varphi(甘油)$ 表示。

2. 计算公式

$$\varphi_B = \frac{V_B}{V} \tag{2-4}$$

式中：

V_B——溶质 B 的体积/L；

V——溶液的体积/L。

3. 单位

体积分数的单位为 1，其量值可以用小数或百分数表示，如临床上用的消毒酒精的浓度记为 $\varphi_B = 0.75$ 或 75%。

二、溶液浓度的有关计算

【例 2-1】 40 g 的氢氧化钠溶解于水中配成 1 L 的氢氧化钠溶液，问该溶液的物质的量浓度是多少？

解：∵ $M(NaOH) = 40$ g·mol^{-1}　　$m(NaOH) = 40$ g　$V = 1$ L

$$n(NaOH) = \frac{m(NaOH)}{M(NaOH)} = \frac{40 \text{ g}}{40 \text{ g·mol}^{-1}} = 1 \text{ mol}$$

$$\therefore c_{NaOH} = \frac{n(NaOH)}{V} = \frac{1 \text{ mol}}{1 \text{ L}} = 1 \text{ mol·L}^{-1}$$

答：该溶液的物质的量浓度是 1 mol·L^{-1}。

【例 2-2】 按照我国药典规定，注射用生理盐水是 0.5 L 生理盐水中含 NaCl 4.5 g。某患者需滴注生理盐水 0.8 L，计算生理盐水的质量浓度是多少？进入患者体内的 NaCl 的质量是多少？

解：∵ $m(NaCl) = 4.5$ g　$V = 0.5$ L

$$\therefore \rho(NaCl) = \frac{m(NaCl)}{V} = \frac{4.5 \text{ g}}{0.5 \text{ L}} = 9 \text{ g·L}^{-1}$$

又∵ $V' = 0.8$ L

由 $\rho_B = \frac{m_B}{V}$

$$\therefore m(NaCl)' = 9 \text{ g·L}^{-1} \times 0.8 \text{ L} = 7.2 \text{ g}$$

答：生理盐水的质量浓度是 9 g/L，进入患者体内的 NaCL 的质量是 7.2 g。

【例 2-3】 100 ml $\omega_B = 0.98$，$\rho = 1.84$ g·ml^{-1} 的浓硫酸，含硫酸的质量为多少克？

解：由 $\rho = \frac{m}{V}$ 得：$m = 1.84$ g·ml$^{-1} \times 100$ ml $= 184$ g

∵ $\omega_B = 0.98$

由 $\omega_B = \frac{m_B}{m}$

$$\therefore m_B = 0.98 \times 184 \text{ g} = 180.3 \text{ g}$$

答：含硫酸的质量是 180.3 g。

【例 2-4】 如需配制 $\varphi_B = 0.30$ 的过氧化氢水溶液 500 ml，需用纯过氧化氢多少毫升？

解：∵ $\varphi_B = 0.30$　　$V = 500$ ml

由 $\varphi_B = \dfrac{V_B}{V}$

$\therefore V(H_2O_2) = \varphi_B \times V = 0.30 \times 500\ ml = 150\ ml$

答：需用纯过氧化氢 150 ml。

三、溶液浓度的换算和溶液的稀释

(一)浓度的换算

溶液浓度的换算原则是：溶质和溶液的质量保持不变，只是单位的换算。

1. 物质的量浓度（c_B）与质量浓度（ρ_B）之间的换算

根据浓度换算原则，溶质的质量不变，可推导出换算公式

$$c_B = \dfrac{\rho_B}{M_B} \qquad\qquad (2-5)$$

式中：

M_B——溶质的摩尔质量/$g \cdot mol^{-1}$。

2. 物质的量浓度（c_B）与质量分数（ω_B）之间的换算

根据浓度换算原则，溶质的质量不变，可推导出换算公式

$$c_B = \dfrac{\omega_B \cdot \rho}{M_B} \qquad\qquad (2-6)$$

式中：

ρ——溶质的密度/$g \cdot L^{-1}$。

(二)溶液的稀释

稀释就是在一定量的浓溶液中加入溶剂使溶液的浓度变小的过程，在实际工作中常常需要把浓度大的溶液变成浓度小的溶液。稀释的特点是溶液的量变大了，而溶质的量不变，即

稀释前溶质的量＝稀释后溶质的量；或

稀释前溶液的浓度×稀释前溶液的体积＝稀释后溶液的浓度×稀释后溶液的体积

由此推导出溶液稀释的计算公式

$$c_{B1} \times V_1 = c_{B2} \times V_2 \qquad\qquad (2-7)$$
$$\rho_{B1} \times V_1 = \rho_{B2} \times V_2 \qquad\qquad (2-8)$$
$$\varphi_{B1} \times V_1 = \varphi_{B2} \times V_2 \qquad\qquad (2-9)$$

(三)有关计算

【例 2-5】 已知生理盐水的质量浓度是 $9\ g \cdot L^{-1}$，生理盐水的物质的量浓度是多少？

解：$\because \rho_B = 9\ g \cdot L^{-1}$ $\quad M(NaCl) = 58.5\ g \cdot mol^{-1}$

由 $c_B = \dfrac{\rho_B}{M_B}$

$\therefore c(NaCl) = \dfrac{9\ g \cdot L^{-1}}{58.5\ g \cdot mol^{-1}} = 0.154\ mol \cdot L^{-1}$

答：生理盐水的物质的量浓度是 $0.154\ mol \cdot L^{-1}$。

【例 2-6】 用 $\varphi_B = 0.95$ 的药用酒精 500 ml，可配制 $\varphi_B = 0.75$ 的消毒酒精多少毫升？需加水多少毫升？

解：∵ $\varphi_{B1} = 0.95$ $V_1 = 500$ ml $\varphi_{B2} = 0.75$

由 $\varphi_{B1} \times V_1 = \varphi_{B2} \times V_2$

∴ $V_2 = \dfrac{0.95 \times 500 \text{ ml}}{0.75} = 633$ ml

需加水的体积 $V = 633$ ml -500 ml $= 133$ ml

答：可配成 $\varphi_B = 0.75$ 的消毒酒精 633 *ml*，需加水 133 *ml*。

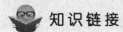 **知识链接**

分散系的分类

一种或一种以上的物质分散到另外一种物质中形成的体系叫分散系。其中被分散的物质叫分散相，能够容纳分散相的物质叫分散介质。根据分散相粒子的大小不同，把分散系分为以下三类。

(1)分子或离子分散系 分子或离子分散系(又叫真溶液，简称溶液)是指分散相粒子的直径小于 1 nm 的分散系。如生理盐水、葡萄糖溶液等。

(2)胶体分散系 是指分散相粒子的直径在 1～100 nm 之间的分散系。如血液中的碳酸钙溶胶、氢氧化铁溶胶等。

(3)粗分散系 是指分散相粒子的直径小于 1 nm 的分散系。如泥浆水、外用皮肤杀菌药硫黄合剂等。

第二节 胶体溶液

分散相粒子直径在 1～100 nm 之间的分散系称为胶体分散系。根据分散介质的状态不同可分为固溶胶、液溶胶、气溶胶三类。分散介质是固体的胶体溶液称为固溶胶，如有色玻璃；分散介质是气体的胶体溶液称为气溶胶，如烟、雾等；分散介质是液体的胶体溶液称为液溶胶，简称溶胶，如 $Fe(OH)_3$ 溶胶、As_2S_3 溶胶等。下面着重介绍液溶胶。

一、溶胶的性质

(一)动力学性质(布朗运动)

1827 年植物学家布朗(Brow)用显微镜观察到悬浮在液面的花粉粉末不断地作不规则的运动，溶胶中的胶体粒子和溶液中溶质粒子相似，也在做不停的运动，这种不规则、不停的运动称为布朗运动(图 2-1)。由此表现出与粒子运动有关的性质，

图 2-1 溶胶的布朗运动

称为胶体的分子动力学性质，如扩散、渗透、沉降等。它们和胶体粒子的大小和形状有密切的关系。因此从分子动力学性质出发，可以研究胶体粒子的大小和形状。其次，胶体由于分子动力学性质，可以保持胶体粒子不因重力作用而沉积在容器底部。这种分散相从分散介质中分离出来的性质，称为动力学稳定性。

(二)光学性质(丁铎尔现象)

在暗室中用一束光线照射溶胶,从与入射光线垂直的侧面观察,可以看到溶胶中有一条明亮的光柱(乳光)(图2-2),这个现象是1869年由美国物理学家丁铎尔发现的,因此称为丁铎尔现象。

丁铎尔现象的本质是胶粒对光散射的结果,溶胶粒子质点大,散射能力大。当光波照射到胶体粒子上时,如果粒子大于波长,则光波以一定角度从粒子表面反射出来。如果胶体粒子远小于光波的波长,则光线绕过胶体粒子前进而不受阻碍。当胶体粒子的大小和光波波长接近或稍小时,光波产生散射。溶胶粒子的大小在 $1\sim100$ nm 之间,与普通光波波长接近,因此有一定强度的散射现象,发生丁铎尔现象。

在医疗实践中可以用灯检的方法来判断溶液是否过期,即可以借助于有没有明显的丁铎尔现象来鉴别它是溶胶还是真溶液或是纯液体。

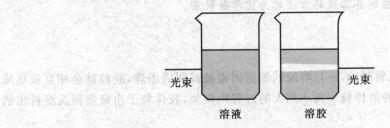

光束 　　　　　　　　光束

溶液　　　　　　溶胶

图 2-2 溶胶的丁铎尔现象

(三)电学性质(电泳现象)

把红棕色的 $Fe(OH)_3$ 溶胶置于 U 形管中,在管口插入正负两个电极,通上直流电(图2-3),可以观察到阴极附近溶胶的红棕色颜色加深,而阳极附近的颜色变浅,表明 $Fe(OH)_3$ 胶体粒子带正电荷,在电场的作用下向阴极移动。如用黄色的 As_2S_3 溶胶来做这个实验,则观察到阳极附近黄色变深,阴极附近黄色变浅,表明 As_2S_3 溶胶的胶体粒子带负电荷,在电场中向阳极移动。把这种胶体粒子在电场中向阳极或阴极移动的现象叫电泳现象。

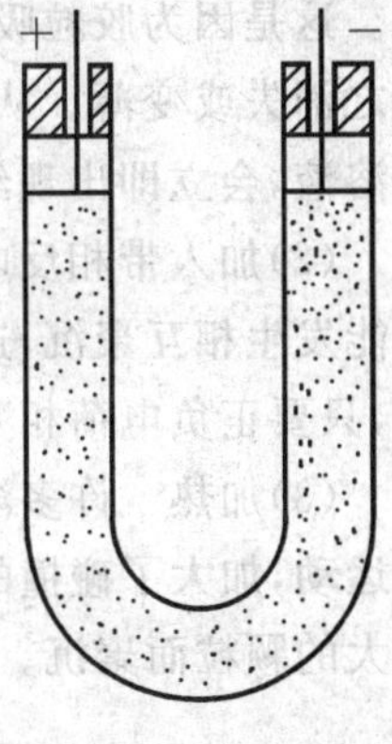

二、溶胶的稳定和聚沉

图 2-3 电泳现象

(一)溶胶的稳定性

溶胶在相当长的时间内能比较稳定地存在,胶体粒子不会相互聚集成大的颗粒而沉淀下来。溶胶之所以能稳定存在,除了胶体粒子作高速不规则的布朗运动外,主要有以下两个原因:

(1)**胶体粒子带电**　同一种溶胶中的胶粒带同种电荷,使得胶粒互相排斥而不易聚集。

(2)**胶体粒子的溶剂化作用**　吸附在胶粒表面上的离子对溶剂分子有一定的吸附能力,能将溶剂分子吸附到胶粒表面形成一层溶剂化薄膜,从而阻止胶粒相互聚集。溶剂化薄膜越厚,溶胶越稳定。

🔖 **知识链接**

溶胶的制备

1.分散法

①机械分散法,常采用胶体磨进行制备。分散药物、分散介质以及稳定剂从加料口处加入胶体磨中,胶体磨 10000 r/min 转速高速旋转将药物粉碎成胶体粒子范围。可以制成质量很好的溶胶。②胶溶法,亦称解胶法,它不是使脆的粗粒分散成溶液,而是使刚刚聚集起来的分散相又重新分散的方法。③超声分散法,用 20000 Hz 以上超声波所产生的能量使分散粒子分散成溶胶剂。

2.凝聚法

改变分散介质的性质使溶解的药物凝聚制备溶胶的方法称为物理凝聚法;借助于氧化、还原、水解、复分解等化学反应制备溶胶的方法称为化学凝聚法。

(二)溶胶的聚沉

溶胶的稳定是相对的、暂时的,一旦溶胶的稳定因素被减弱或消除,胶粒就会相互聚集成大的颗粒而沉降下来。这种胶体粒子从小到大的过程叫聚集,胶体粒子由聚集而沉淀析出的现象叫聚沉。

能使胶体粒子发生聚沉的方法很多,主要介绍以下三种:

(1)加入少量电解质　溶胶对电解质相当敏感,只需加入少量电解质就能使溶胶发生聚沉。这是因为胶粒吸引带相反电荷的离子,导致胶粒所带的电荷减少甚至被中和,溶剂化薄膜随之消失或变薄。从而使胶粒从溶胶中沉淀析出。例如往 $Fe(OH)_3$ 溶胶中加入少量的硫酸铵溶液,会立即出现红棕色的 $Fe(OH)_3$ 沉淀。

(2)加入带相反电荷的其他溶胶　在溶胶中加入胶粒带相反电荷的溶胶,只要比例合适,就能发生相互聚沉,这种聚沉现象叫溶胶的互沉现象。例如把 As_2S_3 溶胶加到 $Fe(OH)_3$ 溶胶中,只要正负电荷相互中和,就会聚沉。

(3)加热　许多溶胶加热时会发生聚沉,升高温度,根据溶胶布朗运动的性质,胶粒就会加速运动,加大了碰撞的机会,同时胶粒所带的电荷及水化程度也会随之减弱,从而使胶粒聚集成大的颗粒而聚沉。

第三节　溶液的渗透压

一、渗透现象和渗透压

将一滴红墨水滴到一杯纯水中,过一会儿整杯水就会变成红色,形成一个均匀的红色溶液,这种现象叫作扩散。扩散是直接接触时发生的现象,是溶质和溶剂分子双向运动的结果。只要两种浓度不同的溶液相互接触时均会发生扩散现象。

半透膜是一种只允许较小的溶剂分子通过,而较大的溶质分子不能通过的薄膜,如生物的细胞膜、动物的肠衣、血管壁以及人工制造的羊皮纸、玻璃纸等均属于半透膜。

在一容器中间用半透膜隔成两部分,左边装 $50\ g\cdot L^{-1}$ 的蔗糖溶液,右边装纯水,见图 2-4.经过一段时间后,发现左边的液面比右边的液面高。如在上述容器中装入浓度不相同的蔗糖溶液,同样会发生这种现象。这种溶剂分子从纯溶剂进入溶液(或从稀溶液进入浓溶液)的现象叫渗透现象,简称渗透。

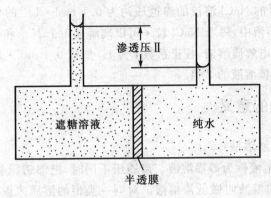

图 2-4 溶液的渗透现象

产生渗透现象有两个必备条件:一是两种溶液之间需有半透膜存在,二是半透膜的两侧有浓度差。

为什么会产生渗透现象呢？这是因为对于相同体积的溶液,纯溶剂(或稀溶液)中的水分子数比溶液(或浓溶液)中水分子数多,那么从纯溶剂(或稀溶液)进入到溶液(或浓溶液)中的水分子数比从溶液(或浓溶液)进入到纯溶剂(或稀溶液)中的水分子数多。从而使浓度大的一侧的水位缓慢上升,同时产生静水压。随着液面的不断上升,这种能阻止水分子继续向浓溶液渗透的静水压使溶剂水分子进出半透膜的速度相等,即进出半透膜的水分子数一样多,此时达到渗透平衡,达到平衡时液面不再上升,这种恰能阻止渗透现象发生而产生的压力称为渗透压。渗透压用 Π 表示,Π 的 SI 单位是 Pa,医学上常用 kPa。如正常成人血浆的渗透压是720～800 kPa,相当于渗透浓度为 280～310 mmol·L^{-1} 的溶液所产生的渗透压。

二、渗透压与浓度、温度的关系

渗透压是溶液的一个重要性质,凡是溶液都有渗透压。渗透压的大小与溶液的浓度和温度有关。

1886 年,范特荷甫(van't Hoff)根据实验数据得出一条规律:对稀溶液来说,渗透压与溶液的浓度和温度成正比,它的比例常数就是气体状态方程式中的常数 R。这条规律称为范特荷甫定律,用方程式表示如下

$$\Pi = cRT \tag{2-10}$$

式中:

Π——溶液的渗透压/kPa

V——溶液的体积/L

C——溶液的物质的量浓度/mol·L^{-1}

R——气体常数/8.31 kPa·L·K^{-1}·mol^{-1}

T——绝对温度/K

式(2-10)称为范特荷甫公式,也叫渗透压公式。特荷甫公式表示,在一定温度下,溶液的渗透压与单位体积溶液中所含溶质的粒子数(分子数或离子数)成正比,而与溶质的本性无关。

对于稀溶液,(2-10)式引入一个校正系数 i,写成

$$\Pi = icRT \tag{2-11}$$

例如,$0.1 \, mol \cdot L^{-1}$ 的 NaCl 溶液的渗透压约为 $0.1 \, mol \cdot L^{-1}$ 的葡萄糖溶液渗透压的 2 倍。这是由于在 NaCl 溶液中,每个 NaCl 粒子可以离解成 1 个 Na^+ 和 1 个 Cl^-,其校正系数 i 为 2,而葡萄糖溶液是非电解质溶液,校正系数 i 为 1。所以 $0.1 \, mol \cdot L^{-1}$ NaCl 溶液的渗透压约为 $0.1 \, mol \cdot L^{-1}$ 葡萄糖溶液的 2 倍。

三、渗透压在医学上的意义

(一)等渗、低渗、高渗溶液

渗透压相等的两种溶液称为等渗溶液。渗透压不同时,把渗透压相对高的溶液叫做高渗溶液,把渗透压相对低的溶液叫做低渗溶液。对同一类型的溶质来说,浓溶液的渗透压比较大,稀溶液的渗透压比较小。因此,在发生渗透作用时,水会从低渗溶液(即稀溶液)进入高渗溶液(即浓溶液),直至两溶液的渗透压达到平衡为止。溶液渗透的方向总是从低浓度的一方向高浓度的一方渗透。

在医疗实践中,溶液的等渗、低渗或高渗以血浆总渗透压为标准。即溶液的渗透压与血浆总渗透压相等的溶液为等渗溶液;溶液的渗透压低于血浆总渗透压的溶液为低渗溶液;溶液的渗透压高于血浆总渗透压的溶液为高渗溶液。

下面讨论红细胞分别在三种溶液中所产生的现象。

将红细胞置于低渗溶液中(图2-5),在显微镜下可以看到红细胞逐渐膨胀,最后破裂。医学上称这种现象为溶血。这是因为红细胞内液的渗透压大于细胞外液渗透压,因此,水分子就要向红细胞内渗透,使红细胞膨胀,以致破裂。如将红细胞置于高渗溶液中(图2-6),在显微镜下可以看到红细胞逐渐皱缩,这种现象称为胞浆分离。因为这时红细胞内液的渗透压小于细胞外液的渗透压,因此,水分子由红细胞内向外渗透,使红细胞皱缩。如将红细胞放到生理盐水中,在显微镜下看到红细胞维持原状。这是因为红细胞与生理盐水渗透压相等,细胞内外达到渗透平衡的缘故。

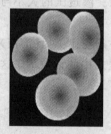

图2-5　红细胞在低渗溶液中　　　　图2-6　红细胞在高渗溶液中

在医疗工作中,大量补液是需用等渗溶液。小剂量注射时,也要考虑注射液的渗透压。为了治疗的需要,例如对急需增加血液中葡萄糖的患者,如用等渗溶液,注射液体积太大,所需注射时间太长,反而不易收效。这时就考虑使用高渗溶液,如渗透压比血浆高 10 倍的 $2.78 \, mol \cdot L^{-1}$ 葡萄糖溶液。需要注意,用高渗溶液作静脉注射时,用量不能太大,注射速度不可太快,否则易

造成局部高渗引起红细胞皱缩。当高渗溶液缓缓注入体内时,可被大量体液稀释成等渗溶液。对于剂量较小浓度较稀的溶液,大多是将剂量较小的药物溶于水中,并添加氯化钠、葡萄糖等调制成等渗溶液,亦可直接将药物溶于生理盐水或 $0.278\ mol \cdot L^{-1}$ 葡萄糖溶液中使用,以免引起红细胞破裂。

(二)渗透浓度

人的体液中既有非电解质(如葡萄糖等),也有电解质(如 $NaCl$、$CaCl_2$、$NaHCO_3$ 等盐类)。为了表示体液总的渗透压大小,医学上常用渗透浓度来表示渗透压的大小,渗透浓度是指溶液中能产生渗透效应的所有溶质微粒的总浓度。常用单位为 $mmol \cdot L^{-1}$。正常人体血浆的渗透压为 $720 \sim 800\ kPa$,相当于渗透浓度为 $280 \sim 310\ mmol \cdot L^{-1}$ 的溶液所产生的渗透压。

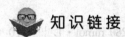 **知识链接**

血浆晶体渗透压和胶体渗透压

由血浆中的电解质、葡萄糖、尿素等小分子晶体物质所形成的渗透压叫晶体渗透压。晶体渗透压可以改变细胞内外液体平衡。血浆晶体渗透压升高引起抗利尿激素分泌。由血浆中的蛋白质所形成的渗透压称为胶体渗透压,包括白蛋白、球蛋白、纤维蛋白原,其中最主要的是白蛋白。胶体渗透压改变血管内外液体平衡,对维持血管内外的水平衡起重要作用。

 学习小结

1. 医学上常用的溶液浓度的表示方法

表 2 - 1 溶液浓度的表示方法

溶液浓度表示方法	物质的量浓度	质量浓度	质量分数	体积分数
计算公式	$c_B = \dfrac{n_B}{V}$	$\rho_B = \dfrac{m_B}{V}$	$\omega_B = \dfrac{m_B}{M}$	$\varphi_B = \dfrac{V_B}{V}$

2. 溶液浓度的换算

溶液浓度的换算只是单位的换算,而溶质和溶液的量不变。换算关系见表 2 - 2。

表 2 - 2 溶液浓度的换算

溶液浓度的换算	物质的量浓度与质量浓度间的换算	物质的量浓度与质量分数间的换算
换算公式	$c_B = \dfrac{\rho_B}{M_B}$	$c_B = \dfrac{\omega_B \cdot \rho}{M_B}$

3. 溶液的稀释

在一定量的浓溶液中加入溶剂使溶液浓度变小的过程称为稀释,稀释前后溶质的量不变。有关稀释的计算式如下:

$$\rho_{B1} \times V_1 = \rho_{B2} \times V_2 \qquad \rho_{B1} \times V_1 = \rho_{B2} \times V_2 \qquad \varphi_{B1} \times V_1 = \varphi_{B2} \times V_2$$

使用以上公式时,单位一定要统一。

4.胶体溶液的基本概念

胶体溶液是指分散系粒子的直径小于 1～100 nm 的分散系。其中主要介绍溶胶。

溶胶具有一些特殊性质:如布朗运动、丁铎尔现象、电泳现象等。

溶胶在一段时间内能稳定存在的原因是胶粒带同种电荷和溶剂化作用。能使溶胶发生聚沉的方法主要有加入少量电解质、加热、加胶粒带相反电荷的其他溶胶。

5.溶液的渗透压

溶液的渗透压实际上是一种静水压,是恰好能阻止渗透现象发生而产生的压力。在一定温度下,难挥发非电解质溶液的渗透压只与单位体积内的溶液中所含溶质的粒子(分子或离子)数成正比,与粒子的性质和大小无关。渗透的方向是从低浓度向高浓度的一方渗透。

6.渗透压在医学上的意义

在医学中,等渗、高渗及低渗溶液是以人体血浆渗透压(720～800 kPa 或 280 mmol·L^{-1}～310 mmol·L^{-1})为标准比较的。临床大量补液应遵循输等渗溶液的原则,否则会改变红细胞的正常形态。

 目标检测

一、选择题

1.胶体溶液区别于其他溶液的实验事实是(　　)

A.电泳现象　　　　　　B.布朗运动　　　　　　C.丁铎尔现象　　　　　　D.胶粒能通过滤纸

2.欲使两种稀溶液间不发生渗透,应使两溶液(　　)

A.物质的量浓度相同　B.质量浓度相同　　　C.渗透浓度相同　　　　D.质量分数相同

3.使溶胶稳定的最主要原因是(　　)

A.胶粒带电　　　　　　　　　　　　　B.胶粒表面存在水化膜

C.胶粒的布朗运动　　　　　　　　　D.胶粒小

4.在外电场的作用下,Fe(OH)$_3$ 胶体粒子移向阴极的原因是　　　　(　　)

A.Fe^{3+} 带正电荷

B.Fe(OH)$_3$ 带负电吸引阳离子

C.Fe(OH)$_3$ 胶体粒子吸附阳离子而带正电荷

D.Fe(OH)$_3$ 胶体吸附阴离子而带负电荷

5.用浅黄色胶体 As$_2$S$_3$ 溶胶作电泳实验时,阴极附近的颜色变浅。向该胶体加入下列物质,能发生聚沉现象的是(　　)

A.MgCl$_2$　　　　　　　B.Fe(OH)$_3$胶体　　　　C.CCl$_4$　　　　　　　D.H$_2$SiO$_3$胶体

6.胶体粒子能作布朗运动的原因是(　　)

①水分子对胶粒的撞击 ②胶体粒子有吸附能力 ③胶粒带电 ④胶体粒子质量小,所受重力小

A.①②　　　　　　　　B.①③　　　　　　　　C.①④　　　　　　　　D.②④

7.临床上大量输液使用的是(　　)

A.高渗溶液　　　　　　B.等渗溶液　　　　　　C.低渗溶液　　　　　　D.以上均不是

8.下列与人体血浆不等渗的是（　　）

A. $9\ g\cdot L^{-1} NaCl$ 溶液　　　　　　B. 生理盐水

C. $50\ g\cdot L^{-1}$ 葡萄糖溶液　　　　　D. $50\ g\cdot L^{-1}$ 的 $NaHCO_3$ 溶液

9.影响渗透压的因素有（　　）

A. 温度、浓度　　　B. 压力、浓度　　　C. 熔点、浓度　　　D. 体积、温度

10.下列物质的量浓度相同的溶液,在相同温度下渗透压最大的是（　　）

A. 氯化钠溶液　　　B. 葡萄糖溶液　　　C. 氯化铝溶液　　　D. 氯化钙溶液

二、填空题

1.溶胶能比较稳定存在的原因有＿＿＿＿＿＿和＿＿＿＿＿＿。

2.使溶胶发生聚沉的方法有＿＿＿＿＿、＿＿＿＿＿、＿＿＿＿＿。

3.产生渗透现象的条件有＿＿＿＿＿和＿＿＿＿＿。

4.溶液渗透的方向是＿＿＿＿＿＿＿＿＿。

5.正常成人的血浆渗透压为＿＿＿＿＿＿＿,相当于血浆的渗透浓度为

＿＿＿＿＿＿＿。

三、简答题

1.在陶瓷工业上常遇到因陶土里混有 Fe_2O_3 而影响产品质量的问题,如何除去 Fe_2O_3?

2.向 $Fe(OH)_3$ 胶体中逐滴加入过量的盐酸,会出现什么现象,原因是什么?

3.简述人体红细胞置于低渗溶液、高渗溶液中的形态变化。

四、计算题

1.若 250 ml 葡萄糖溶液中含 12.5 g 葡萄糖($C_6H_{12}O_6$),则葡萄糖溶液的物质的量浓度是多少?

2.用 $\varphi_B=0.95$ 的药用酒精配制 $\varphi_B=0.75$ 的消毒酒精 500ml,需用 $\varphi_B=0.95$ 的药用酒精多少毫升?

3.某患者需补充 2.3 g Na^+,需输多少毫升的生理盐水?

4.临床上需用 1/6 $mol\cdot L^{-1}$ 乳酸钠($NaC_3H_5O_3$)溶液 360 ml,如用 112 $g\cdot L^{-1}$ 的乳酸钠针剂(20 ml/支)配制,需用多少支?

第三章 化学反应速率和化学平衡

学习目标

【知识目标】

- 掌握化学反应速率和化学平衡的基本定义、数学表达式及相关简单计算。
- 熟悉可逆反应与化学平衡的关系；影响化学反应速率及化学平衡的因素；化学平衡移动的原理。
- 了解平衡常数与化学反应进程的关系。

【能力目标】

- 能熟练运用速率方程和阿累尼乌斯方程进行相关的计算。
- 能通过反应商(Q)与平衡常数$(K^\ominus)$的关系判断化学反应的趋势和进程；能通过反应商(Q)与平衡常数$(K^\ominus)$的关系判断可逆反应的方向和化学平衡移动的方向。

　　人类在不断地探索加快或减慢化学反应速率及化学反应进行的程度。一方面，在化工生产实践中，我们希望加快反应速率，提高生产产量和经济效益，如工业上氨的合成。另一方面，在日常生活中有时我们又希望减慢某些反应的速率，如食物腐败、金属锈蚀等。因此，我们对化学反应速率进行研究有助于确定反应途径中的各个步骤，从而达到掌控化学反应的目的。

　　物质发生化学反应并不是都朝着一个方向进行，事实上几乎所有的化学反应都是可逆的，只要是可逆反应，就能建立动态平衡。研究化学平衡我们能掌握化学反应进行的方向和化学反应进行的程度，在生产上利用平衡移动的原理可以缩短反应所需的时间和加快反应所需的周期，从而提高物质生产的效率。所以无论是化学反应速率还是化学平衡的研究对生产实践及日常生活都有着重要的指导意义。

第一节 化学反应速率

　　在日常生活或生产实践中发现，不同的化学反应有着不同的反应速率。不同的物质，相同的反应条件其反应速率不同，所以物质自身的特性是决定反应速率的内因；相同的物质，不同的反应环境和反应条件其反应速率不同，反应的环境、反应条件是决定反应速率的外因。

一、化学反应速率的概念和表示方法

(一)平均速率

1.化学反应速率

化学反应速率是用来衡量化学反应进行快慢程度的，通常用单位时间内反应物浓度的减少或生成物浓度的增加来表示。

2. 单位

化学反应速率的单位是 $mol \cdot L^{-1} \cdot s^{-1}$ 或 $mol \cdot L^{-1} \cdot min^{-1}$。

3. 计算

如某一反应物 B 的初始浓度为 $c(B)$,经过时间 Δt 后,B 物质浓度的改变量为 $\Delta c(B)$,则在 Δt 内 B 的化学反应的数学表达式为

$$\bar{v}(B) = \left| \frac{\Delta c(B)}{\Delta t} \right| \tag{3-1}$$

4. 举例

【例 3-1】 在某一化学反应中,反应物 B 的浓度在 10s 内从 $4.0\ mol \cdot L^{-1}$ 变成 $1.0\ mol \cdot L^{-1}$,在 10s 内 B 的化学反应速率是多少?

解析:根据定义公式直接进行计算,即

$$\bar{v}(B) = \frac{|\Delta c(B)|}{\Delta t} = \frac{|1.0\ mol \cdot L^{-1} - 4.0\ mol \cdot L^{-1}|}{10\ s} = 0.3\ mol \cdot L^{-1} \cdot S^{-1}$$

答:在 10s 内 B 的化学反应速率是 $0.3\ mol \cdot L^{-1} \cdot s^{-1}$。

【例 3-2】 反应 $N_2 + 3H_2 \Longrightarrow 2NH_3$ 在 2 L 的密闭容器中发生,5 min 内 NH_3 的质量增加了 1.7 g,求:$\bar{v}(N_2)$,$\bar{v}(H_2)$ 和 $\bar{v}(NH_3)$。

解析:5 min 内生成 NH_3 的物质的量:$n(NH_3) = \dfrac{1.7\ g}{17g \cdot mol^{-1}} = 0.1\ mol$

故 $\bar{v}(NH_3) = \dfrac{\Delta c(NH_3)}{\Delta t} = \dfrac{0.1\ mol/2L}{5\ min} = 0.01\ mol \cdot L^{-1} \cdot min^{-1}$

由 $\bar{v}(NH_3) : \bar{v}(H_2) : \bar{v}(N_2) = 2 : 3 : 1$。

有 $\bar{v}(N_2) = \dfrac{1}{2}\bar{v}(NH_3) = \dfrac{1}{2} \times 0.01\ mol \cdot L^{-1} \cdot min^{-1} = 0.005\ mol \cdot L^{-1} \cdot min^{-1}$。

$\bar{v}(H_2) = \dfrac{3}{2}\bar{v}(NH_3) = \dfrac{3}{2} \times 0.01\ mol \cdot L^{-1} \cdot min^{-1} = 0.015\ mol \cdot L^{-1} \cdot min^{-1}$

答:反应中各物质的速率为 $\bar{v}(N_2) = 0.005\ mol \cdot L^{-1} \cdot min^{-1}$;$\bar{v}(H_2) = 0.015\ mol \cdot L^{-1} \cdot min^{-1}$;$\bar{v}(NH_3) = 0.01\ mol \cdot L^{-1} \cdot min^{-1}$。

(二)瞬时速率

在反应过程中,反应参加物的浓度是随时都在变化的,速率也在发生着变化,故反应平均速率并不能真实说明反应进行的情况,因此反应速率的最精确表示是瞬时速率。为了求得瞬时速率,结合反应:$A + B \Longrightarrow AB$ 根据实验测定结果绘出反应物 A 或 B 的浓度对时间的变化曲线,见图 3-1。例如要求 a 点的瞬时速率,可以通过 a 点绘出这条曲线的一条切线,切线的斜率就是在 a 点时的瞬时速率。

其数学表达式为

$$v(A) = \lim_{\Delta t \to 0} \left| \frac{\Delta c(A)}{\Delta t} \right| = \left| \frac{dc(A)}{dt} \right| \tag{3-2}$$

或:

$$v(B) = \lim_{\Delta t \to 0} \left| \frac{\Delta c(B)}{\Delta t} \right| = \left| \frac{dc(B)}{dt} \right| \tag{3-3}$$

如果没有特别说明,反应速率就是指 Δt 时间内的平均速率。

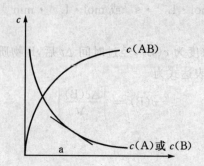

图 3-1 在反应 $A+B \Longrightarrow AB$ 中反应物浓度随时间的变化曲线

(三)注意事项

关于化学反应速率应注意以下几个问题:

(1)化学反应速率是标量,即只有大小而没有方向。

(2)一般计算出来的化学反应速率是一段时间内的平均反应速率,不同时段的化学速率是不相同的。

(3)对于固体物质或气态反应中的液体物质,反应在其表面进行,它们的"浓度"是不变的,因此不用液态和固态表示化学反应速率。

(4)对于同一反应,用不同物质浓度的变化表示该反应速率的数值各不相同,但它们都代表同一化学反应的反应速率,其化学反应速率比等于化学方程式中化学反应计量数之比。

对于任意一个化学反应: $mA+nB \Longrightarrow pC+qD$

各物质的反应速率之间存在着下列关系

$$\bar{v}(A) : \bar{v}(B) : \bar{v}(C) : \bar{v}(D) = m : n : p : q \qquad (3-4)$$

因此,表示反应速率时,必须注明是用哪一种物质浓度的变化来表示的。

二、影响化学反应速率的因素

(一)浓度对化学反应速率的影响

1. 基元和非基元反应

一步就能完成的化学反应称为基元反应,或称简单反应。例如

$$2NO_2 \Longrightarrow 2NO + O_2 \qquad NO_2 + CO \xrightarrow{>327℃} NO + CO_2$$

分几步进行的反应为非基元反应。例如

$$2NO + 2H_2 \xrightarrow{800℃} N_2 + 2H_2O$$

此反应实际上是分两步进行的:

第一步　　　　　$2NO + H_2 \Longrightarrow N_2 + H_2O_2$

第二步　　　　　$H_2O_2 + H_2 \Longrightarrow 2H_2O$

每一步为一个基元反应,总反应即为两步反应的加和。

2. 速率方程式

对于一个给定的化学反应来说,把反应物浓度同反应速率联系起来的数学表达式就是速

率方程式,它往往是通过实验来确定的。化学家在大量实验的基础上总结出:对于基元反应,其反应速率与各反应物浓度幂的乘积成正比。浓度指数在数值上等于基元反应中各反应物前面的化学计量数。这种定量关系称为质量作用定律,其数学表达式称为速率方程式,简称速率方程。例如,对于基元反应:

$$mA + nB \Longrightarrow pC + qD$$

其速率方程为

$$v = k\{c(A)\}^m \cdot \{c(B)\}^n \tag{3-5}$$

式(3-5)中 $c(A)$ 和 $c(B)$ 分别为反应物 A 和 B 的浓度,其单位通常采用 $mol \cdot L^{-1}$ 表示;k 为用浓度表示的反应速率常数。如果是气体反应,因恒温恒容时,各气体的分压与浓度成正比,故速率方程也可表示为

$$v = k'\{p(A)\}^m \cdot \{p(B)\}^n \tag{3-6}$$

式中,$p(A)$ 和 $p(B)$ 分别为反应物 A 和 B 的分压;k' 为用分压表示的反应速率常数。

k 是化学反应在一定温度下的特征常数,数值等于反应物浓度为单位浓度时的反应速率。它的大小反映了一定条件下化学反应速率的快慢,从(3-5)和(3-6)式中不难看出 k 或 k' 与反应速率成正比,在相同条件下,k 或 k' 越大,反应速率越快;反之,k 或 k' 越小,反应速率越慢。对于指定反应来说,k 或 k' 受温度的影响最大,它是温度的函数,随温度变化而发生改变,不随浓度的改变而发生变化。

(二)温度对化学反应速率的影响

在已学过的化学反应及日常生活中我们都能感知到温度对化学反应速率有着较大的影响。一般来说升高温度能加快化学反应速率,降低温度能减慢化学反应速率,那么温度对化学反应速率的影响究竟有多大呢?是否能找到它们之间的定量关系呢?

我们知道物质发生化学反应,反应物分子之间必须发生碰撞,碰撞是反应发生的前提条件。但反应物粒子之间的绝大多数碰撞都是无效的,它们碰撞后立即分开,并无反应发生,只有少数反应物粒子之间的碰撞才能导致反应的发生。能导致反应发生的碰撞称为有效碰撞,所以有效碰撞是分子之间发生反应的必要条件;能发生有效碰撞的分子是具有较高能量的分子,这种分子叫做活化分子。由此看出分子所具有能量的高低,决定着活化分子数目的多少,活化分子数目的多少决定着化学反应速率的快慢。而升高温度会使反应物分子的平均能量增大,这将导致活化分子的百分数增加,所以升高温度必然加快化学反应速率。

通过实验数据(表 3-1)可以看出温度对化学反应速率的影响。

表 3-1　温度对 H_2O_2 与 HI 反应速率的影响

$t/℃$	0	10	20	30	40	50
相对反应速率	1.00	2.08	4.32	8.38	16.19	39.95

从表中数据看出,温度每增加 10℃ 其反应速率在原来的基础上增加两倍以上,科学家通过大量实验表明,对多数反应来说,温度升高 10℃,反应速率在原来的基础上大约增加 2 至 4 倍。

温度对反应速率的影响,实质上是温度对速率常数的影响。前面提到过,反应速率常数是

温度的函数,它随温度而变,反应速率常数与温度的关系可以用下式表示:

$$k = Ae^{-E_a/RT} \tag{3-7}$$

式(3-7)中 A 为碰撞频率因子,e 是自然对数的底(2.718),E_a 为活化能(活化分子平均能量与反应物分子的平均能量之差),常用单位为 kJ·mol,R 是摩尔气体常数,$R=8.314$ J·mol·K^{-1}),T 为热力学温度,单位为 K。这个方程是阿累尼乌斯在 1889 年提出来的,人们把它叫作阿累尼乌斯方程式。

将(3-7)两边取对数,阿累尼乌斯方程也可表示为

$$\ln k = \ln A - \frac{E_a}{RT} \tag{3-8}$$

或

$$\lg k = \lg A - \frac{E_a}{2.303RT} \tag{3-9}$$

由式(3-9)可知,反应速率常数 k 与热力温度 T 成指数关系,温度的微小变化,将导致 k 的较大变化。

活化能可以用阿累尼乌斯方程式计算得到,若某反应在温度 T_1 时反应速率常数为 k_1,在温度 T_2 时反应速率常数为 k_2,则代入式(3-9),两式相减

$$\lg \frac{k_2}{k_1} = \frac{E_a(T_2 - T_1)}{2.303RT_1T_2}$$

所以

$$E_a = \frac{2.303RT_1T_2}{T_2 - T_1} \lg \frac{k_2}{k_1} \tag{3-10}$$

【例 3-3】 对于下列反应来说:

$$2N_2O_5(g) \longrightarrow 4NO_2(g) + O_2(g)$$

已知 $A=4.3\times10^{13}$ s^{-1},$E_a=205.3$ kJ·mol^{-1},求在 300 K 时的 k 值。

解析: 根据公式(3-9)

$$\lg k = \lg A - \frac{E_a}{2.303RT} = \lg(4.3\times10^{13}) - \frac{205.3\times10^3}{2.03\times8.314\times300} = -4.36 = 0.64 - 5.00$$

$$\therefore k = 4.36\times10^{-5} \text{ s}^{-1}$$

(三)催化剂对化学反应速率的影响

催化剂是一种能改变化学反应速率但本身在反应中不发生变化的物质;在反应结束时,催化剂可以无变化地加以回收。例如由氯酸钾($KClO_3$)热分解制备氧气可因加少量二氧化锰(MnO_2)而使反应大大加速。

催化剂能够增大化学反应速率的原因,是它参加了化学反应,改变了反应的历程,降低了反应的活化能,从而增加了活化分子的百分数,大大加快了反应速率,见图 3-2。

反应:A + B ══AB,当无催化剂时反应的活化能为 E_a,有催化剂 P 存在时,反应途径发生了变化,分两步完成

$$A + P ══ AP$$

$$AP + B ══ AB + P$$

两步反应的活化能分别为 E'、E'',均小于 E_a,所以反应速率加快。由此可见,催化剂是通过降低反应的活化能来加快反应速率的。

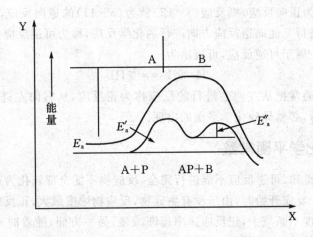

图 3-2　催化反应历程示意图

催化剂具有以下特点：

（1）催化剂只能改变化学反应速率，而不影响化学反应的始态和终态，即催化剂不能改变化学反应的方向。

（2）对可逆反应，催化剂可以同等程度地加快正、逆反应的速率。

（3）催化剂具有专一的选择性。不同的化学反应使用不同的催化剂；反应物相同，催化剂不同，生成物也不同。

第二节　化学平衡

在化学反应的研究中仅考虑化学反应速率是不够的。有些化学反应在一定条件下能进行到底；而有的化学反应在一定条件下只能进行到一定程度，此时反应体系中反应物及生成物的浓度不再发生改变，从表观上看，反应终止了而不再继续进行。在一定条件下不同的化学反应进行的程度是不相同的，而且同一反应在不同的条件下，进行的程度也会有很大的差别。那么在给定条件下，一个化学反应究竟有多少反应物可以转化成产物？哪些条件会对反应限度形成影响呢？这就涉及化学平衡问题。

一、不可逆反应与可逆反应

有的化学反应在一定条件下只朝着一个方向进行，反应物几乎完全转化成生成物，如氢氧化钠与盐酸的反应：$NaOH + HCl \Longrightarrow NaCl + H_2O$，这种只能向一个方向进行，并且进行得很彻底的反应称为不可逆反应。实际上大多数化学反应进行得不彻底，在相同条件下反应物转变为生成物的同时，生成物又可以转变为反应物。如：在一定条件下氢气与碘发生反应生成碘化氢

$$H_2 + I_2 \longrightarrow 2HI \tag{3-11}$$

相同条件下碘化氢能分解生成氢气与碘

$$2HI \longrightarrow H_2 + I_2 \tag{3-12}$$

因此在反应体系中存在着三种物质 H_2、I_2 和 HI 的混合物，反应（3-11）和（3-12）都在进

行。若反应(3-11)为正向反应,则反应(3-12)就为(3-11)的逆向反应,这种在相同条件下既能向正反应方向进行又能向逆反应方向进行的化学反应,称为可逆反应,常用符号"⇌"表示。碘与氢气的反应属于可逆反应,可表示为

$$H_2 + I_2 \rightleftharpoons 2HI \tag{3-13}$$

在可逆反应中,通常把从左向右进行的反应称为正反应,从右向左进行的反应称为逆反应。可逆反应的进行,必然导致化学平衡的出现。

二、化学平衡与化学平衡常数

从反应(3-13)得知,可逆反应不能进行完全,反应物不能全部转化为产物,反应体系中总是有反应物和产物。反应开始时,由于没有生成物,反应物浓度最大,正反应速率最大,随着反应的进行,反应物浓度不断减少,正反应速率逐渐减慢;另一方面,随着时间的推移,产物从无到有并在不断增多,使其浓度不断增大,逆反应也开始进行,其反应速率也在逐渐增大。在一定条件下,当反应进行到一定程度时,反应物和生成物的浓度不再发生改变,反应还在继续进行,但正反应速率和逆反应速率不再发生变化并且相等,反应体系中,反应处于相对静止状态,从表观上看反应好像不再继续进行,反应达到了最大限度,此时反应体系所处的状态称为化学平衡,见图3-3。

结合图3-3综上所述得出以下结论:

(一)化学平衡的建立

(1)反应开始时 $v_正 > v_逆$。

(2)反应过程中 $v_正$ 减小,$v_逆$ 增大。

(3)当时间到达 t_1 后 $v_正 = v_逆$,可逆反应达到平衡,建立了化学平衡。

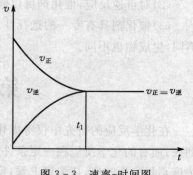

图 3-3 速率-时间图

(二)化学平衡状态

(1)定义 是指在一定条件下的可逆反应,正反应速率和逆反应速率相等,反应混合物中各组分的浓度保持不变的状态。

(2)特征 ①条件:在一定条件下。②对象:可逆反应。③动:动态平衡。④等:$v_正 = V_逆$。⑤定:反应体系中各组分的浓度保持不变。

(3)化学平衡的建立与途径无关。

(三)标准平衡常数

1.标准平衡常数数学表达式

对于既有固相A,又有B和D的水溶液,以及气体E和H_2O参与的一般反应,其通式为

$$aA(s) + bB(aq) \rightleftharpoons dD(aq) + fH_2O + eE(g)$$

系统达平衡时,其标准平衡常数数学表达式为

$$K^\ominus = \frac{\{c(D)/c^\ominus\}^d \cdot \{p(E)/p^\ominus\}^e}{\{c(B)/c^\ominus\}^b} \tag{3-14}$$

即以配平后的化学计量数为指数的反应物的 $c/c^\ominus$(或 $p/p^\ominus$)的乘积除以生成物的 $c/c^\ominus(p/p^\ominus)$ 的乘积所得的商(对于溶液的溶质取 $c/c^\ominus$,对于气体取 $p/p^\ominus$)。

2. 注意事项

书写和应用平衡常数时必须注意以下几点：

(1)写入平衡常数表达式中各物质的浓度或分压,必须是系统达到平衡状态时相应的值。生成物为分子项,反应物为分母项,式中各物质浓度或分压的指数,就是反应方程式中相应的化学计量数。气体可用分压表示,而不能用浓度表示,这与气体规定的标准状态有关。

(2)平衡常数表达式必须与计量方程式相对应,同一化学反应以不同计量方程式表示时,平衡常数表达式不同,其数值也不同。例如

$$2SO + O_2 \Longleftrightarrow 2SO_3$$

$$K_1^\theta = \frac{\{p(SO_3)/p^\theta\}^2}{\{p(SO_2)/p^\theta\}^2 \cdot \{p(O_2)/p^\theta\}}$$

如将反应方程式改写成

$$SO + \frac{1}{2}O_2 \Longleftrightarrow SO_3$$

$$K_2^\theta = \frac{\{p(SO_3)/p^\theta\}}{\{p(SO_2)/p^\theta\} \cdot \{p(O_2)/p^\theta\}^{1/2}}$$

K_1^θ 与 K_2^θ 的数值显然不同,两者之间存在以下关系

$$K_1^\theta = (K_2^\theta)^2 \quad \text{或} \quad K_2^\theta = \sqrt{K_1^\theta}$$

因此在使用平衡常数的数据时,必须注意它所对应的反应方程式。

(3)反应式中若有纯固态、纯液态,它们的浓度在平衡常数表达式中不必列出。

3. 标准平衡常数的意义

(1)标准平衡常数的大小是可逆反应进行程度的标志。标准平衡常数越大,说明正反应进行的程度越大;标准平衡常数越小,说明反应进行越不完全。

(2)标准平衡常数是可逆反应的特性常数。标准平衡常数取决于反应的本性和温度,对于给定的化学反应,标准平衡常数仅随温度而变化,而与反应物的初始浓度及反应途径无关。

(3)计算反应物的平衡转化率　反应物的平衡转化率用符号 α 表示,其定义为

$$\alpha = \frac{\text{平衡时已转化的指定反应物的浓度}}{\text{指定反应物的初始浓度}} \times 100\% \tag{3-15}$$

或

$$\alpha = \frac{\text{反应物初始浓度} - \text{反应物平衡浓度}}{\text{反应物的初始浓度}} \times 100\% \tag{3-16}$$

已知可逆反应的标准平衡常数和反应物的初始浓度,可以计算反应物的平衡转化率。

【例3-4】　25℃时,可逆反应：$Pb^{2+}(aq) + Sn(s) \Longleftrightarrow Pb(s) + Sn^{2+}(aq)$ 的标准平衡常数 $K^\theta = 2.2$,若 Pb^{2+} 的起始浓度为 $0.10 \text{ mol} \cdot L^{-1}$,计算 Pb^{2+} 和 Sn^{2+} 的平衡浓度及 Pb^{2+} 的转化率。

解析：　设 Sn^{2+} 的平衡浓度为 $x \text{ mol} \cdot L^{-1}$,由反应式可知 Pb^{2+} 的平衡浓度为$(0.1-x)$ $\text{mol} \cdot L^{-1}$,则

$$Pb^{2+}(aq) + Sn(s) \Longleftrightarrow Pb(s) + Sn^{2+}(aq)$$

起始：　　　　$c(Pb^{2+}) = 0.10$ 　　　　　　　　　　0

平衡：　　　　$0.1 - x$ 　　　　　　　　　　　　　　x

上述可逆反应达到平衡时有

$$K^{\theta} = \frac{c(\text{Sn}^{2+})/c^{\theta}}{c(\text{Pb}^{2+})/c^{\theta}} = \frac{x}{0.10-x} = 2.2 \qquad \text{解得}: x = 0.07$$

Pb^{2+} 和 Sn^{2+} 的平衡浓度为

$$c(\text{Sn}^{2+}) = x = 0.07 \text{ mol} \cdot \text{L}^{-1}, \quad c(\text{Pb}^{2+}) = (0.10-x)\text{mol} \cdot \text{L}^{-1} = 0.03 \text{ mol} \cdot \text{L}^{-1}$$

Pb^{2+} 的平衡转化率为

$$\alpha = \frac{\text{平衡时已转化的指定反应物的浓度}}{\text{指定反应物的初始浓度}} \times 100\% = \frac{0.10-0.03}{0.10} \times 100\% = 70\%$$

化学平衡是可逆反应进行的最大限度,即某反应在给定条件下达到化学平衡时具有最大的转化率。平衡转化率是指定条件下的最大转化率。

(4)判断可逆反应进行的方向　可逆反应处于平衡状态时,其标志是反应物和产物的浓度或分压将不随时间而变化,而且其产物浓度(或分压)系数次方的乘积与反应物浓度(或分压)系数次方的乘积之比是一个常数,所以可用平衡常数判断反应处于平衡状态或处于非平衡状态,还能用平衡常数判断其反应进行的方向。若在一容器中置入任意量的 A、B、Y、Z 四种物质,在一定温度下进行下列可逆反应:

$$a\text{A} + b\text{B} \rightleftharpoons y\text{Y} + z\text{Z}$$

此时系统是否处于平衡态?如处于非平衡态,则反应进行的方向如何?为了回答这一问题,引入反应商 Q 的概念。在一定温度下对于任一可逆反应(包括平衡态或非平衡态),将其各物质的浓度或分压按平衡常数的表达式列成分式,即得到反应商 Q。对溶液中的反应

$$Q = \frac{\{c(\text{Y})/c^{\theta}\}^{y} \cdot \{c(\text{Z})/c^{\theta}\}^{z}}{\{c(\text{A})/c^{\theta}\}^{a} \cdot \{c(\text{B})/c^{\theta}\}^{b}}$$

对于气体反应

$$Q = \frac{\{p(\text{Y})/p^{\theta}\}^{y} \cdot \{p(\text{Z})/p^{\theta}\}^{z}}{\{p(\text{A})/p^{\theta}\}^{a} \cdot \{p(\text{B})/p^{\theta}\}^{b}}$$

在一定温度下,比较反应商与标准平衡常数的大小就可以判断可逆反应的方向。

①若 $Q = K^{\theta}$ 时,可逆反应处于平衡状态(即反应达到最大限度)。

②若 $Q < K^{\theta}$ 时,说明生成物的浓度(或分压)小于平衡浓度(或分压),反应处于不平衡状态,反应将正向进行。

③若 $Q > K^{\theta}$ 时,说明生成物的浓度(或分压)大于平衡浓度(或分压),反应也处于不平衡状态,反应将逆向进行。

如果已知某温度下可逆反应的标准平衡常数,计算出任意状态的反应商,就可以判断出可逆反应进行的方向了。

【例 3 - 5】　可逆反应 $\text{H}_2\text{O}(\text{g}) + \text{CO}(\text{g}) \rightleftharpoons \text{CO}_2(\text{g}) + \text{H}_2(\text{g})$ 在 1000 K 时,$K^{\theta} = 1.4$。当 H_2O、CO、CO_2 及 H_2 的分压分别为 300 Pa、200 Pa、100 Pa 及 150 Pa,试判断该反应进行的方向。

解析:　该可逆反应在此条件下的反应商为

$$Q = \frac{\{p(\text{CO}_2)/p^{\theta}\} \cdot \{p(\text{H}_2)/p^{\theta}\}}{\{p(\text{H}_2\text{O})/p^{\theta}\} \cdot \{p(\text{CO})/p^{\theta}\}} = \frac{(100/100) \times (150/100)}{(300/100) \times (200/100)} = 0.25$$

已知 1000 K 时,$K^{\theta} = 1.4$。由于 $Q < K^{\theta}$,因此在给定条件下可逆反应向正反应方向进行。

4. 多重平衡的平衡常数

在某些化学反应中,一种反应物同时参加几个化学反应,且都达到平衡,这样的平衡体系

称为多重平衡。如多元酸的解离、配位化合物的生成等,都存在多重平衡现象。例如

(1)$CO_2(g) \Longleftrightarrow CO(g) + \frac{1}{2}O_2(g)$　　　$K_1^{\ominus} = \dfrac{\{p(O_2)/p^{\theta}\}^{\frac{1}{2}} \cdot \{p(CO)/p^{\theta}\}}{\{p(CO_2)/p^{\theta}\}}$

(2)$H_2(g) + \frac{1}{2}O_2(g) \Longleftrightarrow H_2O(g)$　　　$K_2^{\ominus} = \dfrac{\{p(H_2O)/p^{\theta}\}}{\{p(O_2)/p^{\theta}\}^{\frac{1}{2}} \cdot \{p(H_2)/p^{\theta}\}}$

(1)+(2)得:

(3)$CO_2(g) + H_2(g) \Longleftrightarrow CO(g) + H_2O(g)$　　　$K_3^{\ominus} = \dfrac{\{p(H_2O)/p^{\theta}\} \cdot \{p(CO)/p^{\theta}\}}{\{p(CO_2)/p^{\theta}\} \cdot \{p(H_2)/p^{\theta}\}}$

$$K_3^{\ominus} = K_1^{\ominus} \cdot K_2^{\ominus}$$

由此得出:在相同条件下,多重平衡中,如由两个反应方程式相加(或相减)得到第三个反应方程式,则第三个反应方程式的平衡常数为前两个反应方程式平衡常数之积(或商),这个规则称为多重平衡规则。多重平衡规则在各种平衡系统计算中应用很广泛。

三、化学平衡的移动

根据前面所述,化学平衡是一种相对的、有条件的动态平衡,只要改变外界条件,原有平衡就会被破坏,可逆反应就会朝着新的反应方向进行,直至建立新的化学平衡。所以化学平衡移动的方向实质上就是原有可逆反应新进行的方向,影响化学平衡的因素有很多,这里主要介绍浓度、压强和温度等对化学平衡的影响。

(一)浓度对化学平衡的影响

可逆反应达到平衡后,$Q = K^{\ominus}$。改变平衡体系中任一反应物或生成物的浓度,都会使反应商发生改变,$Q \neq K^{\ominus}$,使化学平衡发生移动。增大反应物的浓度或减小生成物的浓度,都会使反应商减小,$Q < K^{\ominus}$,原有的平衡状态被坏,可逆反应向正反应方向进行,直至反应商重新等于标准平衡常数时,反应又建立新的平衡。在新的平衡状态下,各物质的浓度均发生了改变。反之,减小反应物的浓度或增大生成物的浓度,都会使反应商增大,使$Q > K^{\ominus}$,可逆反应向逆反应方向进行。这里需要注意的是$K^{\ominus}$不随浓度的改变而改变。

总之,在其他条件不变的情况下,增大反应物浓度或减小生成物的浓度,平衡向正反应方向进行;减小反应物浓度或增大生成物浓度,平衡向逆反应方向进行。因此,几种物质参加反应时,常常加大价格低廉物质的投料比,使价格昂贵的物质得到充分利用,从而降低成本,提高经济效益。

(二)压力对化学平衡的影响

压力的变化对液态或固态反应的平衡影响甚微,但对有气体参加的反应影响较大。

若可逆反应 $aA(g) + bB(g) \Longleftrightarrow yY(g) + zZ(g)$,在一密闭容器中达到平衡,维持温度恒定,如果将系统的体积缩小至原来的 $1/x(x>1)$,则系统的总压力为原来的 x 倍。这时各组分气体的分压也增到原来的 x 倍,反应商为

$$Q = \frac{\{xp(Y)/p^{\theta}\}^y \cdot \{xp(Z)/p^{\theta}\}^z}{\{xp(A)/p^{\theta}\}^a \cdot \{xp(B)/p^{\theta}\}^b} = \frac{\{p(Y)/p^{\theta}\}^y \cdot \{p(Z)/p^{\theta}\}^z}{\{p(A)/p^{\theta}\}^a \cdot \{p(B)/p^{\theta}\}^b} \cdot x^{(y+z)-(a+b)} = K^{\ominus} x^{\Delta v}$$

$\Delta v = (y+z) - (a+b)$

(1)当 $\Delta v > 0$,即生成物分子数大于反应物分子数时,$Q > K^{\ominus}$,平衡向左移动。

例如反应：　$N_2O_4(g) \rightleftharpoons 2NO_2(g)$

　　　　　　　无色　　　　红棕色

增大压力，平衡向左移动，系统的红棕色变浅。

（2）当 $\Delta v < 0$，即生成物分子数小于反应物分子数时，$Q < K^\ominus$，平衡向右移动。

例如合成氨反应：　$N_2(g) + 3H_2(g) \rightleftharpoons 2NH_3(g)$

增大压力有利于 NH_3 的合成。

（3）当 $\Delta v = 0$，反应前后分子总数相等，$Q = K^\ominus$，平衡不移动。

例如反应：　$H_2(g) + I_2(g) \rightleftharpoons 2HI(g)$

根据上述讨论可以得出以下结论：①压力变化只对反应前后气体分子数有变化的反应平衡系统有影响；②在恒温下增大压力，平衡向气体分子数减少的方向移动；减少压力，平衡向气体分子数增加的方向移动。

需要指出，在恒温条件下向一平衡体系中加入不参与反应的其他物质（如稀有气体），则：①若体积不变，但系统的总压增加，这种情况下无论 $\Delta v > 0$、$\Delta v = 0$ 或 $\Delta v < 0$，平衡都不移动。这是因为平衡系统的总压虽然增加，但各物质的分压并无改变，Q 和 $K^\ominus$ 仍相等，平衡状态不变。②若总压维持不变，则系统体积增大（相当于系统原来的压力减小），此时若 $\Delta v \neq 0$，$Q \neq K^\ominus$，平衡移动。平衡移动情况与前述压力减小引起的平衡变化一样。

（三）温度对化学平衡的影响

可逆反应达到平衡后，改变温度，必然会使化学平衡发生移动。温度对化学平衡的影响与浓度和压力对化学平衡的影响有着本质上的差别。浓度和压力的改变并不影响标准平衡常数，只是引起反应商的变化，使 $K^\ominus \neq Q$，导致化学平衡发生移动。而温度的变化引起标准平衡常数发生变化，使 $K^\ominus \neq Q$，导致化学平衡发生移动，所以温度的变化不仅引起化学平衡的移动。

温度对标准平衡常数的影响与反应热有关。对放热反应来说，标准平衡常数随温度的升高而减小；对吸热反应来说，标准平衡常数随温度的升高而增大。

对于吸热反应，在温度 T_1 下达到平衡时，$Q = K^\ominus$，当温度由 T_1 升高到 T_2 时，标准平衡常数由 $K_1^\ominus$ 增大到 $K_2^\ominus$，此时 $K_2^\ominus > Q$，化学平衡向正反应（吸热反应）方向移动。而对于放热反应，当温度由 T_1 升高到 T_2 时，标准平衡常数由 $K_1^\ominus$ 减小到 $K_2^\ominus$，此时 $K_2^\ominus < Q$，化学平衡向逆反应（吸热反应）方向移动。同理，降低温度时，化学平衡向着放热反应的方向移动。

总之，对于任意一个可逆反应，升高温度，化学平衡向着吸热反应的方向移动；降低温度，化学平衡向着放热反应的方向移动。

（四）催化剂对化学平衡的影响

当可逆反应达到平衡状态后，$Q = K^\ominus$，向这个体系加入催化剂，由于催化剂不能改变标准平衡常数和反应商，因此不能使化学平衡发生移动。但催化剂能同等程度地加快化学正、逆反应速率，缩短到达平衡所需要的时间。应用到生产实际中可以缩短生产周期，降低生产成本，提高生产效率。

（五）平衡移动的原理——吕·查德里原理

综上所述，如在平衡体系中增大反应物浓度，平衡就会向着减小反应物的方向移动；在有气体参加的平衡体系中,增大系统的压力,平衡就会向着减少气体分子数,即向减小系统压力的方向移动;升高温度,平衡向着吸热反应方向,即向降低系统温度的方向移动。这些结论于1884年由法国科学家吕·查德里归纳为一条普遍规律:如以某种形式改变一个平衡系统的条件(浓度、压力、温度),平衡就会向着减弱这个改变的方向移动。这个规律叫做吕·查德里原理,适用于所有动态平衡系统。但须指出,它只适用于已达到平衡的系统,对于未达平衡的系统则不适用。

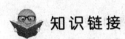 **知识链接**

化学平衡在医药行业中的应用

NaHCO$_3$ 输液,是医疗上不可少的常用酸碱平衡药,静脉注射用于酸中毒、高血钾症、感染性或中毒休克、严重哮喘持续状态及早期脑栓塞的急救等。NaHCO$_3$ 输液遇热易分解为可逆反应

$$2NaHCO_3 \rightleftharpoons Na_2CO_3 + H_2O + CO_2 \quad (正反应为吸热反应)$$

水是反应产物之一,平衡常数表达式中本应包括水的浓度,但因反应在水溶液中进行,水大量存在,分解产物水总是少数,故水的浓度为常数,把它并入 $K^{\ominus}$ 中,故

$$K^{\ominus} = \frac{\{c(Na_2CO_3)/c^{\ominus}\} \cdot \{p(CO_2)/p^{\ominus}\}}{\{c(NaHCO_3)/c^{\ominus}\}^2}$$

NaHCO$_3$ 分解生成的 Na$_2$CO$_3$,使溶液碱性增加,不仅对机体刺激增大,且有溶血的危险。同时,碱性的增强,对安瓿腐蚀性增加,产生"亮片"。那么,如何控制条件,使其分解反应尽量逆向进行呢?

为了解决这一问题,必须对浓度、温度等条件加以控制。

(1)浓度 NaHCO$_3$ 的浓度按疗效定为 4%,不能改变。因为 Na$_2$CO$_3$ 是有害物质,故在安瓿密封前,先向溶液中通入 CO$_2$,以维持 CO$_2$ 的较高浓度,使平衡左移,防止 NaHCO$_3$ 分解而产生 Na$_2$CO$_3$。

(2)温度 NaHCO$_3$ 分解反应是吸热反应,温度升高,平衡向吸热方向移动,促使 NaHCO$_3$ 分解;因此在灭菌时,一般不用高压灭菌,而用流通蒸气 100℃灭菌。

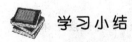 **学习小结**

1.化学反应速率

(1)概念 化学反应速率是用来衡量化学反应进行快慢程度的,用单位时间内反应物浓度的减少或生成物浓度的增加来表示。

(2)表示方法 $\bar{v} = \left|\dfrac{\Delta c}{\Delta t}\right|$,或 $v = \lim\limits_{\Delta t \to 0}\left|\dfrac{\Delta c}{\Delta t}\right| = \left|\dfrac{dc}{dt}\right|$,式中 Δc 为指定反应物或生成物浓度的改变量。

(3)影响化学反应速率的因素

①浓度对化学反应速率的影响:对于基元反应

$$mA + nB \Longrightarrow pC + qD$$

其速率方程为:$v = k\{c(A)\}^m \cdot \{c(B)\}^n$,化学反应速率随反应物浓度而改变。

②压力对化学反应速率的影响:若为气体反应,因恒温恒容时,各气体的分压与浓度成正比,故速率方程也可表示为

$$v = k'\{p(A)\}^m \cdot \{p(B)\}^n$$

③温度对化学反应速率的影响:温度对反应速率的影响,实质上是温度对速率常数的影响,反应速率常数是温度的函数,它随温度而改变。反应速率常数与温度的关系可以表示为下式

$$k = Ae^{-E_a/RT}$$

(4)催化剂对化学反应速率的影响:催化剂能够增大化学反应速率的原因,是它参加了化学反应,改变了反应的历程,降低了反应的活化能,从而增加了活化分子的百分数,大大加快了反应速率。

2.化学平衡

(1)化学平衡　是指在一定条件下的可逆反应,正反应速率和逆反应速率相等,反应混合物中各组分的浓度保持不变的状态。

(2)标准平衡常数　标准平衡常数的大小可判断可逆反应的趋势和进程,不因浓度、压力、反应途径等的改变而改变,而随温度的变化而发生改变。

(3)标准平衡常数 $K^\ominus$ 与反应商 Q 的关系

①若 $Q = K^\ominus$ 时,可逆反应处于平衡状态(即反应达到最大限度);平衡不会发生移动。

②若 $Q < K^\ominus$ 时,说明生成物的浓度(或分压)小于平衡浓度(或分压),反应处于不平衡状态,反应将正向进行;也就是说建立新平衡将正向移动。

③若 $Q > K^\ominus$ 时,说明生成物的浓度(或分压)大于平衡浓度(或分压),反应也处于不平衡状态,反应将逆向进行;也就是说建立新平衡将逆向移动。

(4)影响化学平衡的因素　浓度、压力、温度等的改变都会导致化学平衡受到破坏,平衡发生移动去建立新平衡,其移动方向要遵循吕·查德里原理:如以某种形式改变一个平衡系统的条件(浓度、压力、温度),平衡就会向着减弱这个改变的方向移动。

 目标检测

一、选择题

1.比较形状和质量相同的两块硫黄分别在空气和氧气中燃烧的实验,下列说法中不正确的是(　　)

A.在氧气中比在空气中燃烧得更旺

B.在氧气中火焰为明亮的蓝紫色

C.在氧气中反应比在空气中反应速率快

D.在氧气中燃烧比在空气中燃烧放出的热量多

2.用铁片与稀硫酸反应制取氢气时,下列措施能使氢气生成速率加大的是(　　)

A.加少量 CH_3COONa 固体　　　　　　　B.加水

C.不用稀硫酸,改用 98% 浓硫酸　　　　　D.不用铁片,改用铁粉

3.一定条件下反应 $mA(g) + nB(g) \rightleftharpoons pC(g) + qD(g)$ 在一密闭容器中进行,测得平均反应速度 $v(C) = 2v(B)$。若反应达平衡后保持温度不变,加大体系压强时平衡不移动,则 m、

n、p、q 的数值可以是（　　）

A. 2、6、3、5 　　　　B. 3、1、2、2 　　　　C. 3、1、2、1 　　　　D. 1、3、2、2

4. 改变下列条件，能使可逆反应的标准平衡常数发生改变的是（　　）

A. 温度 　　　　　　B. 浓度 　　　　　　　C. 压力 　　　　　　D. 催化剂

5. 两个体积相同的密闭容器 A、B，在 A 中充入 SO_2 和 O_2 各 1 mol，在 B 中充入 SO_2 和 O_2 各 2 mol，加热到相同温度，有如下反应 $2SO_2(g) + O_2(g) \rightleftharpoons 2SO_3(g)$，对此反应，下列述叙不正确的是（　　）

A. 反应速率 B＞A 　　　　　　　　　　　B. SO_2 的转化率 B＞A

C. 平衡时各组分含量 B＝A 　　　　　　　D. 平衡时容器的压强 B＞A

6. 已知可逆反应（1）减去可逆反应（2）可得可逆反应（3），若可逆反应（1）、可逆反应（2）和可逆反应（3）的标准平衡常数分别是 $K_1^{\ominus}$、$K_2^{\ominus}$ 和 $K_3^{\ominus}$，则这三个可逆反应的标准平衡常数之间的关系为（　　）

A. $K_3^{\ominus} = K_1^{\ominus} \cdot K_2^{\ominus}$ 　　　　　　　　　　　B. $K_3^{\ominus} = K_1^{\ominus}/K_2^{\ominus}$

C. $K_3^{\ominus} = K_2^{\ominus}/K_1^{\ominus}$ 　　　　　　　　　　　D. $K_3^{\ominus} = K_1^{\ominus} - K_2^{\ominus}$

7. 可逆反应 $3A(g) \rightleftharpoons 3B + C$ 在一定温度下达到平衡后，如果增大压力时平衡向正反应方向移动，则下列判断正确的是（　　）

A. B 和 C 一定都是固体 　　　　　　　B. 若 C 为固体，则 B 一定是气体

C. B 和 C 可能都是气体 　　　　　　　D. B 一定不是气体

二、简答题

1. 用活化分子、活化能的概念解释浓度、温度、催化剂对化学反应速率的影响。

2. 对于处于化学平衡状态的下列反应

$$CO(g) + H_2O(g) \rightleftharpoons CO_2(g) + H_2(g)$$

（1）如果降低温度有利于 H_2 的生成，那么正反应是放热反应还是吸热反应？

（2）如果要提高 CO 的转化率，应该采取哪些措施？为什么？

3. 当人体吸入较多量的一氧化碳时，就会引起一氧化碳中毒，这是由于一氧化碳跟血液里的血红蛋白结合，使血红蛋白不能很好地跟氧气结合，人因缺少氧气而窒息，甚至死亡。这个反应可表示如下

$$血红蛋白-O_2 + CO \rightleftharpoons 血红蛋白-CO + O_2$$

运用化学平衡理论，简述抢救一氧化碳中毒患者时应采取哪些措施？

4. 什么叫可逆反应？化学平衡状态有哪些特征？

三、计算题

1. 有一化学反应 $A+B \Longrightarrow 2C$，在 250 K 时其反应速率和浓度间的关系如表 3-2：

表 3-2

实验序号	$c_A/(mol \cdot L^{-1})$	$c_B/(mol \cdot L^{-1})$	$v_A/(mol \cdot L^{-1} \cdot min^{-1})$
1	0.10	0.010	1.2×10^{-3}
2	0.10	0.040	4.8×10^{-3}
3	0.20	0.010	2.4×10^{-3}

(1)写出该反应的速率方程,并指出反应级数;

(2)求该反应的速率常数;

(3)求出当 $c_A = 0.01$ mol·L^{-1},$c_B = 0.02$ mol·L^{-1}时的反应速率。

2.青霉素的分解反应是一级反应,实验数据如表 3-3:

表 3-3

T/K	310	316	327
k/h^{-1}	2.16×10^{-2}	4.05×10^{-2}	0.119

求反应的活化能和碰撞因子 Λ。

3.可逆反应 $N_2(g) + O_2(g) \rightleftharpoons 2NO(g)$,在温度 T 时,反应的标准平衡常数 $K^\ominus = 0.010$。在此温度下,当 N_2、O_2 和 NO 的分压分别为 400 kPa、400 kPa 和 80 kPa,反应向什么方向进行? 达到平衡时 NO 的分压是多少?

4.在 1000℃及总压力为 3000 kPa 下,反应 $CO_2(g) + C(s) \rightleftharpoons 2CO(g)$ 达到平衡时,CO_2 的摩尔分数为 0.17。当总压减至 2000 kPa 时,原有平衡被破坏并建立新平衡,求新平衡体系中的 $p(CO_2)$ 和 $p(CO)$ 各为多少?并根据计算结果判断平衡移动的方向。

第四章　电解质溶液

学习目标

【知识目标】

- 掌握:酸碱质子理论(酸碱定义、共轭酸碱间的基本关系、酸碱反应的本质、酸碱强度的相对性);水的质子自递作用及水的离子积;一元弱酸、弱碱质子转移平衡及相关计算、酸碱的强度及平衡常数;盐类的水解;同离子效应和盐效应;缓冲溶液的概念、缓冲溶液组成和缓冲作用机制;缓冲溶液 pH 值的计算;缓冲容量的概念及影响因素;缓冲作用范围;溶度积常数及其与溶解度之间的关系和有关计算;溶度积规则。
- 熟悉:弱电解质的概念;缓冲溶液的配制原理、方法及计算;难溶电解质的沉淀-溶解平衡;沉淀的配位溶解及其简单计算。
- 了解:多元酸碱溶液、两性物质溶液有关离子浓度的计算;缓冲溶液 pH 值计算公式的校正;人体血液中的主要缓冲对及其缓冲作用机制;人体内的缓冲对、肾和肺在人体酸碱平衡中的简单缓冲调节作用机制;了解分步沉淀和两种沉淀间的转化及有关计算。

【能力目标】

- 能熟练地进行一元弱酸弱碱溶液、缓冲溶液 pH 值的计算。
- 能用溶度积规则判断沉淀的生成和溶解。

第一节　弱电解质在溶液中的解离

一、解离平衡和解离常数

在水溶液里或熔融状态下能导电的化合物叫电解质。根据其在水中电离程度的大小,电解质可分为强电解质和弱电解质。强电解质是指在水溶液中几乎完全发生电离的电解质;而弱电解质是指在水溶液中大部分是以分子的形式存在,只有极少部分分子解离成离子的电解质。常见的弱电解质有弱酸、弱碱等,如 HAc、NH_3 等。

弱电解质(用 AB 表示)只有部分解离,存在着解离平衡,每种弱电解质解离平衡都有其平衡常数,平衡常数可以由热力学定义,称为标准平衡常数,用 $K^\ominus$ 表示,量纲为 1;也可以通过实验直接测定,称为实验平衡常数,用 K 表示。但一般情况下的实验平衡常数的量纲不为 1。兼顾国际化学物理手册以及与中学的衔接和习惯用法,本书若不加以说明,采用实验平衡常数 K,并且以[AB]表示物质 AB 的平衡浓度。

弱电解质 AB 在水溶液中存在着解离平衡:

$$AB \rightleftharpoons A^+ + B^-$$

平衡常数

$$K_{AB} = \frac{[A^+] \cdot [B^-]}{[AB]} \quad\quad (4-1)$$

在稀溶液中,平衡常数 K_{AB} 不随浓度的改变而改变,但随温度的变化而改变。对于不同的弱电解质来说,在[AB]相同时,若 K_{AB} 愈大,表明解离出的离子浓度愈大,故将此 K_{AB} 称为解离平衡常数。若 AB 为酸($A^+ = H^+$),用 K_a 表示酸解离平衡常数;若 AB 为碱($B^- = OH^-$),用 K_b 表示碱解离平衡常数。显然 K_a、K_b 值愈大,酸或碱性就愈强,反之亦然。

弱电解质解离程度的大小除了用解离平衡常数表示外,还可用解离度(α)来衡量。解离度是指电解质达到解离平衡时,已解离的分子数与原有分子总数之比。

$$\alpha = \frac{\text{已解离的分子数}}{\text{原有分子总数}} \times 100\% \quad\quad (4-2)$$

解离度的单位为 1,习惯上也可用百分率表示。解离度的大小可通过测定电解质溶液的依数性如 ΔTf、ΔTb 或 Π 等求得。

(一)稀释定律

弱电解质的解离度 α、浓度 c 以及解离平衡常数 K_i 这三者的关系可用稀释定律来表示。弱电解质 AB 在溶液中存在以下解离平衡:

$$AB \rightleftharpoons A^+ + B^-$$

初始浓度 $\quad\quad c \quad\quad 0 \quad\quad 0$

平衡浓度 $\quad c-c\alpha \quad c\alpha \quad c\alpha$

$$K_i = \frac{[A^+][B^-]}{[AB]} = \frac{(c\alpha)(c\alpha)}{(c-c\alpha)} = \frac{c \cdot \alpha^2}{1-\alpha}$$

当 $\dfrac{c}{K_i} \geqslant 500$ 时,上式可简化为

$$\alpha = \sqrt{\frac{K_i}{c}} \quad\quad (4-3)$$

当 AB 为酸或碱时,K_i 分别以 K_a 或 K_b 值代入公式计算,这就是稀释定律。它的意义是:对于同一弱电解质,浓度愈稀,解离度愈大;对于相同浓度的不同弱电解质,解离平衡常数大的,解离度也大。解离平衡常数与浓度无关,而解离度却与浓度有关。

【例 4-1】 已知 HAc 的 $K_a = 1.76 \times 10^{-5}$,试计算 $0.100 \ mol \cdot L^{-1}$ HAc 溶液的解离度 α 和[H^+]。

解: $\because \dfrac{c}{K_a} \geqslant 500$

$\therefore \alpha = \sqrt{\dfrac{K_a}{c}} = \sqrt{\dfrac{1.76 \times 10^{-5}}{0.100}} = 1.33\%$

$[H^+] = c\alpha = 0.100 \times 0.0133 = 1.33 \times 10^{-3} \ mol \cdot L^{-1}$

二、同离子效应

在弱电解质溶液中,如果加入一种含有与该弱电解质相同离子的强电解质,则弱电解质的

解离度会降低,这种现象称为同离子效应。例如在 HAc 溶液中加入强电解质 NaAc 时,由于 NaAc 在水中完全电离,使得溶液中 Ac^- 浓度大大增大。根据化学平衡原理,使 HAc 的解离平衡向左移动,从而降低了 HAc 的解离度。

$$NaAc \longrightarrow Na^+ + Ac^-$$

$$HAc \Longrightarrow H^+ + Ac^-$$

$$\longleftarrow$$

平衡移动方向

下面通过具体例子加以说明。

【例 4 - 2】 在 $0.10 \text{ mol} \cdot L^{-1}$ HAc 溶液中加入固体 NaAc,使 NaAc 浓度为 $0.10 \text{ mol} \cdot L^{-1}$,试比较加入 NaAc 前后 HAc 的解离度($K_a = 1.76 \times 10^{-5}$)。

解: 加入 NaAc 以前

$$\alpha = \sqrt{\frac{K_a}{c}} = \sqrt{\frac{1.76 \times 10^{-5}}{0.10}} = 1.3\%$$

加入 NaAc 后

$$HAc \Longrightarrow H^+ + Ac^-$$

平衡浓度 $0.10 - [H^+]$ $[H^+]$ $[H^+] + 0.10$

由于 $[H^+] \ll 0.10$,故 $0.10 - [H^+] \approx 0.10$,$0.10 + [H^+] \approx 0.10$。则

$$K_a = \frac{[H^+][Ac^-]}{[HAc]} = \frac{[H^+] \cdot ([H^+] + 0.10)}{0.10 - [H^+]} \approx [H^+]$$

所以 $[H^+] = K_a = 1.76 \times 10^{-5} \text{ mol} \cdot L^{-1}$

$$\alpha = \frac{[H^+]}{c} = \frac{1.76 \times 10^{-5}}{0.10} \times 100\% = 0.018\%$$

计算结果表明,加入 NaAc 后,解离度变小了。

三、盐效应

如果在弱电解质溶液中加入不含相同离子的强电解质时,如 HAc 溶液中加入 NaCl,则可使弱电解质 HAc 解离度增加,这种现象称为盐效应。

加入强电解质 NaCl 后,由于 NaCl 全部解离,增大了溶液中离子的总浓度,离子间相互牵制作用也随之增大,从而减少了 H^+ 与 Ac^- 结合成 HAc 分子的机会,使 HAc 的解离度增大。例如,在 $0.1 \text{ mol} \cdot L^{-1}$ HAc 溶液中加入 NaCl 晶体,使 NaCl 的浓度为 $0.1 \text{ mol} \cdot L^{-1}$ 时,$[H^+]$ 由 $1.32 \times 10^{-3} \text{ mol} \cdot L^{-1}$ 变为 $1.70 \times 10^{-3} \text{ mol} \cdot L^{-1}$,解离度由 1.32% 提高到 1.70%。

一般情况下,发生同离子效应的同时必然会发生盐效应,因盐效应的影响比同离子效应小得多,所以此时盐效应不必考虑。

第二节 酸碱质子理论

人们在酸碱物质的性质、组成及结构的关系方面,提出了一系列的理论。1887 年瑞典化学家 Arrhenius S. A. 建立了电离理论,认为"凡是在水溶液中能够电离产生 H^+ 的物质叫酸,能电离产生 OH^- 的物质叫碱"。该理论把酸碱反应只限于水溶液中,把酸碱范围也限制在能

解离出 H^+ 或 OH^- 的物质。这种局限性就必然产生许多与化学事实相矛盾的现象,如 NH_3 与 HCl 在空气中反应生成 NH_4Cl,NH_4Cl 水溶液呈酸性,Na_2CO_3 或 Na_3PO_4 水溶液呈碱性;但 NH_4Cl 自身并不含 H^+,Na_2CO_3 或 Na_3PO_4 也不含 OH^-。为了解决这些矛盾,1923 年丹麦化学家 Brönsted J. N. 与英国化学家 Lowry T. M. 提出了酸碱质子理论,本节将介绍这一理论。

一、酸碱的定义

酸碱质子理论认为:酸是能释放质子(H^+)的分子或离子,即质子的给予体,如 HCl、HAc、NH_4^+ 等。碱是能接受质子(H^+)的分子或离子,即质子的接受体,如 NaOH、NH_3、Ac^- 等。既能接受质子,又能给出质子的分子或离子称为两性物质,如 H_2O、$H_2PO_4^-$、HCO_3^-、$[Fe(OH)(H_2O)_5]^{2+}$ 等。

二、酸碱的共轭关系

酸给出质子 H^+ 生成相应的碱,而碱结合质子后又生成相应的酸;酸与碱之间的这种依赖关系称共轭关系。相应的一对酸碱被称为共轭酸碱对。例如:HAc 的共轭碱是 Ac^-,Ac^- 的共轭酸是 HAc,HAc 和 Ac^- 是一对共轭酸碱对。共轭酸碱对从结构上只相差一个质子,用通式表示如下:

$$共轭酸 = 质子\ H^+ + 共轭碱$$
$$HAc \rightleftharpoons H^+ + Ac^-$$
$$H_3PO_4 \rightleftharpoons H^+ + H_2PO_4^-$$
$$NH_4^+ \rightleftharpoons H^+ + NH_3$$
$$[Fe(H_2O)_6]^{3+} \rightleftharpoons H^+ + [Fe(OH)(H_2O)_5]^{2+}$$

三、酸碱的强弱

酸比其共轭碱多一个质子 H^+。由此可见,酸和碱相互依存,亦可以互相转化。若酸给出质子的倾向愈强,则其共轭碱接受质子的倾向愈弱;若碱接受质子的倾向愈强,则其共轭酸给出质子的倾向愈弱。酸碱强弱不仅取决于酸碱本身释放质子和接受质子的能力,同时也取决于溶剂接受和给出质子的能力。同一种物质在不同的溶剂中,由于溶剂接受或给出质子的能力不同可显示不同的酸碱性。比如 HAc 在以水为溶剂时为弱酸,以氨为溶剂时为强酸,以硫酸为溶剂时为碱。因此要比较各种酸碱的强度,必须在相同的溶剂下比较。

四、酸碱反应

在质子传递反应中,存在着争夺质子的过程。其结果必然是强碱夺取强酸的质子,再转化为它的共轭酸——弱酸;强酸给出质子后转化为它的共轭碱——弱碱。酸碱反应总是由较强的酸和较强的碱作用,向着生成较弱的酸和较弱的碱的方向进行。相互作用的酸和碱愈强,反应就进行得愈完全。例如

$$HCl(aq) + NH_3(aq) \longrightarrow NH_4^+(aq) + Cl^-(aq)$$
$$\quad 酸1 \qquad\quad 碱2 \qquad\qquad 酸2 \qquad\quad 碱1$$

因 HCl 的酸性比 NH_4^+ 强,NH_3 的碱性比 Cl^- 强,故上述反应强烈地向右方进行。

又如

$$Ac^-(aq) + H_2O(l) \rightleftharpoons HAc(aq) + OH^-(aq)$$

$$碱2 \qquad 酸1 \qquad\qquad 酸2 \qquad\quad 碱1$$

因 HAc 的酸性比 H_2O 的强,OH^- 的碱性比 Ac^- 的强,故上述反应明显地向左方进行。

由此可见,一种酸(酸 1)和一种碱(碱 2)的反应,总是导致一种新酸(酸 2)和一种新碱(碱 1)的生成。并且酸 1 和生成的碱 1 组成一对共轭酸碱对,碱 2 和生成的酸 2 组成另一对共轭酸碱对。这说明酸碱反应的实质是两对共轭酸碱对之间的质子传递反应。这种质子传递反应,既不要求反应必须在溶液中进行,也不要求先生成独立的质子再结合到碱上,而只是质子从一种物质转移到另一种物质中去。因此,反应可在水溶液中进行,也可在非水溶剂中或气相中进行。

酸碱质子理论的优点和缺点归纳起来主要有以下几点:

(1)与电离理论相比,扩大了酸和碱的范围。如 NH_4Cl 与 $NaAc$,在电离理论中认为是盐,而质子理论则认为 NH_4Cl 中的 NH_4^+ 是酸,$NaAc$ 中的 Ac^- 是碱。

(2)把酸或碱的性质和溶剂的性质联系起来。如 HAc 在水中是弱酸,而在液氨中却是强酸;HNO_3 在水中是强酸,而在冰醋酸中却是弱酸。这一理论被用于非水溶剂的滴定分析。

(3)该理论的缺点是不能用于非质子溶剂体系。

第三节　水溶液的酸碱性及 pH 值的计算

一、水的质子自递反应

水是一种两性物质,在水分子和水分子之间也发生质子的传递,这种发生在同种溶剂分子之间的质子传递作用称为质子自递反应。

$$H_2O + H_2O \rightleftharpoons H_3O^+ + OH^-$$

上式可简写为

$$H_2O \rightleftharpoons H^+ + OH^-$$

在一定温度下水的质子自递反应(也称水的解离反应)达到平衡时:

$$K_w = [H^+][OH^-] \qquad\qquad (4-4)$$

K_w 称为水的离子积常数,简称水的离子积。式(4-4)表明:在一定温度下,纯水中 H^+ 离子的相对平衡浓度与 OH^- 离子的相对平衡浓度的乘积为一常数。此关系式也适用于水溶液。

水的质子自递反应是吸热反应,温度升高水的离子积常数增大,在室温下 $K_w = 1.0 \times 10^{-14}$。因为水的离子积常数基本上不因溶解了其他物质而改变,所以用(4-4)式可计算任何水溶液中的 $[H^+]$ 或 $[OH^-]$。

不同温度下水的离子积常数见表 4-1。

表 4-1　不同温度下水的离子积常数

$t/℃$	0	10	20	25	40	50	90	100
$K_w/\times 10^{-14}$	0.134	0.292	0.681	1.01	2.92	5.47	38.0	55.0

二、共轭酸碱对 K_a 与 K_b 的关系

一元弱酸 HB 溶液中存在 HB 与 H_2O 之间的质子转移反应

$$HB + H_2O \rightleftharpoons B^- + H_3O^+$$

达到化学平衡时,则有

$$K_a(HB) = \frac{[B^-][H_3O^+]}{[HB]}$$

$K_a(HB)$ 为 HB 的酸解离平衡常数。K_a 与温度及弱酸的本性有关,与浓度无关。K_a 表示弱酸释放 H^+ 的能力。弱酸的 K_a 越大,它的酸性就越强。例如

$$HSO_4^- + H_2O \rightleftharpoons SO_4^{2-} + H_3O^+ \qquad K_a(HSO_4^-) = 1.2 \times 10^{-2}$$
$$HAc + H_2O \rightleftharpoons Ac^- + H_3O^+ \qquad K_a(HAc) = 1.8 \times 10^{-5}$$
$$NH_4^+ + H_2O \rightleftharpoons NH^3 + H_3O^+ \qquad K_a(NH_4^+) = 5.6 \times 10^{-10}$$

三种酸的强弱顺序为 $HSO_4^- > HAc > NH_4^+$。

一元弱碱 B^- 溶液中存在 B^- 与 H_2O 之间的质子转移反应

$$B^- + H_2O \rightleftharpoons HB + OH^-$$

达到化学平衡时,则有

$$K_b(B^-) = \frac{[HB][OH^-]}{[B^-]}$$

$K_b(B^-)$ 为 B^- 的碱解离平衡常数;K_b 与温度及弱碱的本性有关,与浓度无关。K_b 表示弱碱得到质子的能力。弱碱的 K_b 越大,它的碱性就越强。例如

$$SO_4^{2-} + H_2O \rightleftharpoons HSO_4^- + OH^- \qquad K(SO_4^{2-}) = 8.3 \times 10^{-13}$$
$$Ac^- + H_2O \rightleftharpoons HAc + OH^- \qquad K(Ac^-) = 5.6 \times 10^{-10}$$
$$NH_3 + H_2O \rightleftharpoons NH_4^+ + OH^- \qquad K(NH_3) = 1.8 \times 10^{-5}$$

三种碱的强弱顺序为 $NH_3 > Ac^- > SO_4^{2-}$。

当 HB 和 B^- 为共轭酸碱对时,$K_a(HB) \times K_b(B^-) = [H^+][OH^-] = K_w$。这个关系说明,只要知道了酸的解离平衡常 K_a,就可以计算出其共轭碱的 K_b,反之亦然。K_a 和 K_b 是成反比的,而 K_a 和 K_b 正是反映酸和碱的强度。所以,在共轭酸碱对中,酸的强度愈大,其共轭碱的强度愈小;碱的强度愈大,其共轭酸的强度愈小。

三、一元弱酸、一元弱碱溶液 pH 值的计算

弱酸或弱碱在溶液中只有部分解离,故需通过酸碱解离常数与平衡浓度的关系式来计算溶液的 pH。这里需要考虑溶液中哪些组分是主要的,哪些组分可以忽略。通常在一般情况下,往往采用近似法进行简便计算。

(一)一元弱酸溶液 pH 值的近似计算

一元弱酸 HB 的水溶液中,当 $K_a \cdot c_a \geqslant 20K_w$ 时,可以忽略水的质子自递平衡,只需考虑弱酸的质子传递平衡。设 HB 的初始浓度 c,H^+ 的平衡浓度 $[H^+]$,HB 的解离度 α,$[H^+] = [B^-] = c\alpha$,则

$$HB \rightleftharpoons H^+ + B^-$$

初始浓度 c 0   0

平衡浓度 $c-c\alpha$ $c\alpha$ $c\alpha$

$$K_a = \frac{[B^-][H^+]}{[HB]} = \frac{[H^+]^2}{c-[H^+]} = \frac{(c\alpha)(c\alpha)}{(c-c\alpha)} = \frac{c \cdot \alpha^2}{1-\alpha} \tag{4-5}$$

由上式可得

$$[H^+]^2 + K_a[H^+] - cK_a = 0$$

$$[H^+] = \frac{-K_a}{2} + \sqrt{\frac{K_a^2}{4} + cK_a} \tag{4-6}$$

式(4-5)、(4-6)为计算一元弱酸 H^+ 浓度的近似计算公式。

当 HB 的 $\alpha < 5\%$ 或 $\frac{c}{K_a} \geqslant 500$ 时,$1-\alpha \approx 1$,则由(4-5)可得 $\alpha = \sqrt{\frac{K_a}{c}}$

$$[H^+] = c\alpha = \sqrt{c \times K_a} \tag{4-7}$$

式(4-7)即为一元弱酸 H^+ 浓度的最简计算公式。

【例4-3】 计算 $0.100 \text{ mol} \cdot L^{-1}$ HAc 溶液的 pH 以及 Ac^-、HAc、OH^- 的浓度(HAc 溶液的 $K_a = 1.75 \times 10^{-5}$)。

解: $\because K_a c(HAc) = 1.75 \times 10^{-5} \times 0.100 = 1.75 \times 10^{-6} \geqslant 20 K_w$

$\frac{c(HAc)}{K_a} > 500$,可用式(4-7)进行计算,则

$$[H^+] = \sqrt{c \times K_a} = \sqrt{0.100 \times 1.75 \times 10^{-5}} = 1.32 \times 10^{-3} \text{ mol} \cdot L^{-1}$$

pH=2.88

有 $[Ac^-] = [H^+] = 1.32 \times 10^{-3} \text{ mol} \cdot L^{-1}$,

$[HAc] = (0.100 - 1.32 \times 10^{-3}) \text{ mol} \cdot L^{-1} \approx 0.100 \text{ mol} \cdot L^{-1}$

$[OH^-] = \frac{K_w}{[H^+]} = 7.58 \times 10^{-12} \text{ mol} \cdot L^{-1}$

(二)一元弱碱溶液 pH 值的近似计算

一元弱碱 B^- 的水溶液中,当 $K_b \cdot c_b \geqslant 20 K_w$,可以忽略水的质子自递平衡,只需考虑弱碱的质子传递平衡。

$$B^- + H_2O \rightleftharpoons HB + OH^-$$

$$K_b = \frac{[HB][OH^-]}{[B^-]} = \frac{[OH^-]^2}{c-[OH^-]} \tag{4-8}$$

由上式可得 $[OH^-]^2 + K_b[OH^-] - cK_b = 0$

$$[OH^-] = \frac{-K_b}{2} + \sqrt{\frac{K_b^2}{4} + cK_b} \tag{4-9}$$

式(4-8)、(4-9)为计算一元弱碱 OH^- 浓度的近似计算公式。

当 B^- 的 $\alpha < 5\%$ 或 $\frac{c}{K_b} \geqslant 500$ 时,$c-[OH^-] \approx c$,则由(4-8)可得

$$[OH^-] = \sqrt{c \times K_b} \tag{4-10}$$

式(4-10)即为一元弱碱 OH^- 浓度的最简计算公式。

【例 4 - 4】 计算 $0.10\ mol \cdot L^{-1}\ NH_3$ 水溶液中的 $[OH^-]$、$[H^+]$ 及 pH 值为多少？（$K_b(NH_3)=1.8\times10^{-5}$）

解： $\because \dfrac{c}{K_b}=\dfrac{0.10}{1.8\times10^{-5}}=4444.4>500$

$\therefore [OH^-]=\sqrt{c\times K_b}=\sqrt{1.8\times10^{-5}\times0.10}=1.3\times10^{-3}\ mol \cdot L^{-1}$

$[H^+]=\dfrac{K_w}{[OH^-]}=\dfrac{1.0\times10^{-14}}{1.3\times10^{-3}}=7.6\times10^{-12}\ mol \cdot L^{-1}$

pH=11.11

第四节 盐类的水解

一、盐类水解的实质

在溶液中，强碱弱酸盐、强酸弱碱盐或弱酸弱碱盐电离出来的离子与水电离出来的 H^+ 和 OH^- 生成弱酸或弱碱的过程叫做盐类水解。大多数盐其水溶液的酸碱性是由于盐发生水解的结果决定的。例如 NaAc、KCN 的水溶液呈碱性；NH_4Cl 的水溶液呈酸性。下面以 NaAc、NH_4Cl 为例进行介绍。

NaAc 溶于水后，发生下列反应

$$NaAc \longrightarrow Na^+ + \boxed{Ac^-}$$
$$H_2O \Longleftrightarrow OH^- + \boxed{H^+}$$
$$\Updownarrow$$
$$HAc$$

由于 NaAc 在水中完全电离出 Na^+ 和 Ac^-，而 Ac^- 与水电离出来的 H^+ 结合成 HAc，导致水的电离平衡向右移动而使溶液中的 $[OH^-]$ 大于 $[H^+]$，NaAc 水溶液呈现碱性。

NH_4Cl 溶于水后，发生下列反应

$$NH_4Cl^- + \longrightarrow Na^+ + \boxed{NH_4^+}$$
$$H_2O \Longleftrightarrow H^+ + \boxed{OH^-}$$
$$\Updownarrow$$
$$NH_3 + H_2O$$

因为 NH_4Cl 在水中完全电离出 NH_4^+ 和 Cl^-，而 NH_4^+ 与水电离出来的 OH^- 结合成 NH_3 和 H_2O，导致水的电离平衡向右移动而使溶液中的 $[H^+]$ 大于 $[OH^-]$，NH_4Cl 水溶液呈现酸性。

由此可见，盐类水解的实质是盐中的弱离子（弱酸的阴离子或弱碱的阳离子）与水电离出的 H^+ 或 OH^- 生成弱电解质（即弱酸或弱碱），从而促进水的电离平衡发生移动的过程。盐溶液水解显酸性或碱性，也正是由于盐中的弱离子与水电离出的 H^+ 或 OH^- 生成弱电解质，从而使得溶液中独立存在的 H^+ 的浓度不等于 OH^- 的浓度。若盐水解显酸性，则溶液中的 H^+ 浓度全都来自于水的电离；若盐水解显碱性，则溶液中的 OH^- 浓度全都来自于水的电离。

二、各类盐的解离平衡

1. 强酸弱碱盐

强酸弱碱盐的阳离子有水解作用。以 NH_4Cl 为例，NH_4Cl 属于强酸弱碱盐，其水解的实质是 NH_4Cl 完全电离产生的 NH_4^+ 离子与水电离产生的 OH^- 离子结合为 $NH_3 \cdot H_2O$ 分子，OH^- 离子浓度减小，使水的电离平衡向右移动，结果溶液中 $[H^+] > [OH^-]$，NH_4Cl 溶液显酸性。水解反应式如下

$$NH_4^+ + H_2O \Longrightarrow NH_3 + H_3O^+$$

平衡时
$$K = \frac{[NH_3][H_3O^+]}{[NH_4^+][H_2O]}$$

$[H_2O]$ 可视为常数，故上式可改写为

$$\frac{[NH_3][H_3O^+]}{[NH_4^+]} = K \times [H_2O] = K_h$$

K_h 表示水解时的解离平衡常数，简称水解常数。K_h 的数值大小表示盐水解程度的强弱。K_h 值可根据多重平衡原理来推导。

$$H_2O \Longrightarrow H^+ + OH^- \qquad (1) \qquad K_w$$

$$NH_4^+ + OH^- \Longrightarrow NH_3 \cdot H_2O \qquad (2) \qquad \frac{1}{K_b}$$

$(1) + (2)$ 可得

$$NH_4^+ + H_2O \Longrightarrow NH_3 + H_3O^+ \qquad K_h = \frac{K_w}{K_b} \qquad\qquad (4-11)$$

由式 $(4-11)$ 可知 K_h 与 K_b 成反比，故形成盐的碱越弱，K_h 值就越大，溶液酸性就越强。同理可以推导出强酸弱碱盐水解后溶液中 $[H^+]$ 的简化计算公式

$$[H^+] = \sqrt{K_h \cdot c_{盐}} = \sqrt{\frac{K_w}{K_b} \cdot c_{盐}} \qquad\qquad (4-12)$$

【例 4-5】　求 $0.2\ mol \cdot L^{-1} HCl$ 和 $0.2\ mol \cdot L^{-1}$ 的 $NH_3 \cdot H_2O$ 等体积混合后，溶液的 pH 值。已知 $K_b(NH_3) = 1.74 \times 10^{-5}$。

解：$0.2\ mol \cdot L^{-1} HCl$ 和 $0.2\ mol \cdot L^{-1}$ 的 $NH_3 \cdot H_2O$ 等体积混合后生成 $0.1\ mol \cdot L^{-1} NH_4Cl$，

$$K_h = \frac{K_w}{K_b} = \frac{1 \times 10^{-14}}{1.74 \times 10^{-5}} = 5.75 \times 10^{-10}$$

$$[H^+] = \sqrt{K_h \cdot c_{盐}} = \sqrt{5.75 \times 10^{-10} \times 0.10} = 7.58 \times 10^{-6}\ mol \cdot L^{-1}$$

$$pH = -\lg[H^+] = -\lg(7.58 \times 10^{-6}) = 5.11$$

2. 强碱弱酸盐

这类盐的阴离子有水解作用。以 $NaAc$ 为例，其水解反应为

$$Ac^- + H_2O \Longrightarrow HAc + OH^-$$

Ac^- 水解时同时存在水、弱碱的电离平衡，用同样的方法可以推导出强碱弱酸盐的水解常数

$$K_h = \frac{K_w}{K_a} \qquad\qquad (4-13)$$

$$[OH^-] = \sqrt{K_h \cdot c_{盐}} = \sqrt{\frac{K_w}{K_a} \cdot c_{盐}}$$

$$[H^+] = \frac{K_w}{[OH^-]} = \frac{K_w}{\sqrt{K_h \cdot c_{盐}}} = \sqrt{\frac{K_w \cdot K_a}{c_{盐}}} \tag{4-14}$$

【例 4-6】 计算 $0.10 \text{ mol} \cdot L^{-1}$ NaCN 溶液中的 $[OH^-]$、$[H^+]$ 及 pH 值为多少？($K_a(HCN) = 4.93 \times 10^{-10}$)

解： ∵ $K_h = \dfrac{K_w}{K_a(HCN)} = \dfrac{1.0 \times 10^{-14}}{4.93 \times 10^{-10}} = 2.0 \times 10^{-5}$

∴ $[OH^-] = \sqrt{K_h \cdot c_{盐}} = \sqrt{2.0 \times 10^{-5} \times 0.10} = 1.4 \times 10^{-3} \text{ mol} \cdot L^{-1}$

$[H^+] = \dfrac{K_w}{[OH^-]} = \dfrac{1.0 \times 10^{-14}}{1.4 \times 10^{-3}} = 7.1 \times 10^{-12} \text{ mol} \cdot L^{-1}$

pH = 11.1

3. 弱酸弱碱盐

弱酸弱碱盐的阴阳离子都发生水解，因此弱酸弱碱盐的水解也叫做双水解，即该弱酸弱碱盐中的金属离子可以结合水电离出来的氢氧根离子反应生成对应的弱碱，而酸根离子可以结合水电离出来的氢离子反应生成对应的弱酸。由于弱酸弱碱盐的阴阳离子都能发生水解，所以双水解反应进行得比较彻底。

以 NH_4Ac 为例，其水解反应如下

$$NH_4^+ + Ac^- \rightleftharpoons NH_3 + HAc \tag{1}$$

$$NH_4^+ + Ac^- \rightleftharpoons NH_3 + HAc \tag{2}$$

(1)+(2)可得

$$NH_4^+ + Ac^- \rightleftharpoons NH_3 + HAc \qquad K_h \tag{3}$$

NH_4Ac 进行水解时，溶液中同时存在水、弱碱、弱酸的电离平衡，则可从下列式子推导出弱酸弱碱盐的水解常数为

$$H_2O \rightleftharpoons H^+ + OH^- \qquad K_w \tag{4}$$

$$NH_4^+ + OH^- \rightleftharpoons NH_3 + H_2O \qquad \frac{1}{K_b} \tag{5}$$

$$Ac^- + H^+ \rightleftharpoons HAc \qquad \frac{1}{K_a} \tag{6}$$

式(4)+(5)+(6)相加得式(3)，根据多重平衡原理可得

$$K_h = \frac{K_w}{K_a \times K_b} \tag{4-15}$$

4. 多元弱酸强碱盐

多元弱酸强碱盐的水解是分步进行的。以 Na^+CO^+ 为例

第一步水解：$CO_3^{2-} + H_2O \rightleftharpoons HCO_3^- + OH^- \qquad K_{h1}$

第二步水解：$HCO_3^- + H_2O \rightleftharpoons H_2CO_3 + OH^- \qquad K_{h2}$

一级水解常数

$$K_{h1} = \frac{[HCO_3^-][OH^-]}{[CO_3^{2-}]} = \frac{[HCO_3^-][OH^-]}{[CO_3^{2-}]} \times \frac{[H^+]}{[H^+]} = \frac{K_w}{K_{a2}} \tag{4-16}$$

二级水解常数

$$K_{h2} = \frac{[H_2CO_3][OH^-]}{[HCO_3^-]} = \frac{[H_2CO_3][OH^-]}{[HCO_3^-]} \times \frac{[H^+]}{[H^+]} = \frac{K_w}{K_{a1}} \qquad (4-17)$$

将 H_2CO_3 的 $K_{a1} = 4.30 \times 10^{-7}$, $K_{a2} = 5.61 \times 10^{-11}$ 分别代入到式(4-17)和(4-16)中,求得一级水解常数 $K_{h1} = 1.78 \times 10^{-4}$ 和二级水解常数 $K_{b2} = 2.33 \times 10^{-8}$。由于 $K_{h1} \gg K_{h2}$,加之第一步水解产生的 OH^+ 大大抑制了第二步的水解,所以分步水解中以第一步水解为主。计算这类盐的 pH 值时,只考虑第一步水解,按一元弱酸强碱盐处理即可。

三、影响盐类水解的因素

影响盐类水解的内因是盐中弱离子与水电离出的 H^+ 或 OH^- 结合生成的弱电解质越难电离(电离常数越小),对水的电离平衡的促进作用就越大,盐的水解程度就越大。因此,盐类水解程度的大小主要是由盐类的本性决定的。此外还受温度、盐浓度以及酸度等因素的影响,水解平衡的移动方向符合勒夏特列原理。

1. 温度的影响

水解反应是中和反应的逆反应,而中和反应是放热反应,所以水解反应为吸热反应。因此,升高温度会促进盐类的水解。

2. 盐浓度的影响

加水,促进盐类水解。但对于水解显酸性的盐,酸性下降;对于水解显碱性的盐,碱性下降。

加盐,水解平衡向正向移动,但盐的水解程度下降。对于水解显酸性的盐,溶液的酸性增强;对于水解显碱性的盐,溶液的碱性增强。

3. 酸度的影响

加入酸或碱能促进或抑制盐类的水解。例如:水解呈酸性的盐溶液,若加入碱,就会中和溶液中的 H^+,使平衡向水解的方向移动而促进水解;若加入酸,则抑制水解。因此,对于水解显酸性的盐,加酸会抑制水解,加碱会促进水解;对于水解显碱性的盐,加碱会抑制水解,加酸会促进水解。

第五节　缓冲溶液

一、缓冲溶液的概念

缓冲溶液是由弱酸和弱酸盐或弱碱和弱碱盐组成的混合溶液,能在一定的范围内抵抗外加的少量酸、碱或稀释,而其 pH 值不发生显著变化的溶液。

二、缓冲溶液的组成与缓冲作用原理

(一)缓冲溶液的组成

缓冲溶液是由足够浓度的共轭酸碱对组成。其中,共轭酸能对抗外来的强碱称为抗碱成分;共轭碱能对抗外来的强酸称为抗酸成分,这一对共轭酸碱通常称为缓冲对,也称为缓冲系或缓冲剂,常见的缓冲对主要有以下三种类型。

(1)弱酸及其对应的盐　　例如 $HAc-NaAc$；$H_2CO_3-NaHCO_3$；$H_2C_8H_4O_4-KHC_8H_4O_4$（邻苯二甲酸-邻苯二甲酸氢钾）；$H_3BO_3-Na_2B_4O_7$（四硼酸钠水解后产生 $H_2BO_3^-$）。

(2)弱碱及其对应的盐　　例如 NH_3-NH_4Cl；$Tris-TrisH^+A^-$（三羟甲基烷及其盐）。

(3)多元弱酸的酸式盐及其对应的次级盐　　例如 $NaHCO_3-Na_2CO_3$；$NaH_2PO_4-Na_2HPO_4$；$NaH_2C_6H_5O_7$（柠檬酸二氢钠）$-Na_2HC_6H_5O_7$；$KHC_8H_4O_4-K_2C_8H_4O_4$。

(二)缓冲溶液的缓冲作用原理

以 HAc 和 $NaAc$ 所组成的缓冲溶液为例来说明缓冲溶液具有缓冲能力的作用原理。HAc 是弱电解质而 $NaAc$ 是强电解质，后者在水中可完全解离，由于同离子效应，抑制了 HAc 的解离，使 HAc 几乎完全以分子状态存在于水溶液中，此时 H^+ 浓度较小，因此在水溶液中存在着大量的 HAc 和 Ac^-。

在水溶液中存在如下质子转移平衡

$$HAc + H_2O \rightleftharpoons H_3O^+ + Ac^-$$

如果在缓冲溶液中加入少量强酸，强酸电离出的少量 H^+ 立即与溶液中的 Ac^- 离子结合形成 HAc 分子，使上述 HAc 的电离平衡向左移动，这时 c_{Ac^-} 略为减小，c_{HAc} 略为增大，但 $\frac{c_{Ac^-}}{c_{HAc}}$ 的比值变化很小，H^+ 浓度无明显变化，因此溶液中的 pH 值保持基本不变。

如果在该缓冲溶液中加入少量强碱，强碱电离出少量 OH^-，它与溶液中的 H^+ 结合生成 H_2O。这将导致一些 HAc 电离生成 H^+ 和 Ac^-，平衡向右移动。由于溶液中存在大量的 HAc 分子，HAc 分子将质子传递给 H_2O，以补充消耗掉的 H^+，所以溶液中的 H^+ 不会明显降低，溶液中的 pH 值保持基本不变。

如果加少量的水稀释，c_{Ac^-} 和 c_{HAc} 将同时减少，其比值基本不变，故溶液中 H^+ 浓度或 pH 值也将保持基本不变。

因此，缓冲溶液的缓冲作用是通过共轭酸碱对的质子转移平衡移动来实现的。

三、缓冲溶液 pH 值的计算

(一)亨德森方程式

在缓冲溶液例如 $HAc-NaAc$ 溶液中，有以下的离解平衡

$$HAc \rightleftharpoons H^+ + Ac^-$$

$$[H^+] = K_a \frac{[HAc]}{[Ac^-]}$$

等式两边各取负对数，则

$$-\lg[H^+] = -\lg K_a - \lg \frac{[HAc]}{[Ac^-]}$$

$$pH = pK_a - \lg \frac{[HAc]}{[Ac^-]}$$

HAc 的解离度比较小，由于溶液中大量的 Ac^- 对 HAc 所产生的同离子效应，使 HAc 的解离度变得更小。因此上式中的 $[HAc]$ 可以看作等于 HAc 的总浓度 $[共轭酸]$（即缓冲溶液中共轭酸的浓度）。同时，在溶液中 $NaAc$ 全部解离，可以认为溶液中 $[Ac^-]$ 等于 $NaAc$ 的总浓度 $[共轭碱]$（即配制的缓冲溶液中共轭碱的浓度）。将 $[共轭酸]$ 和 $[共轭碱]$ 代入上式，则得

$$pH = pK_a + \lg \frac{[共轭碱]}{[共轭酸]} \tag{4-18}$$

上式称为亨德森-哈塞尔巴赫方程式(Henderson-Hasselbalch Equation),简称为亨德森(Henderson)方程式。它表明缓冲溶液的 pH 值决定于共轭酸的离解常数 K_a 和组成缓冲溶液的共轭碱与共轭酸浓度的比值即缓冲比。对于一定的共轭酸,pK_a 为定值,所以缓冲溶液的 pH 就决定于两者浓度的比值即缓冲比。当缓冲溶液加水稀释时,由于共轭碱和共轭酸的浓度受到同等程度的稀释,缓冲比是不变的;在一定的稀释度范围内,缓冲溶液的 pH 值实际上也几乎不变。

式(4-18)中的浓度项指的是混合溶液中共轭酸碱的浓度,而不是混合前的浓度。若混合前共轭酸的浓度是 $c_{共轭酸}$,体积是 $V_{共轭酸}$,共轭碱的浓度是 $c_{共轭碱}$,体积是 $V_{共轭碱}$,则式(4-18)可改写成

$$pH = pK_a + \lg \frac{c_{共轭碱} V_{共轭碱}}{c_{共轭酸} V_{共轭酸}} \tag{4-19}$$

若两种溶液物质的量浓度相等,则

$$pH = pK_a + \lg \frac{V_{共轭碱}}{V_{共轭酸}} \tag{4-20}$$

若是等体积的两溶液相混合,则

$$pH = pK_a + \lg \frac{c_{共轭碱}}{c_{共轭酸}} \tag{4-21}$$

以上几种形式都称为亨德森方程式,可用以计算各种组成类型缓冲溶液的 pH 近似值。

(二)缓冲溶液的 pH 值计算公式的校正

应用 Henderson-Hasselbalch 方程式计算缓冲溶液的 pH 只是一个近似值。为使计算值与测定值更接近,应在式(4-17)中的[共轭酸]、[共轭碱]分别用 $a(HB)$ 和 $a(B^-)$ 代替。则式(4-17)可改写为

$$pH = pK_a + \lg \frac{a(共轭碱)}{a(共轭酸)} = pK_a + \lg \frac{[B^-] \cdot \gamma(B^-)}{[HB] \cdot \gamma(HB)} = pK_a + \lg \frac{[B^-]}{[HB]} + \lg \frac{\gamma(B^-)}{\gamma(HB)}$$
$$\tag{4-22}$$

$\lg \dfrac{\gamma(B^-)}{\gamma(HB)}$ 为校正因数,此式为校正的缓冲溶液 pH 计算公式。

(三)缓冲溶液 pH 值计算举例

【例 4-7】 $0.1 \text{ mol} \cdot L^{-1}$ 的 HAc 与 $0.1 \text{ mol} \cdot L^{-1}$ 的 NaAc 等体积混合配成缓冲溶液,计算溶液的 pH 值。(HAc 的 $pK_a = 4.75$)

解： $0.1 \text{ mol} \cdot L^{-1}$ 的 HAc 与 $0.1 \text{ mol} \cdot L^{-1}$ 的 NaAc 等体积混合后,两者的浓度均为 $0.05 \text{ mol} \cdot L^{-1}$,把所给条件代入下式得

$$pH = pK_a + \lg \frac{[共轭碱]}{[共轭酸]}$$

$$pH = 4.75 + \lg \frac{0.05}{0.05} = 4.75$$

【例 4-8】 将 $0.3 \text{ mol} \cdot L^{-1}$ HAc 溶液与 $0.1 \text{ mol} \cdot L^{-1}$ NaOH 溶液等体积混合后制成缓冲溶液,试计算这个溶液的 pH 值。(HAc 的 $pK_a = 4.75$)

解： 假设 $0.3\ mol \cdot L^{-1}$ HAc 溶液与 $0.1\ mol \cdot L^{-1}$ NaOH 溶液的体积各为 1 L,则当两者混合后有 0.1 mol HAc 和 0.1 mol NaOH 反应生成 0.1 mol NaAc,NaAc 浓度为 $0.05\ mol \cdot L^{-1}$,剩余的 0.2 mol HAc(浓度为 mol $\cdot$ L^{-1})和 0.1 mol NaAc 形成缓冲溶液。

根据式(4-10)得

$$pH = 4.75 + \lg \frac{0.05}{0.1} = 4.45$$

【例 4-9】 已知 $H_2PO_4^-$ 的 $pK_a = 7.21$,求浓度为 $0.10\ mol \cdot L^{-1}$、$pH = 7.40$ 的磷酸盐缓冲溶液的缓冲比以及共轭碱 HPO_4^{2-} 和共轭酸 $H_2PO_4^-$ 的浓度。

解： 设 $[HPO_4^{2-}]$ 为 $x\ mol \cdot L^{-1}$,因缓冲溶液的总浓度=共轭酸浓度+共轭碱浓度= $0.10\ mol \cdot L^{-1}$,故 $[H_2PO_4^-] = 0.10 - x\ mol \cdot L^{-1}$

根据式(4-20)可得

$$7.40 = 7.21 + \lg \frac{x}{0.10 - x} \qquad x = 0.061\ mol \cdot L^{-1}$$

$$缓冲比 = \frac{x}{0.10-x} = 1.55$$

$$[HPO_4^{2-}] = 0.061\ mol \cdot L^{-1}; [H_2PO_4^-] = 0.039\ mol \cdot L^{-1}$$

四、缓冲容量与缓冲范围

(一)缓冲容量

衡量缓冲溶液缓冲能力的强弱,可用缓冲容量 β 表示。缓冲容量也叫缓冲值或缓冲指数。对任何一种缓冲溶液的每一个 pH 值,都有其相应的缓冲量。缓冲容量实际上是一个微分比,可定义为:使 1 升缓冲溶液的 pH 值增高很小一个数值 dpH 时,需加入的强碱物质的量为 dn,则 dn 与 dpH 之比值叫缓冲容量,用数学式表示为 $\beta = \frac{dn}{dpH}$,其单位为 $mol \cdot L^{-1} \cdot pH^{-1}$。

(二)影响缓冲容量的因素

缓冲容量的大小与缓冲溶液的缓冲比和总浓度有关。设 m 和 n 分别为缓冲比中共轭酸和共轭碱的数值,即[共轭碱]:[共轭酸]=$n:m$,$c_总$ 为总浓度,用下式可计算缓冲容量 β

$$\beta = 2.30 \times \frac{m}{m+n} \times \frac{n}{m+n} \times c_总 \qquad (4-23)$$

$$或\ \beta = 2.30 \times [共轭酸] \times [共轭碱]/c_总$$

从式(4-23)及图 4-1 可以看出,缓冲溶液的缓冲容量取决于缓冲溶液的总浓度及缓冲比。可得出如下结论:

(1)当缓冲溶液的缓冲比一定时,溶液的 pH 值也一定。缓冲溶液的缓冲容量取决于缓冲溶液的总浓度和缓冲比的比值。

(2)当缓冲溶液的 pH 值一定时,即缓冲比一定时,缓冲溶液的总浓度越大,则加入少量强酸或强碱所引起缓冲比的比值变化越小,pH 改变越小,缓冲容量就越大。图 4-1 中的(2)(3)曲线表示两种总浓度都一定的醋酸缓冲溶液的 β 分别随缓冲比和 pH 变化的情况。总浓度为 $0.2\ mol \cdot L^{-1}$ 和 $0.1\ mol \cdot L^{-1}$ 的醋酸缓冲溶液,当缓冲比为 1:1 时,pH 均为 4.75,β 分别为 $0.0575\ mol \cdot L^{-1} \cdot pH^{-1}$ 和 $0.115\ mol \cdot L^{-1} \cdot pH^{-1}$,总浓度大的溶液缓冲容量较大。从式

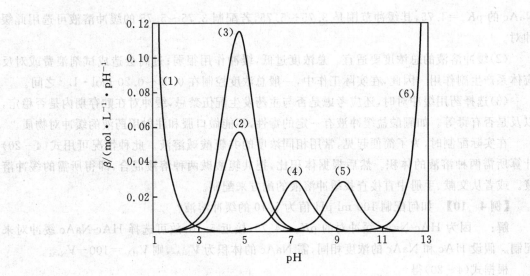

(1)HCl　(2)0.1 mol・L^{-1} HAc-NaAc　(3)0.2 mol・L^{-1} HAc-NaAc
(4)0.05 mol・L^{-1} H$_3$BO$_3$-Na$_2$B$_4$O$_7$　(5)0.05 mol・L^{-1} KH$_2$PO$_4$-Na$_2$HPO$_4$
(6)NaOH

图 4-1　缓冲溶液的缓冲容量 β 与溶液 pH 值的关系

(4-22)也可得出,当缓冲比一定,即 m 和 n 的数值一定时,β 与缓冲溶液的总浓度成正比。总浓度一般在 0.05～0.20 mol・L^{-1} 范围内。

(3)当缓冲溶液的总浓度一定时,缓冲比等于 1 时缓冲容量最大,这时溶液的 pH=pK_a。当缓冲溶液的缓冲比偏离 1 愈远,则缓冲溶液的缓冲容量也随之减小。当缓冲溶液的缓冲比大于 10∶1 或小于 1∶10 时,则缓冲溶液的缓冲容量极小,一般认为没有缓冲能力。从图 4-1 看出,对总浓度一定的缓冲溶液来说,当缓冲比愈接近于 1∶1,缓冲容量愈大。当 $m=n=1$ 时,式(4-23)成为

$$\beta_{极大} = 2.30 \times 1/2 \times 1/2 \times c_{总} = 0.575 c_{总} \qquad (4-24)$$

(4)由足够浓度的共轭酸碱对组成的缓冲溶液,只能在一定的 pH 值范围内发挥有效的缓冲作用。这个能发挥有效缓冲作用的 pH 范围,叫作缓冲范围。当缓冲比为 1∶10 时,pH=pK_a-1;当缓冲比为 10∶1 时,pH=pK_a+1。故缓冲范围 pH 值大致在 pK_a-1 至 pK_a+1 约两个 pH 单位范围内,即在 pH=pK_a±1 的近似范围内,才能表现出缓冲作用。而且同一溶液在不同的 pH 值时,缓冲容量也不相同。从图 4-1 可见,缓冲超出此范围时,β 值很小(<0.01),已无缓冲作用。

(5)不同缓冲对所组成的缓冲溶液,由于共轭酸的 pK_a 值不同,因此它们的缓冲范围也各不相同。

五、缓冲溶液的选择和配制

在实际工作中,配制具有一定 pH 值的缓冲溶液时,应遵循以下原则:

(1)选择适当的缓冲对,尽量使共轭酸的 pK_a 与所要求的 pH 值相等或接近,以保证所选 pH 值在缓冲范围 pK_a±1 内,这样可使所配制的缓冲溶液有较大的缓冲能力。例如,HAc-

NaAc 的 $pK_a=4.75$,其缓冲范围是 $3.75\sim5.75$,若配制 $3.75\sim5.75$ 的缓冲溶液可选用此缓冲对。

(2)缓冲溶液的总浓度要适宜。总浓度过低,缓冲作用很弱;过高会造成试剂浪费或对反应体系产生副作用。因此,在实际工作中,一般总浓度控制在 $0.05\sim0.20$ mol $\cdot$ L^{-1} 之间。

(3)选择药用缓冲对时,还应考虑是否与主药发生配伍禁忌,缓冲对在贮存期内是否稳定,以及是否有毒等。如硼酸盐缓冲液有一定的毒性,不能做口服和注射用药液的缓冲对物质。

在实际配制时,为了简便起见,常用相同浓度的共轭酸碱溶液。此种情况可用式(4-20)计算所需两种溶液的体积。然后根据体积比,把共轭酸碱两种溶液混合,即得所需的缓冲溶液。或者从文献、手册中直接查找缓冲溶液的配方来配制。

【例 4-10】 如何配制 100 ml pH 值为 5.10 的缓冲溶液?

解: 因为 HAc-NaAc 缓冲对的 $pK_a=4.75$,接近 5.10,故可选择 HAc-NaAc 缓冲对来配制。假设 HAc 和 NaAc 的浓度相同,需 NaAc 的体积为 V_{NaAc},则 $V_{HAc}=100-V_{NaAc}$。

根据式(4-20)得

$$5.10=4.75+\lg\frac{V_{NaAc}}{100-V_{NaAc}}$$

$$V_{NaAc}=69.1\text{ ml}$$

$$V_{HAc}=100-V_{NaAc}=30.9\text{ ml}$$

配制缓冲溶液还可采用共轭酸中加氢氧化钠或共轭碱中加盐酸的办法。两种方法都可组成有足够浓度的共轭酸碱对的缓冲溶液。

【例 4-11】 用 1.00 mol $\cdot$ L^{-1}NaOH 中和 1.00 mol $\cdot$ L^{-1}丙酸(用 HPr 代表)的方法,如何配制 1000 ml $c_{总}=0.1$ mol $\cdot$ L^{-1},pH$=5.00$ 的缓冲溶液(已知 HPr p$Ka=4.87$)。

解: NaOH 与 HPr 的中和反应:NaOH$+$HPr $=$ H$_2$O$+$NaPr

因为 1 mol HPr 和 1 mol NaOH 反应生成 1 mol NaPr,所以

$$c_{总}=c_{HPr}+c_{NaPr}$$
$$=\text{未参加反应的 }c_{HPr}+\text{参加反应的 }c_{HPr}$$
$$=0.1\text{ mol}\cdot\text{L}^{-1}$$
$$=\text{HPr 所需的总量}$$

设需 1.00 mol $\cdot$ L^{-1}HPr 总量为 x ml

$$0.100\times1000=1.00\times x$$

$$x=100\text{ ml}$$

$$\because c_{总}=c_{HPr}+c_{NaPr}=0.100\text{ mol}\cdot\text{L}^{-1}$$

$$\therefore c_{HPr}=0.100-c_{NaPr}$$

$$\therefore\text{pH}=pK_a+\lg\frac{c_{NaPr}}{c_{HPr}}=pK_a+\lg\frac{c_{NaPr}}{0.1-c_{NaPr}}$$

$$c_{NaPr}=0.0575\text{ mol}\cdot\text{L}^{-1}$$

需生成 $n_{NaPr}=cV=0.057\times1000\times10^{-3}$ mol

由于 1 mol NaOH 生成 1 mol NaPr ,故 $n_{NaPr}=n_{NaOH}=c_{NaOH}\cdot V_{NaOH}$

$$0.0575\times1000=1.0V_{NaOH}$$

$$V_{NaOH}=57.5\text{ ml}$$

配制方法:取 $1.0\ mol \cdot L^{-1}$ NaOH 57.5ml 与 $1.0\ mol \cdot L^{-1}$ 丙酸 100 ml 相混合,用水稀至 1000 ml 即得总浓度为 $0.100\ mol \cdot L^{-1}$,pH=5.00 的丙酸缓冲液。

六、缓冲溶液在医学中的意义

人体组织细胞必须在合适的 pH 值范围内才能完成它们的正常生理活动。人体内血液的组成成分之一血浆的正常 pH 值为 7.35～7.45。如果血浆 pH 值低于 7.35,就会出现酸中毒;高于 7.45,就会出现碱中毒。不管发生何种中毒都会有生命危险。在正常生理条件下,虽然体内不可避免地不断生成酸性和碱性代谢产物,同时,也有相当数量的酸性物质和碱性物质随食物或药物进入体内,但血液的 pH 值仍稳定地保持在上述的狭窄范围内。显然,血液中一定有完备的调节 pH 的机制——缓冲体系,而血液就是一种缓冲溶液,具有缓冲作用。血液中存在下列多种缓冲系:

(1)血浆中　H_2CO_3-$NaHCO_3$,NaH_2PO_4-Na_2HPO_4,HHb-NaHb(血浆蛋白及其钠盐),HA-NaA(有机酸及其钠盐)等。

(2)红细胞中　H_2CO_3-$KHCO_3$,KH_2PO_4-K_2HPO_4,HHb-KHb,HA-KA,$HHbO_2$-$KHbO_2$(氧合血红蛋白及其他钾盐)等。

在这些缓冲系中,碳酸氢盐缓冲系(H_2CO_3-HCO_3^-)在血液中浓度很高,对维持血液正常 pH 值的作用很重要。其次红细胞中的血红蛋白和氧合血红蛋白缓冲系也很重要。以碳酸氢盐缓冲系为例:

H_2CO_3 主要以溶解状态的 CO_2 形式存在于血液中,存在以下平衡

$$CO_2(溶解) + H_2O \rightleftharpoons H_2CO_3 \rightleftharpoons H^+ + HCO_3^-$$

37℃时,一般正常人血浆中的 HCO_3^--CO_2(溶解)缓冲比为 20:1。正常人血浆中 $I=0.16$,$P_{CO_2}=40$ mmHg,$K=0.03$ mmol $\cdot L^{-1} \cdot$ mmHg

$\therefore [CO_2]=K \cdot P_{CO_2}=1.2$ mmol $\cdot L^{-1}$,$[HCO_3^-]=24$ mmol $\cdot L^{-1}$

$r HCO_3^-=0.56$,$r CO_2=1$　　代入下式

$$pH=pK_{a1}+lg\frac{[HCO_3^-]}{[CO_2]}+lg\frac{r_{HCO_3^-}}{r_{CO_2}}$$

算得 pH=7.4

血液中的 pH 主要决定于 $\frac{[HCO_3^-]}{[CO_2]}$,当 $\frac{[HCO_3^-]}{[CO_2]}<\frac{20}{1}$ 时,$[CO_2]$升高,pH 下降可能发生酸中毒;当 $\frac{[HCO_3^-]}{[CO_2]}>\frac{20}{1}$ 时,$[HCO_3^-]$升高,pH 升高可能发生碱中毒。正常人血浆中,HCO_3^--CO_2(溶解)缓冲比为 20:1 已超出缓冲溶液有效缓冲范围(10:1～1:10),但仍能维持血液 pH 在一个狭窄范围内。这是由于人体内是一个开放体系,HCO_3^--CO_2(溶解)发挥缓冲作用外还受到肺和肾生理功能的调节,其浓度保持相对稳定,因此,血浆中 HCO_3^--CO_2(溶解)缓冲体系总能保持较强的缓冲能力。当代谢过程产生比 H_2CO_3 更强的酸进入血液中,则 HCO_3^- 与 H^+ 结合生成 H_2CO_3,又立刻被带到肺部分解成 CO_2 和 H_2O,产生的 CO_2 由肺呼出体外。反之,代谢过程产生碱性物进入血液时,H_2CO_3 立即与 OH^- 作用,生成 H_2O 和 HCO_3^-,经肾脏调节由尿排出,见图 4-2。

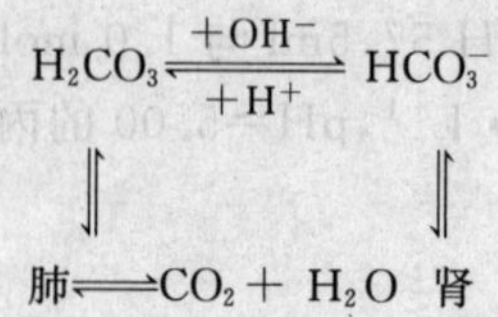

$$H_2CO_3 \underset{+H^+}{\overset{+OH^-}{\rightleftharpoons}} HCO_3^-$$

肺 $\rightleftharpoons CO_2 + H_2O$ 肾

图 4-2 肺和肾在人体酸碱平衡中的缓冲调节作用机制

第六节 沉淀的生成与溶解

一、溶度积常数

电解质的溶解度在每 100 g 水中为 0.1 g 以下的,称为难溶电解质,常见的难溶电解质有 $AgCl$、$CaCO_3$、$BaSO_4$ 等。以 $AgCl$ 为例,在一定温度下,将过量 $AgCl$ 固体放入水中,Ag^+ 和 Cl^- 在水分子的作用下会不断离开固体表面而进入溶液,形成水合离子,从而使 $AgCl$ 溶解。同时,已溶解的 Ag^+ 和 Cl^- 又会因固体表面相反电荷离子的吸引而回到固体表面形成 $AgCl$ 沉淀。当沉淀的速率与溶解的速率相等时,即建立下列动态平衡

$$AgCl(s) \rightleftharpoons Ag^+(aq) + Cl^-(aq)$$

根据化学平衡原理:$K = \dfrac{[Ag^+] \times [Cl^-]}{[AgCl(s)]}$

其中,$[AgCl(s)]$ 是常数,可以并入常数项中,令 $K \times [AgCl(s)] = K_{sp}$,则有

$$K_{sp} = [Ag^+][Cl^-]$$

推广至任意难溶电解质 $AmBn$,则有

$$AmBn(s) \rightleftharpoons mA^{n+}(aq) + nB^{m-}(aq)$$

$$K_{sp} = [A^{n+}]^m \times [B^{m-}]^n \tag{4-25}$$

式(4-25)表明:在一定温度下,在难溶电解质的饱和溶液中,各离子浓度幂之乘积为一常数,称为溶度积常数,简称溶度积,用符号 K_{sp} 表示。

溶度积常数的大小与难溶电解质的本性及温度有关,它随温度的升高而稍微增大。实际工作中常采用 298 K 时的数据,一部分难溶电解质的溶度积。

表 4-2 一些难溶电解质的溶度积 K_{sp}(298 K)

难溶化合物	溶度积	难溶化合物	溶度积
$AgBr$	5.35×10^{-13}	$Mg(OH)_2$	5.61×10^{-12}
$AgCl$	1.77×10^{-10}	$Cu(OH)_2$	2.2×10^{-20}
AgI	8.52×10^{-17}	$Al(OH)_3$	1.3×10^{-33}
Ag_2S	6.3×10^{-50}	$Fe(OH)_2$	4.87×10^{-17}
Ag_2CrO_4	1.12×10^{-12}	$Fe(OH)_3$	2.79×10^{-39}
$CaCO_3$	3.36×10^{-9}	CuS	1.27×10^{-36}
$Ca_3(PO_4)_2$	2.0×10^{-29}	HgS	6.44×10^{-53}
CaC_2O_4	1.46×10^{-10}	PbS	9.04×10^{-29}
CaF_2	3.45×10^{-11}	MnS	4.65×10^{-14}
$BaSO_4$	1.08×10^{-10}	$BaCO_3$	2.58×10^{-9}

二、溶度积与溶解度

溶度积和溶解度(s)都可以表示难溶电解质的溶解能力,在一定条件下,它们之间可以互相换算(式4-26)。

$$AmBn(s) \rightleftharpoons mA^{n+}(aq) + nB^{m-}(aq)$$
$$ms \qquad\qquad ns$$
$$K_{sp} = [A^{n+}]^m \times [B^{m-}]^n$$
$$s = \sqrt[m+n]{\frac{K_{sp}}{m^m \times n^n}} \tag{4-26}$$

溶度积的大小与溶解度有关。对于同类型的难溶电解质,如 AgCl, $BaSO_4$ $CaCO_3$, CaC_2O_4 等,在相同温度下,K_{sp} 越大,溶解度就越大;反之亦然。对于不同类型的难溶电解质,则不能认为溶度积小的,溶解度都一定小。如 Ag_2CrO_4 的溶度积($K_{sp} = 1.12 \times 10^{-12}$)比 $CaCO_3$ 的溶度积($K_{sp} = 3.36 \times 10^{-9}$)小,但 Ag_2CrO_4 的溶解度(6.54×10^{-5} mol·L^{-1})却比 $CaCO_3$ 的溶解度(5.80×10^{-5} mol·L^{-1})大。因此,只有在同类型的电解质之间才能直接用 K_{sp} 来比较溶解度的大小。

【例4-12】 298 K 时,AgCl 的溶度积为 1.77×10^{-10},求 AgCl 的溶解度。

解: 假设 AgCl 的溶解度为 s mol·L^{-1},根据 AgCl 在溶液中的离解平衡

$$AgCl(s) \rightleftharpoons Ag^+(aq) + Cl^-(aq)$$

平衡时各离子的浓度为 $\qquad\qquad s \qquad\qquad s$

$$K_{sp} = [Ag^+][Cl^-] = s \times s = 1.77 \times 10^{-10}$$
$$s = 1.33 \times 10^{-5} \text{ mol·} L^{-1}$$

【例4-13】 298 K 时,Ag_2CrO_4 的溶解度是 6.54×10^{-5} mol·L^{-1},求 Ag_2CrO_4 的溶度积。

解: 根据 Ag_2CrO_4 在溶液中的离解

$$Ag_2CrO_4(s) \rightleftharpoons 2Ag^+ + CrO_4^{2-}$$

平衡时各离子的浓度为 $\qquad 2 \times 6.54 \times 10^{-5} \quad 6.54 \times 10^{-5}$

$$K_{sp}(Ag_2CrO_4) = [Ag^+]^2[CrO_4^{2-}] = (2 \times 6.54 \times 10^{-5})^2 \times 6.54 \times 10^{-5} = 1.12 \times 10^{-12}$$

三、沉淀平衡的移动

(一)影响难溶电解质溶解度的因素

1. 同离子效应

与弱电解质相似,在难溶电解质溶液中,加入含有相同离子的强电解质时,难溶电解质的溶解度降低的效应称为同离子效应。例如,在 $BaSO_4$ 的饱和溶液中加入 $BaCl_2$,由于 Ba^{2+} 浓度增大,平衡将向生成 $BaSO_4$ 沉淀的方向移动,即降低了 $BaSO_4$ 的溶解度。

$$BaCl_2 \rightleftharpoons Ba^{2+} + 2Cl^-$$
$$BaSO_4(s) \rightleftharpoons Ba^{2+} + SO_4^{2-}$$

$$\longleftarrow$$

平衡左移

【例 4-14】 已知 298 K 时，$BaSO_4$ 的 $K_{sp}=1.08\times10^{-10}$，试计算 298 K 时 $BaSO_4$ 在纯水中的溶解度及在 $0.01\ mol\cdot L^{-1}Na_2SO_4$ 溶液中的溶解度。

解： （1）在纯水中：设 $BaSO_4$ 的溶解度为 $s\ mol\cdot L^{-1}$，

$$BaSO_4(s)\Longrightarrow Ba^{2+}+SO_4^{2-}$$

平衡时各离子的浓度为 s s

$$K_{sp}(BaSO_4)=s^2=1.08\times10^{-10}$$

$$s=1.04\times10^{-5}\ mol\cdot L^{-1}$$

（2）设 $BaSO_4$ 在 $0.01\ mol\cdot L^{-1}\ Na_2SO_4$ 溶液中的溶解度 $Y\ mol\cdot L^{-1}$，

$$BaSO_4(s)\Longrightarrow Ba^{2+}+SO_4^{2-}$$

平衡时各离子的浓度为 y $y+0.01\approx0.01$

$$K_{sp}(BaSO_4)=Y\times0.01=1.08\times10^{-10}$$

$$y=1.08\times10^{-8}\ mol\cdot L^{-1}$$

从例题可以看出，由于同离子效应使难溶电解质 $BaSO_4$ 的溶解度下降了 3 个数量级。

2.盐效应

若在难溶电解质中加入不含相同离子的强电解质，会使难溶电解质的溶解度增大，这个效应称盐效应。例如，$AgCl$ 在 KNO_3 溶液中要比在纯水中的溶解度大（表 4-3）。

表 4-3   298 K 时 $AgCl$ 在 KNO_3 溶液中的溶解度 s

$c\ KNO_3/\ mol\cdot L^{-1}$	0.000	0.001	0.005	0.010
$sAgCl/10^{-5}\ mol\cdot L^{-1}$	1.278	1.325	1.385	1.427

（二）沉淀的生成和溶解

一定温度下，在任意难溶电解质溶液中，各离子浓度幂之乘积称为离子积，一般用 Q 表示。有以下三种情况：

（1）当 $Q>K_{sp}$ 时，溶液过饱和，有沉淀析出，直到溶液到达新的平衡。

（2）当 $Q=K_{sp}$ 时，溶液恰好饱和，处于沉淀与溶解的平衡状态。

（3）当 $Q<K_{sp}$ 时，溶液未达到饱和，无沉淀析出，若加入过量难溶电解质，难溶电解质溶解直到溶液饱和。

上述三条称为溶度积规则。它是难溶电解质关于沉淀生成和溶解平衡移动规律的总结。可根据溶度积规则控制溶液中各离子的浓度，就可以使系统生成沉淀或使沉淀溶解。

1.沉淀的生成

根据溶度积规则，如果使难溶电解质溶液的离子积大于溶度积常数，就会析出沉淀或使沉淀更完全。

【例 4-15】 $0.10\ ml\ 0.001\ mol\cdot L^{-1}AgNO_3$ 溶液与 $0.10\ ml\ 0.005\ mol\cdot L^{-1}\ Ag_2CrO_4$ 溶液混合，有无 Ag_2CrO_4 的沉淀生成？（已知 $K_{sp}(Ag_2CrO_4)=1.12\times10^{-12}$）

解： 混合后溶液中各离子的浓度为

$$c_{Ag^+}=\frac{0.001\times0.10\times10^{-3}+2\times0.005\times0.10\times10^{-3}}{(0.10+0.10)\times10^{-3}}=5.5\times10^{-3}\ mol\cdot L^{-1}$$

$$c_{CrO_4^{2-}}=\frac{0.10\times0.005\times10^{-3}}{(0.10+0.10)\times10^{-3}}=2.5\times10^{-3}\ mol\cdot L^{-1}$$

$\because Q = c_{Ag^+}^2 \cdot c_{CrO_4^{2-}} = (5.5 \times 10^{-3})^2 \times 2.5 \times 10^{-3} = 7.56 \times 10^{-8} > 1.12 \times 10^{-12}$

即：$Q > K_{sp}(Ag_2CrO_4)$

$\therefore$ 有 Ag_2CrO_4 沉淀生成。

【例 4-16】 在含有 $0.100\ mol \cdot L^{-1}\ Cl^-$ 和 $0.100\ mol \cdot L^{-1}\ CrO_4^{2-}$ 的混合溶液中逐滴加入 $AgNO_3$ 溶液（忽略体积变化），则 $AgCl$ 和 Ag_2CrO_4 哪一种先沉淀？当 Ag_2CrO_4 开始沉淀时，溶液中 Cl^- 的浓度是多少？（已知 $K_{sp}(AgCl) = 1.77 \times 10^{-10}$，$K_{sp}(Ag_2CrO_4) = 1.12 \times 10^{-12}$）

解： 沉淀 $0.10\ mol \cdot L^{-1}\ Cl^-$ 所需 Ag^+ 的最低浓度为

$$[Ag^+] = \frac{K_{sp,AgCl}}{[Cl^-]} = \frac{1.77 \times 10^{-10}}{0.100} = 1.77 \times 10^{-9}\ mol \cdot L^{-1}$$

沉淀 $0.100\ mol \cdot L^{-1}\ CrO_4^{2-}$ 所需 Ag^+ 的最低浓度为

$$[Ag^+] = \sqrt{\frac{K_{sp,Ag_2CrO_4}}{[CrO_4^{2-}]}} = \sqrt{\frac{1.12 \times 10^{-12}}{0.100}} = 3.35 \times 10^{-6}\ mol \cdot L^{-1}$$

$\because$ 沉淀 Cl^- 所需 Ag^+ 的浓度小于沉淀 CrO_4^{2-} 所需 Ag^+ 的浓度，故先生成 $AgCl$ 沉淀。

当 Ag_2CrO_4 开始沉淀时，溶液中 $[Ag^+] = 3.35 \times 10^{-6}\ mol \cdot L^{-1}$

$$\therefore [Cl^-] = \frac{K_{sp,AgCl}}{[Ag^+]} = \frac{1.77 \times 10^{-10}}{3.35 \times 10^{-6}} = 5.28 \times 10^{-5}\ mol \cdot L^{-1}$$

从例 4-16 可知，向含有相同浓度的 Cl^- 和 CrO_4^{2-} 的溶液中滴加 $AgNO_3$ 溶液，首先生成白色的 $AgCl$ 沉淀，然后生成砖红色的 Ag_2CrO_4 沉淀。像这种在溶液中有两种或两种以上的离子可与同一试剂反应生成沉淀时，首先析出的是离子积最先达到溶度积的化合物，这种先后沉淀的现象，叫分步沉淀。利用分步沉淀可分离混合溶液中的各种离子。

2. 沉淀的溶解

根据溶度积的规则，如果使难溶电解质溶液的离子积小于溶度积常数，就会使沉淀溶解。使沉淀溶解的常用方法有三种：

(1) 生成弱电解质（如弱酸，弱碱或 H_2O 等）　大多数难溶氢氧化物都能溶于强酸。例如，$Fe(OH)_3$ 能溶于盐酸，反应如下

$$Fe(OH)_3 \Longleftrightarrow Fe^{3+} + 3OH^-$$
$$+$$
$$3HCl \Longleftrightarrow 3Cl^- + 3H^+$$
$$\Downarrow$$
$$3H_2O$$

由于溶液中生成了弱电解质 H_2O，使 OH^- 的浓度减小，溶液的离子积 $c_{Fe^{3+}} \times (c_{OH^-})^3$ 小于 $K_{sp}(Fe(OH)_3)$，使平衡向右移动，即向 $Fe(OH)_3$ 溶解的方向移动。

少数难溶氢氧化物能溶于铵盐。例如，$Mg(OH)_2$ 溶于铵盐的反应如下

$$Mg(OH)_2 \Longleftrightarrow Mg^{2+} + 2OH^-$$
$$+$$
$$2NH_4Cl \Longleftrightarrow 3Cl^- + 2NH_4^+$$
$$\Downarrow$$
$$2NH_3 + 2H_2O$$

由于溶液中生成了弱电解质 NH_3 和 H_2O,使 OH^- 的浓度减小,溶液的离子积 $CMg^{2+} \times (COH^-)^2$ 小于 $K_{sp}(Mg(OH)_2)$,使平衡向右移动,即向 $Mg(OH)_2$ 溶解的方向移动。

(2)加入氧化剂或还原剂　加入氧化剂或还原剂,使某一离子发生氧化还原反应而降低其浓度,从而使 $Q < K_{sp}$。如 CuS、PbS 等都不溶于盐酸,但能溶于硝酸中。

$$3CuS(s) + 8HNO_3 == 3Cu(NO_3)_2 + 3S\downarrow + 2NO\uparrow + 4H_2O$$

(3)生成配位化合物　在难溶电解质的溶液中加入一种配位剂,使难溶电解质的组分离子形成稳定的配离子,从而降低难溶电解质组分离子的浓度。例如,AgCl 沉淀溶于过量的氨水生成银氨溶液。这是由于生成了稳定的 $[Ag(NH_3)_2]^+$ 配离子,降低了 Ag^+ 的浓度,使其离子积小于溶度积,所以 AgCl 沉淀溶解了。

 学习小结

1.弱电解质在水溶液中只能部分离解成离子,其离解程度可用解离度 α 来表示

$$\alpha = \frac{已离解的分子数}{原有分子总数} \times 100\%$$

2.在弱电解质溶液中,加入与弱电解质具有相同离子的易溶的强电解质,会使弱电解质的离解度降低,这种现象称为同离子效应。

盐效应则是在弱电解质溶液中加入与弱电解质不具有相同离子的易溶性强电解质,其解离度略有增大的现象。

3.共轭酸碱对之间存在：$K_a \cdot K_b = K_w$。

4.一元弱酸、一元弱碱溶液 pH 值的计算

(1)求算一元弱酸的 $[H^+]$ 近似公式：当 $K_a \cdot c_a \gg 20K_w$,由 $K_a = \dfrac{c_a \alpha^2}{1-\alpha}$ 可先求得 α,再由 $[H^+] = c_a\alpha$ 即可求得 $[H^+]$。

(2)当 $K_a \cdot c_a \geqslant 20K_w$,且 $c_a/K_a \geqslant 500$ 或 $\alpha < 5\%$ 时,$K_a = c_a\alpha^2$ 或 $\alpha = \sqrt{K_a/c_a}$,$[H^+] = c_a\alpha$,或 $[H^+] = \sqrt{K_a c_a}$。

这是求算一元弱酸溶液中 $[H^+]$ 的最简式。

对于一元弱碱溶液,当 $K_b \cdot c_b \geqslant 20K_w$,且 $c_b/K_b \geqslant 500$ 时,同理可以得到简化计算式：$[OH^-] = \sqrt{K_b c_b}$。

5.各类盐的解离平衡

(1)强酸弱碱盐

$$[H^+] = \sqrt{K_h \cdot c_{盐}} = \sqrt{\frac{K_w}{K_b} \cdot c_{盐}}$$

(2)强碱弱酸盐

$$[H^+] = \frac{K_w}{[OH^-]} = \frac{K_w}{\sqrt{K_h \cdot c_{盐}}} = \sqrt{\frac{K_w \cdot K_a}{c_{盐}}}$$

(3)弱酸弱碱盐

$$K_h = \frac{K_w}{K_a \times K_b}$$

（4）多元弱酸强碱盐　多元弱酸强碱盐分步解离，一般只考虑第一步水解，按一元弱酸强碱盐处理即可。

6.缓冲溶液 pH 值的计算

（1）基本公式——Henderson-Hasselbalch 方程式

$$pH=pK_a+lg\dfrac{[共轭碱]}{[共轭酸]}$$

若两种溶液的量浓度相等,则

$$pH=pK_a+lg\dfrac{V_{共轭碱}}{V_{共轭酸}}$$

若是等体积的两溶液相混合,则

$$pH=pK_a+lg\dfrac{c_{共轭碱}}{c_{共轭酸}}$$

（2）缓冲溶液 pH 计算公式的校正

$$pH=pK_a+lg\dfrac{a(B^-)}{a(HB)}=pK_a+lg\dfrac{[B^-]\cdot\gamma(B^-)}{[HB]\cdot\gamma(HB)}=pK_a+lg\dfrac{[B^-]}{[HB]}+lg\dfrac{\gamma(B^-)}{\gamma(HB)}$$

$lg\dfrac{\gamma(B^-)}{\gamma(HB)}$ 为校正因数。

7.缓冲容量的大小与缓冲溶液的缓冲比和总浓度有关

当缓冲溶液的缓冲比一定时,缓冲溶液的总浓度越大,则缓冲容量就越大。

当缓冲溶液的总浓度一定时,缓冲比等于 1 时缓冲容量最大。当缓冲溶液的缓冲比偏离 1 愈远,则缓冲溶液的缓冲容量也随之减小。

缓冲溶液只能在一定的 pH 值范围内发挥有效的缓冲作用。这个能发挥有效缓冲作用的 pH 范围,叫缓冲范围。即 $pH=pK_a\pm1$。

8.溶度积(K_{sp})和溶解度(s)都可以表示难溶电解质的溶解能力,在一定条件下,它们之间可以互相换算。

$$AmBn(s)\rightleftharpoons mA^{n+}(aq)+nB^{m-}(aq)$$
$$\qquad\qquad\quad ms\qquad\quad ns$$
$$K_{sp}=[A^{n+}]^m\times[B^{m-}]^n$$
$$s=\sqrt[m+n]{\dfrac{K_{sp}}{m^m\times n^n}}$$

溶度积的大小与溶解度有关。对于同类型的难溶电解质,在相同温度下,K_{sp}越大,溶解度就越大;反之亦然。对于不同类型的难溶电解质,则不能认为溶度积小的,溶解度都一定小。因此,只有在同类型的电解质之间才能直接用 K_{sp} 来比较溶解度大小。

一定温度下,在任意难溶电解质溶液中,各离子浓度幂之乘积称为离子积(Q)。

溶度积规则:

（1）当 $Q>K_{sp}$ 时,溶液过饱和,有沉淀析出,直到溶液到达新的平衡。

（2）当 $Q=K_{sp}$ 时,溶液恰好饱和,沉淀与溶解处于平衡状态。

（3）当 $Q<K_{sp}$ 时,溶液未达到饱和,无沉淀析出,若加入过量难溶电解质,难溶电解质溶解直到溶液饱和。

📝 **目标检测**

一、选择题

1. 在纯水中,加入一些碱,其溶液的(　　)

A. $[H^+]$ 与 $[OH^-]$ 乘积变大　　　　B. $[H^+]$ 与 $[OH^-]$ 乘积变小

C. $[H^+]$ 与 $[OH^-]$ 乘积不变　　　　D. $[H^+]$ 等于 $[OH^-]$

2. 在 $0.1\,mol \cdot L^{-1}$ 的 HAc 溶液中,加入一些 NaAc 固体,则(　　)

A. HAc 的 K_a 增大　　　　B. HAc 溶液的 pH 增大

C. HAc 溶液的 pH 减少　　　　D. HAc 溶液的 pH 不变

3. 常温下 $0.1\,mol \cdot L^{-1}$ HA 溶液的 pH 为 4,则 $0.1\,mol \cdot L^{-1}$ NaA 溶液的 pH 为(　　)

A. 4.00　　B. 5.00　　C. 8.00　　D. 10.00

4. $HClO_4$ 和 CO_3^{2-} 在水中分别是(　　)

A. 强酸和强碱　　　　B. 弱酸和弱碱

C. 强酸和弱碱　　　　D. 弱酸和强碱

5. 欲配制 pH=4.50 的缓冲溶液,若用 HAc 及 NaAc 配制,则二者的浓度比 $cNaAc/cHAc$ 为(　　)(HAc 的 $K_a=1.76 \times 10^{-5}$)

A. 4.75/1　　B. 1.78/1　　C. 4.50/1　　D. 1/1.78

6. 影响缓冲容量的主要因素是(　　)

A. 弱酸的 pK_a 和缓冲比　　　　B. 弱酸的 pK_a 和缓冲溶液的总浓度

C. 弱酸的 pK_a 和其共轭碱的 pK_b　　　D. 缓冲溶液的总浓度和缓冲比

7. 下列各溶液,β 最大的是(　　)

A. 500 ml 中含有 0.15 mol HAc 和 0.05 mol NaAc

B. 500 ml 中含有 0.1 mol HAc 和 0.1 mol NaAc

C. 1000 ml 中含有 0.1 mol HAc 和 0.1 mol NaAc

D. 1000 ml 中含有 0.15 mol HAc 和 0.05 mol NaAc

8. 要配 pH=9 的缓冲溶液,宜选择下列哪个缓冲对(　　)

A. HAc-NaAc($pK_a=4.75$)　　　　B. NaH_2PO_4-Na_2HPO_4($pK_{a2}=7.21$)

C. $NaHCO_3$-Na_2CO_3($pK_{a2}=10.33$)　　D. NH_3-NH_4Cl($pK_b=4.75$)

9. $40.0\,ml\ 0.10\,mol \cdot L^{-1} NH_3 \cdot H_2O$($pK_b=4.75$)与 $20.0\,ml\ 0.10\,mol \cdot L^{-1} HCl$ 混合,所得溶液的 pH 值约为(　　)

A. 4.75　　B. 7.25　　C. 6.75　　D. 9.25

10. 人体血浆中最重要的抗酸成分是(　　)

A. HCO_3^-　　　　B. HPO_4^{2-}

C. $H_2PO_4^-$　　　　D. $H_{n-1}P^-$

二、简答题

1. 影响缓冲溶液 pH 的因素有哪些?其中哪个是主要因素?

2. 以 HAc-NaAc 缓冲溶液为例说明缓冲溶液是如何发挥缓冲作用的?

3. 举例说明为什么正常人体血液 pH 能保持在 7.35~7.45 范围内。

4. 解释 $Mg(OH)_2$ 为何既能溶于盐酸也能溶于氯化铵溶液。

三、计算题

1. 298 K 时，某弱电解质 HA 的解离常数为 $1.0×10^{-5}$，计算 $0.1\ mol·L^{-1}$ HA 溶液的 pH 值和解离度 $α$。

2. 在 $0.10\ mol·L^{-1}$ HA 溶液的解离度 $α$ 为 1.32%。(1)计算 HA 的解离平衡常数。(2)如果在 $1.00\ L$ 该溶液中加入固体 NaA (不考虑溶液体积变化)，使其浓度为 $0.10\ mol·L^{-1}$，计算溶液的 $[H^+]$ 和解离度。

3. 现有 $0.10\ mol·L^{-1}$ 的 H_3PO_4、NaH_2PO_4、Na_3PO_4、NaOH 各 100 ml，若需配制 pH＝7.21 的缓冲溶液，问应选用何种缓冲系，所选用的物质为多少毫升？(H_3PO_4 的 $pK_{a1}＝2.16$，$pK_{a2}＝7.21$，$pK_{a3}＝12.32$)

4. 若在 $1.0\ L\ Na_2CO_3$ 溶液中溶解 $0.010\ mol$ 的 $BaSO_4$，问 Na_2CO_3 的最初浓度是多少？(已知 $K_{sp}(BaSO_4)＝1.08×10^{-10}$，$K_{sp}(BaCO_3)＝2.58×10^{-9}$)

第五章　氧化还原与电极电势

学习目标

【知识目标】
- 掌握电极电势的应用及能斯特方程式的应用。
- 熟悉氧化还原反应及其基本概念。
- 了解运用电位法原理进行 pH 值的测定。

【能力目标】
- 能熟练地运用能斯特方程式进行电极电势及电池电动势方面的计算。
- 会应用电位法测定溶液的 pH 值。

    化学反应可以分为两大类:一类是参加反应的各种物质在反应前后没有电子的得失,例如酸碱反应,沉淀反应等。另一类是参加反应的各种物质在反应前后有电子的转移或偏移,失去电子的过程称为氧化;而得到电子的过程称为还原。氧化还原反应(oxidation－reduction reaction 或 redox reaction)是自然界普遍存在的一类反应,生命过程离不开氧化还原反应。有人认为,生命现象说到底其实就是电子的转移。

    本章主要学习氧化还原反应的一般特征,讨论电极电势的产生原因,影响电极电势的因素,并介绍与此相关的电位法测定溶液的 pH 值、氧化还原滴定法,以及一些电化学的相关知识。

第一节　氧化还原反应

一、氧化数

    由于共价化合物在反应中电子的得失不明显,氧化还原反应与非氧化还原反应的划分尚不明确,为了统一说明氧化还原反应,提出了氧化值(又称氧化数,oxidation number)的概念。1970 年,国际纯粹和应用化学联合会(IUPAC)把氧化值定义为某元素一个原子的荷电数(又称表观荷电数,apparent charge number),这种荷电数由假定把每个化学键中的电子指定给电负性较大的原子而求得。例如在 NaCl 中,氯元素的电负性比钠元素大,因而 Na 的氧化值为 $+1$,Cl 的氧化值为 -1;又如在 NH_3 中,三对成键的电子都归电负性大一些的氮原子所有,则 N 的氧化值为 -3,H 的氧化值为 $+1$。

    确定元素氧化值的规则有:

(1)单质的氧化值为零;

(2)所有元素的原子,其氧化值的代数和在多原子的分子中等于零;在多原子的离子中等于离子所带的电荷数。

（3）H 在化合物中的氧化值一般为 +1；但在活泼金属的氢化物（如 NaH、CaH_2 等）中，H 的氧化值为 -1。

（4）O 在化合物中的氧化值一般为 -2；但在过氧化物（如 H_2O_2、BaO_2 等）中，氧化值为 -1；在超氧化物（如 KO_2）中，氧化值为 $-\frac{1}{2}$（氧化值可以是分数）；在 OF_2 中，氧化值为 +2。

由元素的氧化值的定义，可知在确定元素的氧化值时，还必须了解化合物的结构，例如 $S_2O_3{}^{2-}$ 和 $S_4O_6{}^{2-}$ 的结构分别为

$$
\begin{array}{cccccc}
 & O & & O & & O \\
 & \| & & \| & & \| \\
O^--S-O^- & & O^--S-S-S-O^- \\
 & \| & & \| & & \| \\
 & S & & O & & O
\end{array}
$$

在 $S_2O_3{}^{2-}$ 中，处于中心的 S 的氧化值为 +4，而另一个 S 的氧化值为 0。在 $S_4O_6{}^{2-}$ 中，处于中间的两个 S 氧化值为 0，而两端的两个 S 氧化值为 +5，为了简便起见，对于含有两个不同氧化值的同一种元素的化合物，常采用平均氧化值，因此，$S_2O_3{}^{2-}$ 中的 S 平均氧化值为 +2，而 $S_4O_6{}^{2-}$ 中的 S 平均氧化值为 $+\frac{5}{2}$。

【例 5 - 1】　试确定在 $KMnO_4$、$MnO_4{}^{2-}$、MnO_2、Mn^{2+} 中 Mn 元素的氧化值。

解： 设 Mn 的氧化值为 x，因为 O 的氧化值为 -2，K 为 +1，则

在 $KMnO_4$ 中：$1 + x + 4 \times (-2) = 0$，　$x = +7$

在 $MnO_4{}^{2-}$ 中：$x + 4 \times (-2) = -2$，　$x = +6$

在 MnO_2 中：$x + 2 \times (-2) = 0$，　$x = +4$

在 Mn^{2+} 中：$x = +2$

【例 5 - 2】　求 Fe_3O_4 中 Fe 的氧化值。

解： 设 Fe 的氧化值为 x，因为 O 的氧化值为 -2，则

$$3x + 4 \times (-2) = 0，\quad x = +\frac{8}{3}$$

根据氧化值的概念，氧化值升高的过程称为氧化，氧化值下降的过程称为还原。

二、氧化还原反应的实质

在氧化还原反应中，氧化值升高的物质叫做还原剂（reducing agent），还原剂使另一种物质还原，本身被氧化，它的反应产物叫做氧化产物。氧化值降低的物质叫做氧化剂（oxidizing agent），氧化剂使另一种物质氧化，本身被还原，它的反应产物叫做还原产物。

如下列反应

$$\overset{+1}{NaClO} + 2FeSO_4 + H_2SO_4 \Longrightarrow \overset{-1}{NaCl} + \overset{+3}{Fe_2(SO_4)_3} + H_2O$$

$$\;\;\text{氧化剂}\quad\text{还原剂}\qquad\qquad\quad\text{还原产物}\quad\text{氧化产物}$$

在这个反应中，次氯酸钠是氧化剂，Cl 的氧化值从 +1 降低到 -1，被还原，使硫酸亚铁氧化；硫酸亚铁是还原剂，Fe 的氧化值从 +2 升高到 +3，被氧化，使次氯酸钠还原；硫酸虽然也参与了该反应，但没有氧化值的改变，通常称硫酸溶液为反应介质。

另外还有一种情况，某一单质或化合物在反应中既是氧化剂又是还原剂，例如下列两个

反应

$$\overset{0}{Cl_2} + H_2O \Longrightarrow \overset{+1}{HClO} + \overset{-1}{HCl}$$

$$4\overset{+5}{KClO_3} \Longrightarrow 3\overset{+7}{KClO_4} + \overset{-1}{KCl}$$

这类氧化还原反应叫做歧化反应,是氧化还原反应的一种特殊类型。

任何氧化还原反应都是由两个"半反应"组成的,一个是氧化剂被还原的半反应,称为还原半反应;另一个是还原剂被氧化的半反应,称为氧化半反应。例如下列氧化还原反应

$$Cu^{2+} + Zn \Longrightarrow Cu + Zn^{2+}$$

是由以下两个半反应组成的

$$Cu^{2+} + 2e^- \Longrightarrow Cu$$

$$Zn \Longrightarrow Zn^{2+} + 2e^-$$

在氧化还原反应中,氧化剂与它的还原产物及还原剂与它的氧化产物称为氧化还原电对(redox electric couple),简称电对。氧化还原电对通常写成:氧化型/还原型(Ox/Red),如 Cu^{2+}/Cu , Zn^{2+}/Zn 。每个氧化还原半反应中都有一对氧化还原电对。

氧化还原半反应通式写作

$$氧化型 + ne^- \Longrightarrow 还原型$$

或

$$Ox + ne^- \Longrightarrow Red$$

这种关系与质子酸碱中共轭酸碱对的关系相似,电对中的氧化型物质得电子,还原型物质失电子。氧化还原反应的实质也可以理解为两个共轭电对之间的电子转移。氧化型物质的氧化能力与还原型物质的还原能力存在共轭关系,氧化型物质的氧化能力越强,其对应的还原型物质的还原能力越弱;氧化型物质的氧化能力越弱,其对应的还原型物质的还原能力越强。例如,MnO_4^-/Mn^{2+} 电对中,MnO_4^- 氧化能力强,是强氧化剂,而 Mn^{2+} 还原能力弱,是弱还原剂;Zn^{2+}/Zn 电对中,Zn^{2+} 是弱氧化剂,而 Zn 是强还原剂。

当溶液中有介质参与半反应时,虽然它们在反应中没有电子得失,也应写入半反应中,如半反应

$$MnO_4^- + 8H^+ + 5e^- \Longrightarrow Mn^{2+} + 4H_2O$$

式中电子转移数为5,氧化型包括 MnO_4^- 和 H^+,还原型为 Mn^{2+}(溶剂 H_2O 不包括)。

三、氧化还原反应方程式的配平

应用比较广泛的氧化还原反应方程式的配平方法有高中学过的氧化值法和下面介绍的离子-电子法。离子-电子法只适用于水溶液中发生的氧化还原反应方程式的配平。配平的基本依据是氧化剂得到的电子数等于还原剂失去的电子数及质量守恒定律。

下面以反应 $K_2Cr_2O_7 + KI + HCl \longrightarrow CrCl_3 + I_2 + KCl + H_2O$ 为例说明离子-电子法配平氧化还原反应方程式的具体步骤。

(1)写出离子反应方程式。

$$Cr_2O_7^{2-} + H^+ + I^- \longrightarrow Cr^{3+} + I_2 + H_2O$$

(2)将氧化还原反应拆分成两个半反应。

氧化半反应: $I^- - n_1e^- \longrightarrow I_2$

还原半反应：$Cr_2O_7^{2-} + H^+ + n_2e \longrightarrow Cr^{3+} + H_2O$

3. 分别配平两个半反应。

$$2I^- - 2e^- \rightleftharpoons I_2 \qquad ①$$
$$Cr_2O_7^{2-} + 14H^+ + 6e^- \rightleftharpoons 2Cr^{3+} + 7H_2O \qquad ②$$

4. 确定两个半反应得、失电子数的最小公倍数，将两个半反应分别乘以相应系数，使其得、失电子数相等，再将两半反应相加，成为一个配平的氧化还原反应离子方程式。

$$3×① \qquad 6I^- - 6e^- \rightleftharpoons 3I_2$$
$$+ \quad 1×② \qquad Cr_2O_7^{2-} + 14H^+ + 6e^- \rightleftharpoons 2Cr^{3+} + 7H_2O$$

$$Cr_2O_7^{2-} + 6I^- + 14 H^+ \rightleftharpoons 2Cr^{3+} + 3I_2 + 7H_2O$$

5. 在配平的离子方程式中添加不参与反应的阳离子、阴离子，写出相应的化学式，即得到配平的氧化还原反应方程式。

$$K_2Cr_2O_7 + 6KI + 14HCl \rightleftharpoons 2CrCl_3 + 3I_2 + 8KCl + 7H_2O$$

第二节　电极电势

一、原电池

(一)原电池的组成

将锌片置入硫酸铜溶液中，锌片逐渐溶解变成 Zn^{2+} 进入溶液中，而 Cu^{2+} 则变成金属 Cu 从溶液中析出，这是一个自发性很强的氧化还原反应，反应的化学能是以热能的方式释放出来的，其离子反应方程式为

$$Zn + Cu^{2+} \rightleftharpoons Zn^{2+} + Cu \qquad \Delta_r G_m^\theta = -239.6 \text{ kJ} \cdot \text{mol}^{-1}$$

若不让 Zn 与 $CuSO_4$ 溶液直接接触，该反应可按氧化还原反应中半反应的方式拆分成两个半反应

$$Zn - 2e^- \rightleftharpoons Zn^{2+} \quad (氧化半反应)$$
$$Cu^{2+} + 2e^- \rightleftharpoons Cu \quad (还原半反应)$$

如采用图 5-1 所示的装置，使上述两个半反应分别在不同的烧杯中进行。在一个盛有 $ZnSO_4$ 溶液的烧杯中插入锌片，另一个盛有 $CuSO_4$ 溶液的烧杯中插入铜片，两个烧杯用盐桥连接。盐桥是一个充满 KCl(或 KNO_3)饱和溶液的 U 形管，它的作用是通过 K^+ 和 Cl^- 离子向两端扩散构成电流通路，维持两溶液的电中性。用导线将铜片和锌片与检流计连接起来，连通后可以观察到检流计的指针偏转，说明有电流的通过，而外电路检流计指针偏转的方向表明电子是从锌极流向铜极(电流则是从铜极流向锌极)。这样就构成了一个由 Zn-ZnSO₄ 半电池(电极)和 Cu-CuSO₄ 半电池(电极)组成的原电池(primary cell)，简称铜-锌原电池。原电池是将化学能转化为电能的装置。从理论上讲任何自发进行的氧化还原反应都可设计成原电池。

在原电池中，还原剂电对为负极，负极发生氧化反应(失去电子)，生成其氧化型物质；氧化剂电对为正极，正极都发生还原反应(得电子)，生成其还原型物质。在铜-锌原电池中，正极和负极发生的半反应分别为

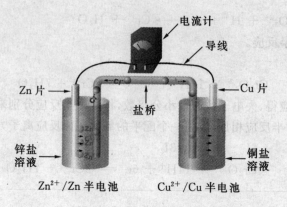

图 5-1 铜-锌原电池

$$负极：\quad Zn - 2e^- \Longrightarrow Zn^{2+} \qquad （氧化反应）$$
$$正极：\quad Cu^{2+} + 2e^- \Longrightarrow Cu \qquad （还原反应）$$

因此,氧化还原的半反应又称半电池反应或电极反应,两个半电池反应(或两个电极反应)相加即得电池反应(cell reaction):

$$Zn + Cu^{2+} \Longrightarrow Zn^{2+} + Cu$$

(二)原电池的组成式

原电池通常是由盐桥连接的两个半电池(或电极)组成。原电池的组成可以用电池组成式表示。书写电池组成式的规定如下:

(1)习惯上,负极写在盐桥左侧,正极写在右侧,并用"－"、"＋"在括号内标明。

(2)用"│"竖线表示两相的界面,"‖"表示盐桥,同一相中不同物质间用";"表示。半电池中的溶液紧靠盐桥,电极板远离盐桥。

(3)电池中各物质状态(g、l、s)和温度、浓度、分压用括号在后面注明。如无注明,则表示温度为 298.15 K,溶液浓度为 1.0 mol·L^{-1},气体分压为 101.325 kPa。

(4)如电对中没有电子导体时,应用不活泼的惰性导体(如铂电极)作电极极板。

按上述规定,铜-锌原电池可表示为

$$（-）Zn│ZnSO_4（c_1）‖CuSO_4（c_2）│CU（+）$$

【例 5-3】 高锰酸钾与浓盐酸作用,制取氯气的反应如下:

$$2KMnO_4 + 16HCl \Longrightarrow 2KCl + 2MnCl_2 + 5Cl_2 + 8H_2O$$

将此反应设计成原电池,写出正、负极反应、电池反应、电池组成式。

解： 首先,将反应方程式改写成离子反应方程式

$$2MnO_4^- + 16H^+ + 10Cl^- \Longrightarrow 2Mn^{2+} + 5Cl_2 + 8H_2O$$

正极反应为还原反应

$$MnO_4^- + 8H^+ + 5e^- \Longrightarrow Mn^{2+} + 4H_2O$$

负极反应为氧化反应

$$2Cl^- - 2e^- \Longrightarrow Cl_2$$

电池反应为

$$2MnO_4^- + 16H^+ + 10Cl^- \Longrightarrow 2Mn^{2+} + 5Cl_2 + 8H_2O$$

电池组成式为

$$(-)Pt|Cl_2(p)|Cl^-(c) \parallel MnO_4^-(c_1), Mn^{2+}(c_2), H^+(c_3)|Pt(+)$$

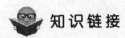 知识链接

电极类型

常用的电极可分为以下四种类型：

（1）金属-金属离子电极　用金属做电极极板，插入该金属的盐溶液中构成的电极。如：Zn^{2+}/Zn 电极

电极组成式　　　$Zn|Zn^{2+}(c)$

电极反应式　　　$Zn^{2+}+2e^- \Longrightarrow Zn$

（2）气体电极　将气体通入相应的离子溶液中，并用惰性导体（如石墨或者金属铂）做电极极板所构成的电极。如：氯气电极

电极组成式　　　$Pt|Cl_2(p)|Cl^-(c)$

电极反应式　　　$Cl_2+2e^- \Longrightarrow 2Cl^-$

（3）金属-金属难溶盐-阴离子电极　将金属表面涂有其金属难溶盐的固体，然后浸入与该盐具有相同阴离子的溶液中所构成的电极，如：Ag-AgCl 电极，在 Ag 的表面涂有 AgCl，然后浸入有一定浓度的 Cl^- 溶液中。

电极组成式　　　$Ag|AgCl(s)|Cl^-(c)$

电极反应式　　　$AgCl+e^- \Longrightarrow Ag+Cl^-$

（4）氧化还原电极　将惰性导体浸入离子型氧化还原电对的溶液中所构成的电极，如：将 Pt 浸入含有 Fe^{2+}、Fe^{3+} 的溶液中，构成 Fe^{3+}/Fe^{2+} 电极。

电极组成式　　　$Pt|Fe^{2+}(c_1), Fe^{3+}(c_2)$

电极反应式　　　$Fe^{3+}+e^- \Longrightarrow Fe^{2+}$

二、电极电势的产生及原电池的电动势

在铜锌原电池中，导线中有电流通过，说明在原电池中，两个电极之间存在电势差。由指针的偏转方向可知，电流从 Cu 电极流向 Zn 电极，即在铜锌原电池中，Cu 电极为正极，Zn 电极为负极。为什么电子从 Zn 原子流向 Cu^{2+} 而不是从 Cu 原子流向 Zn^{2+}，这与金属在溶液中的情况有关。

用放射性标记的方法已经证明，当金属片插入它的盐溶液时，金属离子（M^{n+}）在溶剂分子（通常为 H_2O 分子）及阴离子的作用下会进入溶液中，而把电子留在金属片上，这就是溶解过程；另一方面，溶液中的水合金属离子也会从金属表面得到电子而沉积到金属表面上，这就是沉积过程。当金属的溶解速率与金属离子的沉积速率相等时，建立了如下平衡

$$M(s) \underset{沉积}{\overset{溶解}{\Longrightarrow}} M^{n+}(aq)+ne^-$$

在金属板上　　在溶液中　在金属板上

若金属溶解的倾向大于金属离子沉积的倾向，则达平衡时，金属表面因留有较多电子而带负电荷。由于静电作用，溶液中的正离子就会排布在金属板表面附近的液层中，于是在金属的界面处形成如图 5-2(1) 所示的双电层。相反，若金属离子沉积倾向大于溶解倾向，则达到平

衡时,金属表面因沉积了过多的金属离子而带正电荷,溶液中的负离子就会排布在靠近金属板附近的液层中而形成如图5-2(2)所示的双电层。无论形成哪一种双电层,在金属与溶液之间都可产生电势差。

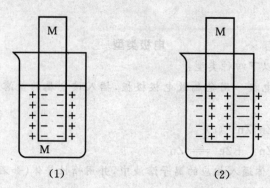

图5-2 金属电极的电极电势

这种产生在金属和它的盐溶液之间的电势差称为该金属的平衡电极电势(简称电极电势),记为$\varphi(M^{n+}/M)$。电极反应式为

$$氧化型 + ne^- \rightleftharpoons 还原型$$

$$或 \quad M^{n+} + ne^- \rightleftharpoons M$$

显然,金属越活泼,溶解的倾向越大,越容易给出电子,达到平衡时金属表面电子密度越大,该金属电极电势越低;反之,金属越不活泼,溶解倾向越小,而沉积倾向越大,该金属的电极电势越高。因此,电极电势主要取决于金属本身,即金属的活泼性。

由于不同的电极具有不同的电极电势,如果将两个不同的电极组成原电池,原电池就可以产生电流。在没有电流通过的情况下,正、负两极的电极电势之差称为原电池的电动势,用符号E表示。

$$E = \varphi^+ - \varphi^-$$

式中,φ^+为正极的电极电势,φ^-为负极的电极电势。

在标准状态下,标准电极电势之差为标准电动势,用E^θ表示,即

$$E^\theta = \varphi^{\theta+} - \varphi^{\theta-}$$

三、标准电极电势

(一)标准氢电极

至今电极电势的绝对值仍无法直接测定,只能用电极电势的相对值表示。就像测定山的相对高度是以海平面为基准一样,测定电极电势也需要一个比较的基准,标准氢电极就是测定电极电势的比较基准。标准氢电极的构造见图5-3。将镀有铂黑的铂片浸入到H^+离子浓度为$1.0 \ mol \cdot L^{-1}$(严格地说应是活度$\alpha = 1.0 \ mol \cdot L^{-1}$)的盐酸溶液中,在298.15 K时,通入压力为101.325 kPa的纯氢气,使铂黑吸附氢气达到饱和,这就是标准氢电极(standard hydrogen electrode, SHE)。IUPAC规定标准氢电极的电极电势为零,其电极反应为

$$2H^+(aq) + 2e^- \rightleftharpoons H_2(g)$$

这时产生在标准氢电极和盐酸溶液之间的电势,叫做标准电极电势,将它作为电极电势的

相对标准,令其为零,即 $\varphi^\theta(H^+/H_2)=0.0000\ V$。

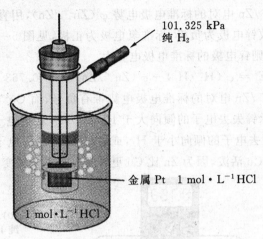

图 5-3　标准氢电极

(二)标准电极电势

某一电极在标准状态下(即组成电对的有关浓度为 $1.0\ mol\cdot L^{-1}$,有关气体的分压为 $101.325\ kPa$,通常测定温度为 $298.15\ K$)的电极电势称为该电极的标准电极电势,用符号 φ^θ (Ox/Red) 表示。测定某给定电极的标准电极电势时,可将待测标准电极与标准氢电极组成一个原电池

标准氢电极 ∥ 待测标准电极

例如,测定 Cu^{2+}/Cu 电对的标准电极电势 $\varphi^\theta(Cu^{2+}/Cu)$,可将标准铜电极与标准氢电极组成原电池,用直流电压表测知电流从铜电极流向标准氢电极,故铜电极为正极,标准氢电极为负极,见图 5-4,实验测得该原电池的标准电动势为 $0.337\ V$,则铜电极的标准电极电势为

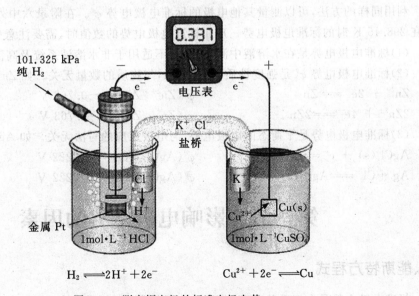

$$H_2 \rightleftharpoons 2H^+ + 2e^-\qquad Cu^{2+}+2e^-\rightleftharpoons Cu$$

图 5-4　测定铜电极的标准电极电势

$$E^\theta = \varphi^\theta(\text{Cu}^{2+}/\text{Cu}) - \varphi^\theta(\text{H}^+/\text{H}_2) = 0.337 \text{ V}$$

用同样的方法测定 Zn^{2+}/Zn 电对的标准电极电势 $\varphi^\theta(\text{Zn}^{2+}/\text{Zn})$，用直流电压表测知电流从标准氢电极流向锌电极，故锌电极为负极，标准氢电极为正极，见图 5-5，实验测得该原电池的标准电动势为 0.763V，则锌电极的标准电极电势为

$$E^\theta = \varphi^\theta(\text{H}^+/\text{H}_2) - \varphi^\theta(\text{Zn}^{2+}/\text{Zn}) = -0.763 \text{ V}$$

从上面的数据来看，Zn^{2+}/Zn 电对的标准电极电势带有负号，而 Cu^{2+}/Cu 电对的标准电极电势带有正号，带负号表示锌失去电子的倾向大于 H_2，或 Zn^{2+} 获得电子变成金属 Zn 的倾向小于 H^+；带正号表明铜失去电子的倾向小于 H_2，或者说 Cu^{2+} 获得电子变成金属 Cu 的倾向大于 H^+，也可以说 Zn 比 Cu 活泼，因为 Zn 比 Cu 更容易失去电子转变为 Zn^{2+}。

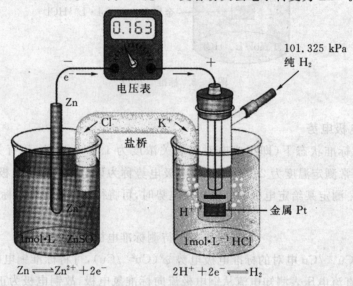

图 5-5　测定锌电极的标准电极电势

利用同样的方法，可以测量其他电极的标准电极电势 φ^θ。在附录六中列出了一些常用电对在 298.15 K 时的标准电极电势。应用标准电极电势的数值时，需要注意如下几点：

(1)标准电极电势是在水溶液中测定的，它不适用于非水溶液系统及高温下的相同反应。

(2)标准电极电势 φ^θ 是强度性质，无加合性，与物质的数量无关。如 Zn^{2+}/Zn 电极

$\text{Zn}^{2+} + 2e^- \rightleftharpoons \text{Zn}$　　　　　　$\varphi^\theta(\text{Zn}^{2+}/\text{Zn}) = -0.763 \text{ V}$

$2\text{Zn}^{2+} + 4e^- \rightleftharpoons 2\text{Zn}$　　　　　$\varphi^\theta(\text{Zn}^{2+}/\text{Zn}) = -0.763 \text{ V}$

(3)标准电极电势是平衡态的电极电势，与电极反应的写法无关。如 AgCl/Ag 电极

$\text{AgCl (s)} + e^- \rightleftharpoons \text{Ag} + \text{Cl}^-$　　　$\varphi^\theta(\text{AgCl}/\text{Ag}) = 0.2222 \text{ V}$

$\text{Ag} + \text{Cl}^- \rightleftharpoons \text{AgCl(s)} + e^-$　　　$\varphi^\theta(\text{AgCl}/\text{Ag}) = 0.2222 \text{ V}$

第三节　影响电极电势的因素

一、能斯特方程式

标准电极电势是在标准状态下测得的，它只能在标准状态下使用，而绝大多数氧化还原反

应都是在非标准状态下进行的。电极电势的大小,不仅取决于电对本身的性质,还与温度、溶液中的相关离子浓度、气体的分压等因素有关。德国科学家能斯特(Nernst)从理论上推导出电极电势与反应温度、浓度等因素的关系,对于任意反应

$$a\text{Ox} + ne^- \rightleftharpoons b\text{Red}$$

能斯特方程为

$$\varphi = \varphi^\theta - \frac{RT}{nF}\ln\frac{c_{\text{Red}}^b}{c_{\text{Ox}}^a} \tag{5-1}$$

式中 φ——非标准状态下的电极电势,单位 V;

φ^θ——标准电极电势,单位 V;

T——热力学温度,单位 K;

F——法拉第常数,96485 J·V^{-1}·mol^{-1};

R——摩尔气体常数,8.314 J·K^{-1}·mol^{-1};

n——电极反应式中所转移电子数;

c_{Ox}、c_{Red}——电极反应中在氧化型、还原型一方各组分浓度(或分压)幂的乘积。

这个关系式称为 Nernst 方程式。

当 $T=298.15$ K 时,将各常数带入式(5-1)中,并将自然对数转变为常用对数,则式(5-1)可转换为

$$\varphi = \varphi^\theta - \frac{0.05916}{n}\lg\frac{c_{\text{Red}}^b}{c_{\text{Ox}}^a} \tag{5-2}$$

从 Nernst 方程式可看出,当温度一定时,电极电势主要与标准电极电势 φ^θ 有关,另外还与 $\dfrac{c(还原型)}{c(氧化型)}$ 的比值有关。

【例 5-4】 已知 298.15 K 时,$\varphi^\theta(\text{Ag}^+/\text{Ag})=0.7791$ V,计算金属银插在 0.010 mol·L^{-1} AgNO$_3$ 溶液中组成 Ag$^+$/Ag 电极的电极电势。

解: 已知电极反应为 $\text{Ag}^+ + e^- \rightleftharpoons \text{Ag}$

$\varphi^\theta(\text{Ag}^+/\text{Ag})=0.7791$ V

$\varphi(\text{Ag}^+/\text{Ag}) = \varphi^\theta(\text{Ag}^+/\text{Ag}) - \dfrac{0.05916}{1}\lg\dfrac{1}{c(\text{Ag}^+)}$

$\qquad\qquad = 0.7991 + 0.05916 \times \lg 0.010 = 0.6808$ V

【例 5-5】 已知 298.15 K 时,$\varphi^\theta(\text{Fe}^{3+}/\text{Fe}^{2+})=0.769$ V,将铂丝插在 $c(\text{Fe}^{3+})=1.0$ mol·L^{-1},$c(\text{Fe}^{2+})=0.10$ mol·L^{-1} 的溶液中,计算组成 Fe^{3+}/Fe^{2+} 电极的电极电势。

解: 已知电极反应为 $\text{Fe}^{3+} + e^- \rightleftharpoons \text{Fe}^{2+}$

$\varphi^\theta(\text{Fe}^{3+}/\text{Fe}^{2+})=0.769$ V

$\varphi(\text{Fe}^{3+}/\text{Fe}^{2+}) = \varphi^\theta(\text{Fe}^{3+}/\text{Fe}^{2+}) - \dfrac{0.05916}{1}\lg\dfrac{c(\text{Fe}^{2+})}{c(\text{Fe}^{3+})}$

$\qquad\qquad = 0.769 - 0.05916 \times \lg\dfrac{0.10}{1.0} = 0.828$ V

对于有 H$^+$ 或 OH$^-$ 参加的电极反应,电极的电极电势除了受氧化型物质和还原型物质浓度的影响外,还与溶液的 pH 值有关。

【例 5-6】 在 298.15 K 时,将 Pt 电极板浸入 $c(\text{Cr}_2\text{O}_7^{2-})=c(\text{Cr}^{3+})=1.0$ mol·L^{-1},

$c(H^+)=10.0$ mol·L^{-1}溶液中,计算 $\varphi(Cr_2O_7^{2-}/Cr^{3+})$ 值。

解： 已知电极反应为 $\qquad Cr_2O_7^{2-}+14H^++6e^- \Longrightarrow 3Cr^{3+}+7H_2O$

查表得 $\varphi^\theta(Cr_2O_7^{2-}/Cr^{3+})=1.23$ V

$$\varphi(Cr_2O_7^{2-}/Cr^{3+})=\varphi^\theta(Cr_2O_7^{2-}/Cr^{3+})-\frac{0.05916}{n}lg\frac{c^2(Cr^{3+})}{c(Cr_2O_7^{2-})\cdot c^{14}(H^+)}$$

$$=1.23-\frac{0.05916}{6}lg\frac{1.0^2}{1.0\times10.0^{14}}=1.39 \text{ V}$$

计算结果表明,含氧酸盐在酸性介质中电极电势增大。

二、影响电极电势的因素

在一定温度下,对于给定的电极,其电极电势的大小,主要取决于电对本身的性质(即 φ^θ 的大小),同时还与溶液中相关离子的浓度、气体分压有关。此外,生成沉淀、弱电解质和配离子等对电极电势也会有较大的影响。

(一)改变氧化型或还原型的浓度对电极电势的影响

从 Nernst 方程可知,如果改变电对的氧化型或还原型的浓度,则其电极电势也会发生变化。为了阐述浓度对电极电势的影响,以电对 Fe^{3+}/Fe^{2+} 为例进行计算,如果改变 $\frac{c(Fe^{3+})}{c(Fe^{2+})}$ 的比值,那么 $\varphi(Fe^{3+}/Fe^{2+})$ 也随之变化(表 5-1)。由此可见,随着 $\frac{c(Fe^{3+})}{c(Fe^{2+})}$ 比值的增加,$\varphi(Fe^{3+}/Fe^{2+})$ 也在增加,$\frac{c(Fe^{3+})}{c(Fe^{2+})}$ 每增加 10 倍,$\varphi(Fe^{3+}/Fe^{2+})$ 就增加 0.05916 V。

表 5-1　在不同浓度时 $\varphi(Fe^{3+}/Fe^{2+})$ 的数值(298.15 K)

$\frac{c(Fe^{3+})}{c(Fe^{2+})}$	$\frac{1}{1000}$	$\frac{1}{100}$	$\frac{1}{10}$	$\frac{1}{1}$	$\frac{10}{1}$	$\frac{100}{1}$	$\frac{1000}{1}$
$\varphi(Fe^{3+}/Fe^{2+})$/V	0.594	0.653	0.712	0.771	0.830	0.889	0.948

(二)酸度对电极电势的影响

凡是参与电极反应的组分,不论其是否发生电子转移,其离子浓度对电极电势都有影响,尤其是有 H^+ 或 OH^- 参加电极反应时,通常溶液的酸度对其电极电势的影响较大。因此,在实验室或工业生产中,总是在较强的酸性溶液中使用 $K_2Cr_2O_7$ 作为氧化剂。

(三)生成沉淀对电极电势的影响

从电对 $Ag^++e^- \Longrightarrow Ag,\varphi^\theta(Ag^+/Ag)=0.799$ V 来看,Ag^+ 是一个中等偏弱的氧化剂,若在溶液中加入 NaCl,则生成 AgCl 沉淀

$$Ag^++Cl^- \Longrightarrow AgCl$$

当达到平衡时,如果 Cl^- 的离子浓度为 1.00 mol·L^{-1},则 Ag^+ 的离子浓度为

$$[Ag^+]=\frac{K_{SP}}{c(Cl^-)}=\frac{K_{SP}}{1.00}=K_{SP}=1.77\times10^{-10} \text{ mol·}L^{-1}$$

将 $[Ag^+]$ 值带入能斯特方程

$$\varphi(Ag^+/Ag)=\varphi^\theta(Ag^+/Ag)-\frac{0.05916}{1}lg\frac{1}{[Ag^+]}$$

$$=0.799+0.05916 \lg(1.77 \times 10^{-10})=0.222 \text{ V}$$

上面计算所得的电极电势属于电对 $AgCl(s)+e^- \rightleftharpoons Ag(s)+Cl^-$ 的标准电极电势,这是因为将 Ag 插入 Ag^+ 的溶液中所组成电极 Ag^+/Ag,当加入 NaCl 而生成 AgCl 后形成一种新的电极 AgCl/Ag,相比较之下,电极电势下降了 0.577 V。

用同样的方法可以计算出 $\varphi^\theta(AgBr/Ag)$ 和 $\varphi^\theta(AgI/Ag)$ 的数值来,现将这些电对对比如下:

<table>
<tr><td></td><td></td><td></td><td>电对</td><td>φ^θ(V)</td></tr>
<tr><td></td><td></td><td></td><td>$AgI(s)+e^- \rightleftharpoons Ag(s)+I^-$</td><td>$-0.152$</td></tr>
<tr><td>减
小</td><td>减
小</td><td>减
小</td><td>$AgBr(s)+e^- \rightleftharpoons Ag(s)+Br^-$</td><td>$+0.071$</td></tr>
<tr><td></td><td></td><td></td><td>$AgCl(s)+e^- \rightleftharpoons Ag(s)+Cl^-$</td><td>$+0.222$</td></tr>
<tr><td></td><td></td><td></td><td>$Ag^+ +e^- \rightleftharpoons Ag(s)$</td><td>$+0.799$</td></tr>
<tr><td>φ^θ</td><td>K_{SP}</td><td>$[Ag^+]$</td><td></td><td></td></tr>
</table>

由此可见,卤化银的溶度积越小,$\varphi^\theta(AgX/Ag)$ 也越小,换句话说,溶度积越小,Ag^+ 离子的平衡浓度越小,它的氧化能力越弱。

第四节　电极电势的应用

一、比较氧化剂和还原剂的相对强弱

电极电势的大小可以反映电对中氧化型物质得电子能力和还原型物质失电子能力的相对强弱,也就是物质氧化还原性的相对强弱。电极电势的高低反映了氧化还原电对得失电子的难易。电极电势愈高(正值愈大),表明其电对中的氧化型愈易得电子变成它的还原型,因此其氧化型是较强的氧化剂;反之,电极电势愈低,电对中的还原型愈容易失电子变成它的氧化型,其还原型是较强的还原剂。因此从标准电极电势表(附录六)可以看出,Li 是最强的还原剂,其氧化型 Li^+ 是最弱的氧化剂;而 F_2 是最强的氧化剂,其相应的还原型 F^- 是最弱的还原剂。

【例 5－7】　根据标准状态下的电极电势,指出下列电对中最强的氧化剂和还原剂,并排出下列电对中氧化型和还原型强弱的顺序。

$$MnO_4^-/Mn^{2+} ; Cu^{2+}/Cu ; Fe^{3+}/Fe^{2+} ; I_2/I^- ; Cl_2/Cl^- ; Sn^{4+}/Sn^{2+}$$

解:　查附录六,得电对的标准电极电势如下

$$MnO_4^- + 8H^+ + 5e^- \rightleftharpoons Mn^{2+} + 4H_2O \qquad \varphi^\theta = 1.51 \text{ V}$$
$$Cu^{2+} + 2e^- \rightleftharpoons Cu \qquad \varphi^\theta = 1.51 \text{ V}$$
$$Fe^{3+} + e^- \rightleftharpoons Fe^{2+} \qquad \varphi^\theta = 0.337 \text{ V}$$
$$I_2 + 2e^- \rightleftharpoons 2I^- \qquad \varphi^\theta = 0.35 \text{ V}$$
$$Cl_2 + 2e^- \rightleftharpoons 2Cl^- \qquad \varphi^\theta = 1.36 \text{ V}$$
$$Sn^{4+} + 2e^- \rightleftharpoons Sn^{2+} \qquad \varphi^\theta = 0.154 \text{ V}$$

电对 MnO_4^-/Mn^{2+} 的 φ^θ 值最大,所以在标准状态下,其氧化型 MnO_4^- 是最强的氧化剂;电对 Sn^{4+}/Sn^{2+} 的 φ^θ 值最小,所以在标准状态下,其还原型 Sn^{2+} 是最强的还原剂。

在标准状态下,各物质氧化能力由强到弱的顺序为

$$MnO_4^- > Cl_2 > Fe^{3+} > I_2 > Cu^{2+} > Sn^{4+}$$

在标准状态下,各物质还原能力由强到弱的顺序为

$$Sn^{2+} > Cu > I^- > Fe^{2+} > Cl^- > Mn^{2+}$$

二、计算电池电动势

对于任意一个原电池,电极电势较大的电极是正极,电极电势较小的电极是负极。原电池的电动势等于正极的电极电势减去负极的电极电势,即

$$E = \varphi^+ - \varphi^-$$

【例 5 - 8】 在 298.15 K 时,将银丝插入 $AgNO_3$ 溶液中,将铂板插入 $FeSO_4$ 和 $Fe_2(SO_4)_3$ 混合溶液中组成原电池,分别计算下列两种情况下原电池的电动势,并写出原电池符号、电极反应和电池反应。

(1)$c(Ag^+) = c(Fe^{3+}) = c(Fe^{2+}) = 1.0 \ mol \cdot L^{-1}$

(2)$c(Ag^+) = 0.010 \ mol \cdot L^{-1}; c(Fe^{3+}) = 1.0 \ mol \cdot L^{-1}; c(Fe^{2+}) = 0.010 \ mol \cdot L^{-1}$

解： 由附录六查得标准电极电势:$\varphi^\theta(Ag^+/Ag) = 0.799 \ V$;$\varphi^\theta(Fe^{3+}/Fe^{2+}) = 0.769 \ V$。

(1)$\varphi^\theta(Ag^+/Ag) = 0.799 V > \varphi^\theta(Fe^{3+}/Fe^{2+}) = 0.769 \ V$,在标准状态下,电对 Ag^+/Ag 为原电池的正极,而电对 Fe^{3+}/Fe^{2+} 为原电池的负极。

原电池的电动势为

$$E = \varphi^+ - \varphi^- = \varphi^\theta(Ag^+/Ag) - \varphi^\theta(Fe^{3+}/Fe^{2+}) = 0.799 - 0.769$$
$$= 0.030 \ V$$

原电池的符号为

$$(-)Pt | Fe^{2+}(1.0 \ mol \cdot L^{-1}), Fe^{3+}(1.0 \ mol \cdot L^{-1}) \parallel Ag^+(1.0 \ mol \cdot L^{-1}) | Ag(+)$$

电极反应和电池反应分别为

正极反应:$Ag^+ + e^- \rightleftharpoons Ag$

负极反应:$Fe^{2+} \rightleftharpoons Fe^{3+} + e^-$

电池反应:$Ag^+ + Fe^{2+} \rightleftharpoons Ag + Fe^{3+}$

(2)电对和电极电势分别为

$$\varphi(Ag^+/Ag) = \varphi^\theta(Ag^+/Ag) - \frac{0.05916}{1} \lg \frac{1}{c(Ag^+)}$$
$$= 0.799 + 0.05916 \times \lg 0.010 = 0.681 \ V$$

$$\varphi(Fe^{3+}/Fe^{2+}) = \varphi^\theta(Fe^{3+}/Fe^{2+}) - \frac{0.05916}{1} \lg \frac{c(Fe^{2+})}{c(Fe^{3+})}$$
$$= 0.769 - 0.05916 \times \lg \frac{0.010}{1.0} = 0.887 \ V$$

由于 $\varphi(Fe^{3+}/Fe^{2+}) > \varphi(Ag^+/Ag)$,所以电对 Fe^{3+}/Fe^{2+} 为原电池的正极,电对 Ag^+/Ag 为原电池的负极。

原电池的电动势为

$$E = \varphi^+ - \varphi^- = \varphi(Fe^{3+}/Fe^{2+}) - \varphi(Ag^+/Ag)$$
$$= 0.887 - 0.681$$
$$= 0.206 \ V$$

原电池的符号为

（－）Ag｜Ag$^+$（0.010 mol · L^{-1}）‖Fe^{3+}（1.0 mol · L^{-1}），Fe^{2+}（0.010 mol · L^{-1}）｜Pt（＋）

电极反应和电池反应分别为

正极反应：Fe^{3+}＋e$^-$ $\Longleftrightarrow$ Fe^{2+}

负极反应：Ag $\Longleftrightarrow$ Ag$^+$＋e$^-$

电池反应：Ag$^+$＋Fe^{3+} $\Longleftrightarrow$ Ag$^+$＋Fe^{2+}

三、判断氧化还原反应进行的方向和程度

对于一个可以自发正向进行的氧化还原反应，其氧化剂具有较强的氧化性，电极电势较高；而还原剂具有较强的还原性，电极电势较低。所以，将该反应组成原电池时，必然是由电极电势较高的氧化剂所对应的电对作为电池的正极；而由电极电势较低的还原剂所对应的电对作为电池的负极，其电池电动势必然大于 0，即 $E=\varphi^+-\varphi^->0$。原电池的电动势 E 与氧化还原反应自发进行的方向间存在如下关系：

$E>0$，氧化还原反应正向自发进行；

$E<0$，氧化还原反应逆向自发进行；

$E=0$，氧化还原反应达到平衡。

如果是在标准状态下的反应，则用 E^θ 代替 E。因此要判断一个氧化还原反应能否自发进行，只要求出由此反应组装的原电池的电动势即可。具体步骤如下：

1. 假定此氧化还原反应正向进行，根据氧化数的变化确定反应中的氧化剂和还原剂；

2. 分别查出或计算出氧化剂电对和还原剂电对的电极电势；

3. 以还原剂电对为负极，以氧化剂电对为正极，求出原电池的电动势 E（或 E^θ）；

4. 依据 E（或 E^θ）值判断反应方向。

【例 5－9】 已知 φ^θ（Fe^{3+}／Fe^{2+}）＝0.771 V，φ^θ（Sn^{4+}／Sn^{2+}）＝0.151 V，在 298.15 K 时，标准状态下有如下反应：2Fe^{3+}＋Sn^{2+} $\Longleftrightarrow$ 2Fe^{2+}＋Sn^{4+}。

求利用此反应所设计的原电池的电动势 E^θ，并判断反应自发进行的方向。

解： 假定此反应正向进行，则氧化剂为 Fe^{3+}，其电对为 Fe^{3+}／Fe^{2+}，设为正极；还原剂为 Sn^{2+}，其电对为 Sn^{4+}／Sn^{2+}，设为负极，则

$$E^\theta=\varphi^\theta（Fe^{3+}／Fe^{2+}）-\varphi^\theta（Sn^{4+}／Sn^{2+}）=0.771-0.151=0.620\ V$$

$\because E^\theta>0$

$\therefore$ 反应正向自发进行。

【例 5－10】 已知 φ^θ（Pb^{2+}／Pb）＝－0.1262V，φ^θ（Sn^{2+}／Sn）＝－0.1375 V，在 298.15 K，有如下反应：Pb^{2+}＋Sn $=$ Pb＋Sn^{2+}

其中 c（Pb^{2+}）＝0.0010 mol · L^{-1}，c（Sn^{2+}）＝0.100 mol · L^{-1}，求利用此反应所设计的原电池的电动势 E，并判断反应自发进行的方向。

解： 设反应正向进行，Pb^{2+} 为氧化剂，其电对为 Pb^{2+}／Pb，设为正极；Sn 为还原剂，其电对为 Sn^{2+}／Sn，设为负极。

$$E=\varphi^+-\varphi^-$$

$$=[\varphi^\theta（Pb^{2+}／Pb）-\varphi^\theta（Sn^{2+}／Sn）]-\frac{0.05916}{2}\lg\frac{c（Sn^{2+}）}{c（Pb^{2+}）}$$

$$= [-0.1262 - (-0.1375)] - \frac{0.05916}{2} \lg \frac{0.100}{0.0010} = -0.0479 \text{ V}$$

$\because E < 0$

$\therefore$ 反应逆向自发进行

一般说来,非标准态的氧化还原反应自发进行的方向应该根据 E 值来判断,但是,E^{θ} 是决定 E 值大小的主要因素,因此,当 E^{θ} 大于 0.3 V 时,也可根据 E^{θ} 值对反应方向作出判断,而不必考虑浓度的影响。但必须指出的是,如果反应中有沉淀及难解离物质形成,或 H^+ 离子、OH^- 离子参与反应而溶液的 pH 变化很大时,即使 E^{θ} 很大,也要根据 E 值来判断反应的方向。

第五节　电位法测定溶液的 pH 值

由电极电势的 Nernst 方程可知,电极的电极电势与溶液中离子浓度(或活度)有一定的关系,通过电极电势或电动势的测定,可以对物质的含量进行定量分析,这就是电位法(电位分析法)。单个电极的电极电势是无法测定的,但可以与另一个电极组成原电池,通过对原电池的电动势进行测定,以确定待测物质的含量。这种方法要求其中一个电极的电极电势是已知的,并且稳定。这种电极电势值为定值并且可作为参照标准的电极,称为参比电极(reference electrode);另一个电极的电极电势与待测离子浓度(或活度)有关,并且它们之间符合 Nernst 方程式,这种电极称为指示电极(indicator electrode)。将参比电极与指示电极(M^{n+}/M)组成原电池

$$(-)M(s) | M^{n+} \parallel 参比电极(+)$$

该原电池的电动势为

$$E = \varphi_{参比} - \varphi(M^{n+}/M)$$

$$= \varphi_{参比} - (\varphi^{\theta}(M^{n+}/M) + \frac{RT}{nF}\ln[M^{n+}])$$

$$= \varphi_{参比} - \varphi^{\theta}(M^{n+}/M) - \frac{RT}{nF}\ln[M^{n+}]$$

式中 n、F、R 为常数,在一定温度下,$\varphi_{参比}$、$\varphi^{\theta}(M^{n+}/M)$ 也是常数,只要测得电池电动势,即可求出待测离子 M^{n+} 的浓度,这就是电位法测定物质含量的基本原理。

一、参比电极

(一)标准氢电极

标准氢电极(SHE)是测量标准电极电势的基础,可作为参比电极。但 SHE 由于制作麻烦,操作条件苛刻,且电极中的铂黑很容易受到其他物质的毒化,微量的砷、汞、硫及氰化物都会改变其电极电势,因此在实际应用中很少使用,常用的参比电极是甘汞电极和氯化银-银电极。

(二)甘汞电极

甘汞电极(calomel electrode)的结构见图 5-6,一般由金属汞、甘汞(Hg_2Cl_2)、KCl 溶液组成,属于金属-金属难溶盐-阴离子电极。电极由两个玻璃套管组成,内管上部为汞,连接电极引线,中部为汞和 Hg_2Cl_2 的糊状物,底部用棉球塞紧,外管盛有 KCl 溶液,下部支管端口塞有

多孔素烧瓷。在测定中,盛有 KCl 溶液的外管还可起到盐桥的作用。

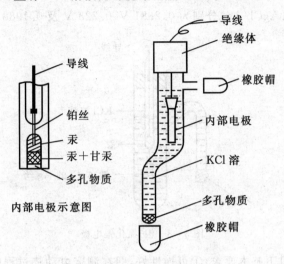

图 5-6　甘汞电极

内部电极示意图

电极组成式　　　$Pt|Hg_2Cl_2(s)|Hg(l)|Cl^-(c)$

电极反应式　　　$Hg_2Cl_2(s)+2e^- \Longrightarrow 2Hg(l)+Cl^-$

Nernst 方程式　　$\varphi = \varphi^\theta - \dfrac{RT}{2F}\ln[Cl^-]^2$

298.15 K 时,$\varphi = 0.2681 - 0.05916\lg[Cl^-]$,若 KCl 溶液的浓度分别为 0.1 mol·L^{-1}、1 mol·L^{-1} 及为饱和溶液时,其电极电势 φ(SCE)分别为 0.337 V、0.208 V 及 0.2412 V。其中饱和甘汞电极(saturates calomel electrode,SCE),见图 5-7,由于结构简单、电极电势稳定、制造容易、使用方便,故在电位法中最为常用。

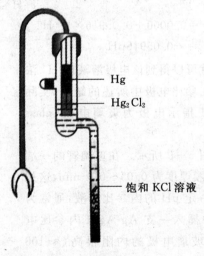

图 5-7　饱和甘汞电极

(三)氯化银-银电极

氯化银-银电极由覆上一层氯化银的银丝浸入氯化钾溶液中组成,见图 5-8,它们的工作原理与甘汞电极相同,298.15 K 时,KCl 溶液浓度分别为 $0.1\ mol \cdot L^{-1}$、$1\ mol \cdot L^{-1}$ 及为饱和溶液时,其电极电势 $\varphi(AgCl/Ag)$ 分别为 0.2881 V、0.223 V 及 0.1988 V。

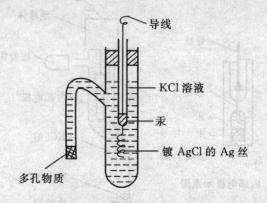

图 5-8　银-氯化银电极

参比电极应符合以下基本要求:①可逆性好,即在测定电动势过程中,当有微弱电流通过时,电极电势保持不变;②重现性好,电极能依照 Nernst 方程式响应而对温度或浓度的改变无滞后现象;③稳定性好,使用寿命长;④装置简单,电流密度小,温度系数小。

二、指示电极

电极电势对 H^+ 离子浓度的变化符合 Nernst 方程的电极称为 pH 指示电极,如氢电极。温度 298.15 K 时,保持氢气分压为 100 kPa,氢电极的电极电势和 H^+ 离子浓度的变化关系为

$$\begin{aligned}
\varphi(H^+/H_2) &= \varphi^{\theta}(H^+/H_2) - \frac{0.05916}{n} \lg \frac{p_{H_2}/p^{\theta}}{c(H^+)} \\
&= \varphi^{\theta}(H^+/H_2) - \frac{0.05916}{2} \lg \frac{p_{H_2}/100}{c(H^+)} \\
&= 0.0000 + 0.05916 \times \lg[H^+] \\
&= -0.05916 pH
\end{aligned}$$

测出此电极的电极电势就可以得到该电极溶液的 H^+ 浓度或 pH 值。由于氢电极存在参比电极中所述的缺点,实际应用很少,使用最广泛的 pH 指示电极为玻璃电极(glass electrode)。

常见的玻璃电极结构如图 5-9 所示。在玻璃管的一端是特殊玻璃制成的球形薄膜,膜厚度为 0.05~0.1 mm,这是电极的关键部分。管内装有一定 pH 的内参比溶液,通常为 $0.1\ mol \cdot L^{-1}$ HCl,在溶液中插入一支 Ag-AgCl 内参比电极,即构成玻璃电极。因为玻璃电极的内阻很高(≈ 100 MΩ),故导线及电极引出线要高度绝缘,并装有屏蔽离罩,以免漏电和静电干扰。

将玻璃电极插入待测溶液中,当玻璃膜内外两侧的氢离子浓度不等时,就会出现电位差,这种电位差称为膜电位。

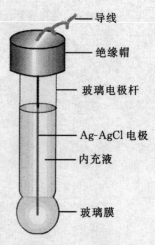

图 5-9　玻璃电极

由于膜内 HCl 浓度固定,膜电位的数值就取决于膜外待测离子的 H^+ 浓度(确切地讲,应该是活度),即 pH 值,这就是玻璃电极可作为 pH 指示电极的基本原理。

玻璃电极的电极电势与待测溶液的 H^+ 浓度也符合 Nernst 方程:

$$\varphi_{玻璃} = K_{玻璃} + \frac{RT}{F}\ln a(H^+) = K_{玻璃} - \frac{2.303RT}{F}pH$$

式中 $K_{玻璃}$ 在理论上说是个常数,但实际上是一个未知数,原因是在制作过程中玻璃表面存在一定的差异,不同的玻璃电极可能有不同的 $K_{玻璃}$ 值,即使同一根玻璃电极在使用过程中 $K_{玻璃}$ 也会随着使用时间、环境的变化而发生缓慢变化,所以在每次使用前必须校正。

三、电位法测定溶液的 pH 值

测定溶液的 pH 值时,通常用玻璃电极作 pH 指示电极,饱和甘汞电极作参比电极,组成原电池,可以表示如下

Ag,AgCl | 内参比溶液 | 玻璃 | 试液 ‖ KCl(饱和) | Hg_2Cl_2,Hg

|←——玻璃电极——→| 　　|←——甘汞电极——→|

上述电池的电动势为

$$E = \varphi_{甘汞} - \varphi_{玻璃}$$
$$= \varphi_{甘汞} - K_{玻璃} + \frac{2.303RT}{F}pH \tag{5-3}$$

式中,$\varphi_{甘汞}$ 和 $K_{玻璃}$ 在一定条件下均为常数,令其等于 K_E,于是上式可表示为

$$E = K_E + \frac{2.303RT}{F}pH \tag{5-4}$$

在式(5-4)中有两个未知数 K_E 和 pH,需先将玻璃电极和饱和甘汞电极插入 pH 值为 pH_S 的标准溶液中测定其电动势 E_S

$$E_S = K_E + \frac{2.303RT}{F}pH_S \tag{5-5}$$

将式(5-4)和式(5-5)合并,消去 K_E,即得到待测溶液的 pH 值

$$pH = pH_S + \frac{(E-E_S)F}{2.303RT} \tag{5-6}$$

当 $T=298.15$ K 时,(5-6)可以改写成

$$pH = pH_S + \frac{(E-E_S)}{0.05916}$$

在式(5-6)中,pH_S 为标准值,E 和 E_S 分别为由待测溶液与电极组成的电池电动势以及由标准 pH_S 溶液与电极组成的电池电动势,T 为测定时的温度,这样就可求出待测溶液的 pH 值。经 IUPAC 确定,式(5-6)为 pH 操作定义(operational definition of pH)。

【例 5-11】　298.15 K 时,将玻璃电极和饱和甘汞电极插入 pH 为 3.75 的标准缓冲溶液中组成原电池,测得原电池电动势为 0.095 V。再将玻璃电极和饱和甘汞电极插入待测溶液中组成原电池,测得原电池电动势为 0.240 V,试求待测溶液的 pH 值。

解: 298.15 K 时,待测溶液的 pH 为

$$pH = pH_S + \frac{(E-E_S)}{0.05916}$$

$$= 3.75 + \frac{0.240-0.095}{0.05916} = 6.19 \text{ V}$$

pH 计(又称酸度计、毫安计)就是借用上述原理测定待测溶液的 pH 值。在实际测量中,并不需要先分别测定 E 和 E_s,而是先将参比电极和指示电极插入有确定 pH 值的标准缓冲溶液中组成电池,测定此电池的电动势并转换成 pH 值,通过调整仪器的电阻参数使仪器的测量值与标准缓冲溶液的 pH 值一致,这一过程称为定位(也称 pH 校正),再用待测溶液代替标准缓冲溶液在 pH 计上直接测量,仪器显示的 pH 值即为待测溶液的 pH 值。

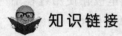 **知识链接**

生物传感器

在生命科学研究和医学临床检验中,需对各种各样的生物大分子进行选择性测定。1962年,Clark 提出将生物和传感器联用的设想,并制得一种新型分析装置"酶电极"。这为生命科学打开了一扇新的大门,酶电极也成为发展最早的一类生物传感器。生物传感器结合具有分子识别作用的生物体成分(酶、微生物、动植物组织切片、抗原和抗体、核酸)或生物体本身(细胞、细胞器、组织)作为敏感元件与理化换能器,能产生间断的或连续的信号,信号强度与被分析物浓度成比例。电化学生物传感器是将生物活性材料(敏感元件)与电化学换能器(即电化学电极)结合起来组成的生物传感器。当前,电化学生物传感器技术已在环境监测、临床检验、食品和药物分析、生化分析等研究中有着广泛的应用。

电化学生物传感器是在上述电化学传感器原理的基础上,以具有生物活性的物质作为识别元件,通过特定反应使被测成分消耗或产生相应化学计量数的电活性物质,从而将被测成分的浓度或活度变化转换成与其相关的电活性物质的浓度变化,并通过电极获取电流或电位信息,最后实现特定物质的检测。如图 5 - 10 所示,这类传感器中使用的生物活性材料包括酶、微生物、细胞、组织、抗体、抗原等等。

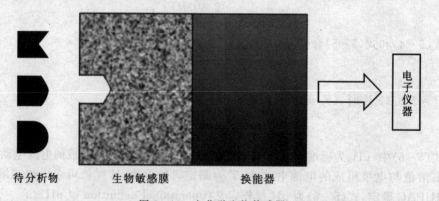

图 5 - 10 电化学生物传感器

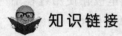 **学习小结**

元素的氧化数是该元素一个原子的荷电数,这种荷电数是将成键电子指定给电负性较大的原子而求得。元素的氧化数发生变化的化学反应称为氧化还原反应。氧化还原反应的本质是发生了电子的转移或偏移。在氧化还原反应中氧化剂的氧化数降低,还原剂的氧化数升高,氧化和还原两个过程总是同时发生。一个氧化还原反应可以被拆成两个半反应,每个氧化半

反应或还原半反应中都组成一个氧化还原电对,根据氧化数法和离子-电子法可配平氧化还原方程式。

将化学能转化为电能的装置称为原电池。每一个电池都由两个半电池(或电极)组成,还原剂电对为负极,负极发生氧化反应;氧化剂电对为正极,正极发生还原反应。原电池的电动势 $E = \varphi_+ - \varphi_-$。

电极电势的绝对值无法测得,IUPAC 规定标准氢电极的电势为零,据此可求得其他电极的标准电极电势 φ^θ。φ^θ 值愈大,其氧化剂的氧化能力愈强;φ^θ 值愈小,其还原剂的还原能力愈强。

能斯特(Nernst)方程式是电化学中最重要的方程之一,对于任意电极反应

$$a\mathrm{Ox} + ne^- \rightleftharpoons b\mathrm{Red}$$

能斯特方程为
$$\varphi = \varphi^\theta - \frac{RT}{nF}\ln\frac{c_{\mathrm{Red}}^b}{c_{\mathrm{Ox}}^a}$$

在 298.15 K 时,其电极电势的 Nernst 方程为

$$\varphi = \varphi^\theta - \frac{0.05916}{n}\lg\frac{c_{\mathrm{Red}}^b}{c_{\mathrm{Ox}}^a}$$

E(标准态时为 E^θ)可用作氧化还原反应自发进行方向的判据,$E > 0$ 反应正向自发进行;$E < 0$ 反应逆向自发进行;$E = 0$ 反应处于平衡状态。

测定溶液的 pH 值时,通常用玻璃电极作为 pH 指示电极,饱和甘汞电极作为参比电极,组成原电池,可以表示如下

$$\mathrm{Ag, AgCl \mid 内参比溶液 \mid 玻璃 \mid 试液 \mid KCl(饱和) \mid Hg_2Cl_2, Hg}$$

$$\underleftrightarrow{\qquad 玻璃电极 \qquad} \quad \underleftrightarrow{\qquad 甘汞电极 \qquad}$$

电动势为

$$E = \varphi_{甘汞} - \varphi_{玻璃} = \varphi_{甘汞} - K_{玻璃} + \frac{2.303RT}{F}\mathrm{pH}$$

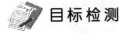 **目标检测**

一、选择题

1. 已知 $\varphi^\theta(\mathrm{Cl_2/Cl^-}) = 1.36\ \mathrm{V}$,$\varphi^\theta(\mathrm{Fe^{3+}/Fe^{2+}}) = 0.771\ \mathrm{V}$,$\varphi^\theta(\mathrm{I_2/I^-}) = 0.535\ \mathrm{V}$,$\varphi^\theta(\mathrm{Sn^{4+}/Sn^{2+}}) = 0.151\ \mathrm{V}$,下列四种物质 $\mathrm{Cl_2}$、$\mathrm{FeCl_3}$、$\mathrm{I_2}$、$\mathrm{SnCl_4}$,在标准状态下按照氧化能力由高到低的顺序为(　　)

A. $\mathrm{Cl_2 > FeCl_3 > SnCl_4 > I_2}$ 　　　　B. $\mathrm{Cl_2 > I_2 > SnCl_4 > FeCl_3}$

C. $\mathrm{Cl_2 > FeCl_3 > I_2 > SnCl_4}$ 　　　　D. $\mathrm{Cl_2 > I_2 > FeCl_3 > SnCl_4}$

2. 对于电池反应 $\mathrm{Cu^{2+} + Zn \rightleftharpoons Zn^{2+} + Cu}$,下列说法正确的是(　　)

A. 当 $[\mathrm{Cu^{2+}}] = [\mathrm{Zn^{2+}}]$,反应达到平衡

B. 当 $\varphi^\theta(\mathrm{Cu^{2+}/Cu}) = \varphi^\theta(\mathrm{Zn^{2+}/Zn})$,反应达到平衡

C. 当 $\varphi(\mathrm{Cu^{2+}/Cu}) = \varphi(\mathrm{Zn^{2+}/Zn})$,反应达到平衡

D. 当原电池的标准电动势等于零时,反应达到平衡

3. 氢电极可以用作(　　)

A. 指示电极   B. 参比电极   C. 电极材料   D. 盐桥

4. 在 $Cu^{2+} + Zn \rightleftharpoons Zn^{2+} + Cu$ 原电池中,要降低电池电动势,可采用的方法为(　　)

A. 降低溶液中锌离子的浓度   B. 增大铜离子的浓度

C. 增大锌离子的浓度   D. 增大氢离子的浓度

二、填空题

1. 在氧化还原反应中,氧化值升高的物质叫做_____,本身被氧化,它的反应产物叫做_____。氧化值降低的物质叫做_____,本身被还原,它的反应产物叫做_____。

2. 配平下列各反应方程式,并指出哪些物质是氧化剂,哪些物质是还原剂。

		配平方程式	还原剂	氧化剂
1	$H_2O_2 + I^- + H^+ \rightarrow I_2 + H_2O$			
2	$MnO_4^- + Fe^{2+} + H^+ \rightarrow Fe^{3+} + Mn^{2+} + H_2O$			
3	$Cr_2O_7^{2-} + SO_3^{2-} + H^+ \rightarrow Cr^{3+} + SO_4^{2-} + H_2O$			

三、计算题

1. 根据 Nernst 方程计算下列电极电势。

(1) $Br_2 + 2e^- \rightleftharpoons 2Br^-$ $(0.20\ mol \cdot L^{-1})$

(2) $Cr_2O_7^{2-}$ $(1.0\ mol \cdot L^{-1}) + 14H^+$ $(0.0010\ mol \cdot L^{-1}) + 6e^- \rightleftharpoons 2Cr^{3+}$ $(1.0\ mol \cdot L^{-1})$ $+ 7H_2O$

2. 已知 $\varphi^\theta(Co^{2+}/Co) = -0.28V$, $\varphi^\theta(V^{3+}/V^{2+}) = -0.255\ V$,标准状态下有如下反应:

$$Co + 2V^{3+} \rightleftharpoons Co^{2+} + 2V^{2+}$$

求(1)判断此反应自发进行的方向;(2)若在 298.15 K 时,$c(Co^{2+}) = 1.0\ mol \cdot L^{-1}$, $c(V^{2+}) = 1.0\ mol \cdot L^{-1}$,$c(V^{3+}) = 0.0010\ mol \cdot L^{-1}$,求该反应的 E,并判断反应自发进行的方向。

3. 已知下列电池的电动势为 0.388 V:

$(-)\ Zn(s) | Zn^{2+}\ (x\ mol \cdot L^{-1}) || Cd^{2+}\ (0.20\ mol \cdot L^{-1}) | Cd(s)\ (+)$

计算在 298.15 K 时,Zn^{2+} 离子的浓度应该是多少?

4. 根据下列两个原电池的电动势,求出胃液的 pH 值。

(1) $(-)\ Pt | H_2(p^\theta) | H^+(c^\theta) || KCl\ (0.1\ mol \cdot L^{-1}) | Hg_2Cl_2, Hg\ (+)$

$E_1 = 0.334\ V$

(2) $(-)\ Pt | H_2(p^\theta) | H^+(胃液) || KCl\ (0.1\ mol \cdot L^{-1}) | Hg_2Cl_2, Hg\ (+)$

$E_2 = 0.420\ V$

第六章 配位化合物

学习目标

【知识目标】

- 掌握配合物、配离子、配位体、内界、外界的概念。
- 熟悉配合物的命名、配位平衡理论、稳定常数及配位平衡的移动。
- 了解配合物的应用。

【能力目标】

- 能熟练地对配合物进行命名。
- 根据外界条件的改变会判断配位平衡移动的方向。

配位化合物简称配合物,是一类组成较复杂、发展迅速、应用极为广泛和重要的化合物。配合物不仅在化学领域里得到广泛地应用,而且与生物体的生理活动有着密切的联系。例如,人血液中起着输送氧作用的血红素,是一种含有亚铁的配合物,维生素 B_{12} 是一种含钴的配合物,人体内各种酶(生物催化剂)分子几乎都含有以配位状态存在的金属元素。因此,学习有关配合物的基本知识,对了解生命活动和预防、诊断、治疗、控制疾病有着极为重要的意义。

第一节 配位化合物的基本概念

一、配位化合物的定义

在大量的无机化合物中,有一些化合物是由简单的化合物结合而成的复杂化合物。例如,在硫酸铜溶液中滴加氨水,首先生成浅蓝色的絮状沉淀,继续滴加氨水,则沉淀溶解,得到深蓝色透明溶液。实验证明,在溶液中呈深蓝色的物质是$[Cu(NH_3)_4]SO_4$。又如,$NaCN$、KCN 等因含有 CN^- 而有剧毒,但是在亚铁氰化钾 $K_4[Fe(CN)_6]$ 和铁氰化钾 $K_3[Fe(CN)_6]$中虽然都含有 CN^-,却没有毒性。这是因为 Fe^{2+} 或 Fe^{3+} 与 CN^- 结合成稳定的复杂离子$[Fe(CN)_6]^{4-}$和$[Fe(CN)_6]^{3-}$,失去了 CN^- 原有的性质,故不显毒性。

这些由金属离子和一定数目的中性分子或阴离子结合成的具有稳定结构的复杂离子称为配离子。含有配离子的化合物称为配位化合物,简称配合物。还有一些配合物是由金属原子和中性分子组成的,如五羰基合铁$[Fe(CO)_5]$。

二、配位化合物的组成

配合物一般由内界和外界两部分组成。内界即配离子,通常写在方括号内。外界是指与配离子结合的带相反电荷的离子,写在方括号之外。例如,在$[Cu(NH_3)_4]SO_4$ 中,$[Cu$

$(NH_3)_4]^{2+}$ 为内界，$SO_4{}^{2-}$ 为外界。有的配合物只有内界，没有外界，如$[Pt(NH_3)_2Cl_4]$。这种只有内界、没有外界的电中性分子称为配位分子。配合物的内界和外界之间以离子键相结合，所以在水溶液中配合物的内界和外界是完全解离的。例如

$$[Cu(NH_3)_4]SO_4 \Longrightarrow [Cu(NH_3)_4]^{2+} + SO_4{}^{2-}$$

(一)中心离子(或原子)

位于配离子(或配位分子)中心位置的离子(或原子)称为中心原子，是配合物的核心部分。常见的中心原子是金属离子，以过渡元素金属离子最多，如 Cu^{2+}、Fe^{3+}、Zn^{2+} 等；也有中性原子，如$[Fe(CO)_5]$中的 Fe 原子；还有一些高氧化态的非金属元素，如$[SiF_6]^{2-}$中的 Si^{4+} 等。

(二)配体和配位原子

在配合物中，与形成体以配位键相结合的阴离子或中性分子称为配位体，简称配体。如$[Cu(NH_3)_4]^{2+}$ 中的 NH_3、$[Pt(NH_3)_2Cl_2]$中的 NH_3 和 Cl^- 都是配体。配体中直接同中心原子结合成键的原子称为配位原子，如 NH_3 分子中的 N 原子、CO 中的 C 原子。配位原子的最外电子层都有孤对电子，主要位于周期表中的 VA、VIA、VIIA 三个主族。

按所含配位原子的数目，可以将配体分为单齿配体和多齿配体。只含有一个配位原子的配体称为单齿配体，如 F^-、CN^-、$NO_2{}^-$ 和 H_2O 等。一个配体中含有两个或两个以上配位原子，称为多齿配体。例如，乙二胺$[((H_2NCH_2CH_2NH_2)$，缩写为 en]中两个氨基的氮原子都是配位原子，属于二齿配体；乙二胺四乙酸根(缩写为 EDTA)中，除氨基中的氮原子是配位原子外，每个羧基中的一个氧原子也是配位原子，属于六齿配体，EDTA 的结构式如下

$$\begin{array}{ccc} ^-OOC-CH_2 & & CH_2-COO^- \\ & N-CH_2-CH_2-N & \\ ^-OOC-CH_2 & & CH_2-COO^- \end{array}$$

常见的配位原子及配体见表 6-1。

表 6-1 常见的配位原子及配体

配位原子	配体
X	F^-,Cl^-,Br^-,I^-
O	H_2O,$RCOO^-$,$C_2O_4{}^{2-}$
N	NH_3,en,NCS^-(异硫氰酸根离子)
C	CN^-,CO
S	SCN^-(硫氰酸根离子),$S_2O_3^{2-}$

(三)配位数

内界中与形成体结合的配位原子总数目，叫做配位数。配位数一般为偶数：2、4、6、8，最常见的是 4 和 6，见表 6-2。

在计算中心原子的配位数时，一般是先在配合物中确定中心原子和配体，接着找出配体中的配位原子。如果配体是单齿的，配体的数目就是该中心原子的配位数。例如，$[Pt(NH_3)_4]Cl_2$ 和$[Pt(NH_3)_2Cl_2]$中的中心离子都是 Pt^{2+}，而配体前者是 NH_3，后者是 NH_3 和 Cl^-，这些配体都是单齿的，因此它们的配位数都是 4。如果配体是多齿的，配位数等于配体数乘以齿数。

表 6 - 2　常见中心离子的配位数

配位数	中心离子
2	Ag^+,Au^+,Cu^+
4	Zn^{2+},Cu^{2+},Hg^{2+},Ni^{2+},Co^{2+},Pt^{2+},Pd^{2+},Si^{4+}
6	Fe^{2+},Fe^{3+},Co^{2+},Co^{3+},Cr^{3+},Pt^{4+},Pd^{4+},Si^{4+},Ca^{2+}
8	Pb^{2+},Ba^{2+},Mo^{4+},W^{4+},Ca^{2+}

三、配位化合物的命名

配合物的命名与一般无机化合物的命名原则相同:先阴离子,后阳离子。若阴离子为简单离子,称"某化某";若阴离子为复杂离子,称"某酸某"。

内界的命名次序是:配体数-配体名称-合-中心原子(中心原子氧化数)。

(1)若内界有多种配体,则配体的命名顺序是:先无机配体,后有机配体;先阴离子配体,后中性分子配体。

(2)同类配体按配位原子元素符号的英文字母顺序排列。

(3)同类配体中若配体原子相同,则按配体中含原子数目的多少来排列,原子数少的排前面,原子数多的排后面。

(4)若配位原子相同,配体中所含原子数也相同,则按在结构式中与配位原子相连的原子元素符号的字母顺序排列。

(5)不同配体名称之间以中圆点分开,配体的数目用二、三、四等数字表示。

【例 6-1】　命名下列配合物或配离子。

(1)[Cu(NH₃)₄]²⁺ (2)[Fe(CN)₆]³⁻
(3)[Ag(NH₃)₂]OH (4)Na₄[Fe(CN)₆]
(5)[Ni(CO)₄] (6)[Co(NH₃)₂(en)₂]Cl₃

命名:(1)四氨合铜(Ⅱ)配离子　　　(2)六氰合铁(Ⅲ)配离子
(3)氢氧化二氨合银(I)　　　(4)六氰合铁(Ⅱ)酸钠
(5)四羰基合镍(0)　　　(6)氯化二氨·二(乙二胺)合钴(Ⅲ)

四、配位化合物的分类

(一)简单配合物

由单齿配体与中心原子直接配位形成的配合物称为简单配合物。例如,[Cu(NH₃)₄]SO₄、[Ag(NH₃)₂]Cl等。根据配合物中所含配体种类的多少,又分为单纯配体配合物和混合配体配合物,如[Co(NH₃)₆]Cl₃属于单纯配体配合物,[Co(NH₃)₂(H₂O)₂Cl₂]Cl属于混合配体配合物。

(二)螯合物

一个多齿配体通过两个或两个以上的配位原子与中心原子形成具有环状结构的配合物,称为螯合物,也称内配合物。在螯合物中,配位原子像螃蟹的两个大螯一样钳住了中心原子,

因此稳定性大大增加。例如，$[Cu(en)_2]^{2+}$ 是具有两个五元环的螯合物，结构式为

$$\left[\begin{array}{c} H_2C \\ H_2C \end{array} \begin{array}{c} NH_2 \quad NH_2 \\ \searrow \quad \swarrow \\ Cu \\ \nearrow \quad \nwarrow \\ NH_2 \quad NH_2 \end{array} \begin{array}{c} CH_2 \\ CH_2 \end{array} \right]^{2+}$$

螯合物中的多齿配体又称为螯合剂。螯合剂必须含有 2 个或 2 个以上的配位原子，两个配位原子之间被 2 个或 3 个其他原子隔开，以便与中心原子形成稳定的五元环或六元环。螯合物与简单配合物的不同之处是具有特殊的稳定性，称为螯合效应。

 知识链接

乙二胺四乙酸为白色粉末，无臭、无味。由于乙二胺四乙酸在水中的溶解度比较小，而其二钠盐在水中的溶解度比较大，因此实际应用中常用其二钠盐。乙二胺四乙酸及其二钠盐都缩写为 EDTA。

除碱金属离子外，几乎所有的金属离子都能与 EDTA 形成稳定的螯合物。在一般情况下，不论金属离子是几价，一个金属离子都与一个 EDTA 形成可溶性的螯合物。因此，在分析中常用 EDTA 配制标准液，滴定金属离子。

(三) 多核配合物

多核配合物是指一个配合物中含有两个或两个以上中心原子的配合物。在多核配合物中，两个金属离子之间是通过配体"桥联"的，即配体中的一个配位原子同时与两个中心原子结合形成多核配合物，这种配体称为桥联配体，简称桥基。作为桥联配体的配位原子或基团，其孤对电子数在一对以上，能同时与 2 个或 2 个以上的金属离子配位。如 OH^- 就可作为桥联配体，OH^-、H_2O 与铬形成的多核配体结构式为

$$\left[\begin{array}{ccc} & H_2O \; H & H_2O \; H & H_2O \\ H_2O & \; & \; & OH_2 \\ & Cr & Cr & Cr \\ H_2O & \; & \; & OH_2 \\ & H_2O \; H & H_2O \; H & H_2O \end{array} \right]^{5+}$$

第二节　配位平衡

在水溶液中，配位反应和解离反应互为可逆反应，一定温度下，当配位反应和解离反应速率相等时，体系达到动态平衡，称为配位平衡。作为化学平衡中的一种，配位平衡同样遵循化学平衡的基本原理。

一、配离子的稳定常数

在 $[Cu(NH_3)_4]SO_4$ 溶液中加入少量 NaOH 溶液，观察不到 $Cu(OH)_2$ 沉淀生成，这说明

溶液中可能不存在 Cu^{2+}；但向该溶液中滴入 Na_2S 溶液，则有黑色的 CuS 沉淀生成，说明溶液中还有 Cu^{2+} 存在。由此可知，$[Cu(NH_3)_4]^{2+}$ 在溶液中可解离出极少量的 Cu^{2+} 和 NH_3。在一定温度下，配位反应和解离反应达到动态平衡

$$Cu^{2+} + 4NH_3 \rightleftharpoons [Cu(NH_3)_4]^{2+}$$

平衡常数表达式为

$$K_{稳} = \frac{[Cu(NH_3)_4]^{2+}}{[Cu^{2+}][NH_3]^4}$$

配位平衡常数称为配离子（或配合物）的稳定常数，用 $K_{稳}$ 或 K_s 来表示。$K_{稳}$ 越大，说明生成配离子的倾向越大，解离的倾向越小，即配离子越稳定。表 6-3 列出了一些常见配离子的 $K_{稳}$ 值。

表 6-3　常见配离子的稳定常数

配离子	K_s	$\lg K_s$	配离子	K_s	$\lg K_s$
$[Ag(NH_3)_2]^+$	1.1×10^7	7.05	$[HgI_4]^{2-}$	6.8×10^{29}	29.38
$[Ag(CN)_2]^-$	1.3×10^{21}	21.10	$[Hg(CN)_4]^{2-}$	2.5×10^{41}	41.40
$[Ag(S_2O_3)_2]^{3-}$	2.9×10^{13}	13.46	$[Co(NH_3)_6]^{2+}$	1.3×10^5	5.11
$[Cu(CN)_2]^-$	1.0×10^{24}	24.00	$[Cd(NH_3)_6]^{2+}$	1.4×10^5	5.15
$[Au(CN)_2]^-$	2.0×10^{38}	38.30	$[Ni(NH_3)_6]^{2+}$	5.5×10^8	8.74
$[Cu(NH_3)_4]^{2+}$	2.1×10^{13}	13.32	$[AlF_6]^{3-}$	6.9×10^{19}	19.84
$[Zn(NH_3)_4]^{2+}$	2.9×10^9	9.46	$[FeF_6]^{3-}$	2.0×10^{14}	14.30
$[Zn(CN)_4]^{2-}$	5.0×10^{16}	16.70	$[Co(NH_3)_6]^{3+}$	2.0×10^{35}	35.30

二、配位平衡的移动

配位平衡与其他化学平衡一样，也是有条件的动态平衡。如果改变平衡体系的条件，平衡就会移动。下面简要讨论溶液 pH、沉淀剂等对配位平衡的影响。

（一）溶液 pH 的影响

在所有的配合物中，大多数的配体都是碱，可接受质子，生成难解离的共轭酸；当溶液 pH 降低时，配体会与 H^+ 结合，导致配位平衡向配离子解离的方向移动，这种因溶液的酸度增大而导致配离子解离的现象称为酸效应。另外，由于配离子的中心原子大多数是过渡金属离子，在水溶液中容易发生水解。当溶液 pH 升高时，中心原子水解，导致配位平衡向配离子解离的方向移动，这种现象称为水解效应。例如

$$[Fe(CN)_6]^{3-} \rightleftharpoons Fe^{3+} + 6CN^-$$
$$+ \qquad +$$
$$3OH^- \qquad 6H^+$$
$$\downarrow \qquad \downarrow$$
$$Fe(OH)_3\downarrow \quad 6HCN$$

因此,如果要使配离子在溶液中稳定存在,必须使溶液保持适当的 pH。

(二)配位平衡与沉淀平衡的相互转化

当溶液中同时存在配体和沉淀剂时,金属离子既能与配体发生配位反应,也会与沉淀剂发生沉淀反应,究竟以哪种反应为主,则取决于两方面的因素。一是配离子的稳定性($K_稳$),二是难溶物的溶度积(K_{sp})。如果配离子的稳定性越高,难溶物的溶度积越大,则平衡向配位方向移动,生成配离子;反之,配离子的稳定性越低,难溶物的溶度积越小,则平衡向生成沉淀的方向进行。例如

当向含有氯化银沉淀的溶液中加入浓氨水时,沉淀即溶解。

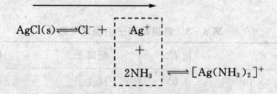

在上述溶液中加入溴化钠溶液时,又有淡黄色的沉淀生成。

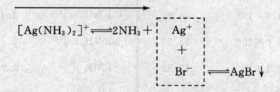

前者因加入配位剂 NH_3 而使沉淀平衡转化为配位平衡,后者因加入较强的沉淀剂而使配位平衡转化沉淀平衡。决定上述反应方向的是 $K_稳$ 和 K_{sp} 相对大小及配位剂、沉淀剂的浓度。配合物的 $K_稳$ 值越大,越易形成相应配合物,沉淀越易溶解;反之,沉淀物的 K_{sp} 越小,则配合物越易解离转变成相应的沉淀。

(三)配位平衡之间的相互转化

当溶液中存在多种能与金属离子配位的配位离子时,会发生配位平衡间的相互转化,通常平衡会向生成更稳定的配离子方向移动。对于类型相同的配离子,二者稳定常数相差越大,则转化越完全。例如

$$[Ag(NH_3)_2]^+ \xrightarrow{CN^-} [Ag(CN)_2]^-$$
$$K_稳 \quad 1.12 \times 10^7 \qquad 1.3 \times 10^{21}$$

若溶液中同时存在 NH_3 和 CN^-,$[Ag(NH_3)_2]^+$ 会转化为 $[Ag(CN)_2]^-$。

第三节　配位化合物的应用

一、在生物学方面的应用

配合物在生物学领域中的应用非常广泛,而且极为重要。生物机体中有许多金属元素常

以配合物形式存在。例如，植物生长中起光合作用的叶绿素是含 Mg^{2+} 的复杂配合物。动物体内输送氧的血红素是 Fe^{2+} 卟啉配合物，近年来，已模拟合成了结构类似于血红素的配合物，制得人造血，等等。特别是生物体内的各种酶，几乎都是金属元素的复杂配合物，它们在生物体中的能量转换、传递或电荷转移、化学键的形成或断裂以及伴随这些过程出现的能量变化和分配等起着决定性的作用。

二、在医药方面的应用

配合物可作为药物来医治某些疾病，且疗效更好或毒副作用更小。例如：多数抗微生物的药物属于配体，和金属离子(或原子)配位后形成的配合物往往能增加其活性。如丙基异烟肼与一些金属的配合物的抗结核杆菌能力比配体更强，其原因可能是由于配合物的形成提高了药物的脂溶性和透过细胞膜的能力，从而活性更高。又如风湿性关节炎与局部缺乏铜离子有关，用阿司匹林治疗风湿性关节炎就是把体内结合的铜生成低分子量的中性铜配合物透过细胞膜运载到风湿病变处而起治疗作用的。但阿司匹林会螯合胃壁的 Cu^{2+}，引起胃出血。如改用阿司匹林的铜配合物，则疗效增加，即使较大剂量也不会引起胃出血的副作用。70 年代以来配合物作为抗癌药物的研究也受到重视，如顺式 $[PtCl_2(NH_3)_2]$ 已用于临床抗癌药物。

三、在分析化学中的应用

1. 离子的鉴定

通常利用配合物或配离子的特征颜色鉴别某些离子。例如，利用 $NH_3 \cdot H_2O$ 与 Cu^{2+} 离子作用生成稳定的、深蓝色的 $[Cu(NH_3)_4]^{2+}$ 配离子以鉴定 Cu^{2+} 离子的存在。用 KSCN 与 Fe^{3+} 作用生成较稳定的、血红色的 $[FeSCN]^{2+}$ 配离子以鉴定 Fe^{3+} 离子的存在。

2. 作掩蔽剂、沉淀剂

多种金属离子共同存在时，要测定其中某一金属离子，其他金属离子往往会与试剂发生同类反应而干扰测定。例如 Cu^{2+} 和 Fe^{3+} 都会氧化 I^- 成为 I_2。因此在用 I^- 来测定 Cu^{2+} 时，共同存在的 Fe^{3+} 会产生干扰，如果加入 F^- 或 PO_4^{3-}，使之与 F^- 配合生成稳定的 $[FeF_6]^{3-}$ 或 $[Fe(HPO_4)]^+$ 就能防止 Fe^{3+} 的干扰。这种防止干扰的作用称为掩蔽作用。配合剂 NaF 和 H_3PO_4 称为掩蔽剂。

近年来发现某些有机螯合剂能和金属离子在水中形成溶解度极小的内配盐沉淀，它具有相当大的相对分子质量和固定的组成。少量的金属离子便可产生相当大量的沉淀，这种沉淀还有易于过滤和洗涤的优点，因此利用有机沉淀剂可以大大提高重量分析的精确度。例如，8-羟基喹啉能从热的 HAC-NaAC 缓冲溶液中定量沉淀 Cu^{2+}、Ca^{2+}、Zn^{2+}、Mn^{2+}、Al^{3+}、Fe^{3+}、Ni^{2+}、Co^{2+} 等离子。这样就可使上述离子如 Ca^{2+} 等离子分离出来。

3. 作解毒剂

EDTA 除了用于分析化学外，还是一种重金属中毒的有效解毒剂。若人体因铅的化合物中毒可以肌肉注射 EDTA 溶液，它使 Pb^{2+} 以配离子的形式进入溶液，最后从人体中排出去。同样，由于 EDTA 能与 Hg^{2+} 形成可溶性的配合物而从人体排出，因而也是汞中毒的解毒剂。EDTA 也可用于除去人体中金属元素的放射性同位素，特别是钚。

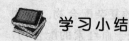 **学习小结**

(1)配位化合物,简称配合物。它的组成中包括内界和外界两部分,内、外界靠离子键结合,因此在水溶液中二者是分离的。内界又称配离子,是由中心原子和配体通过配位键结合而成的具有稳定结构的单元,在水溶液中离解程度很小。在配体中直接与中心原子配位的原子称配位原子,中心离子结合的配位原子数目称为中心原子的配位数。含有两个或两个以上能同时与中心原子配位的配位原子的配体称为多齿配体。由中心原子与多齿配体形成的具有环状结构的配合物称为螯合物,螯合物的稳定与环的大小、多少有关。

(2)配位平衡常数 K_s 表明配离子在水溶液中的稳定性。配位平衡经常和酸碱平衡、沉淀平衡或氧化还原平衡共存于同一体系。根据各有关平衡常数(如 K_s、K_a、K_{sp} 等)的相对大小及溶液酸度、沉淀的用量等可定性或定量地估计有关平衡移动的方向和程度。

目标检测

一、选择题

1. 下列化合物中不属于配位化合物的是( )

A. $Na_4[Fe(CN)_6]$　　　B. $K[HgI_4]$　　　C. $[Cu(NH_3)_4]SO_4$　　　D. $KAl(SO_4)_2$

2. 中心离子的配位数等于( )

A. 配体总数　　　B. 配体原子总数　　　C. 配位原子总数　　　D. 中心离子数

3. 配离子 $[Coen_3]^{3+}$ 的中心离子配位数是( )

A. 3　　　B. 4　　　C. 2　　　D. 6

4. 配位化合物 $NH_4[Cr(NH_3)(H_2O)(SCN)_2Cl_2]$ 的中心离子的配位数为( )

A. 2　　　B. 4　　　C. 6　　　D. 8

5. 配离子的电荷数是由( )决定的

A. 中心离子电荷数　　　　　　　　　　B. 配体电荷数

C. 配位原子电荷数　　　　　　　　　　D. 中心离子和配体电荷数的代数和

6. 下列配体中能作螯合剂的是( )

A. NH_3　　　B. F^-　　　C. $C_2O_4^{2-}$　　　D. $S_2O_3^{2-}$

7. 配合物和螯合物所具有的共同点是( )

A. 有环状结构　　　B. 有金属键

C. 有配位键　　　D. 有离子键

8. 下列叙述正确的是( )

A. 配合物都含有配离子　　B. 有配位键的离子一定是配离子

C. 配位数等于配体数　　　D. 配离子的电荷数为外界离子电荷总数的相反数

二、填空题

1. 配合物一般分为 _____ 和 _____ 两部分。内界是指 _____,外界是指 _____,内界和外界之间的化学键是 _____ 键,内界中心离子与配体之间的化学键是 _____ 键,中心离子是孤电子对的 _____ 体,配体是孤电子对的 _____ 体。

2. $K_3[Fe(CN)_6]$ 的中心离子为 _____,配位体 _____,配位原子 _____,配位数

为_____，内界为_____，外界为_____，命名为_____。

3.NH_3、H_2O、CN^-、SCN^-的配位原子分别是_____、_____、_____、_____。

4.配合物主要有三种类型：_____、_____、_____。

5.螯合物是由_____和_____配合而形成的具有环状结构的配合物。

三、简答题

1.如在含有Fe^{3+}的溶液中加入 KSCN，则由于生成$[Fe(SCN)_6]^{3-}$配离子而使溶液显血红色。现将 KSCN 溶液分别加入$NH_4Fe(SO_4)_2$溶液和$K_3[Fe(CN)_6]$溶液中能否显色？为什么？

2.$AgNO_3$能从$Pt(NH_3)_6Cl_4$的溶液中，将所有的氯沉淀为 AgCl，但在$Pt(NH_3)_3Cl_4$溶液中，仅能沉淀出 1/4 的氯，试根据这些事实确定这两种配合物的化学式。

3.根据下列配合物的名称写出化学式。

(1)六氰合铁(Ⅱ)酸钾

(2)氯化四氨合铂(Ⅱ)

(3)氯化二氨合银(Ⅰ)

(4)氯化二氯·三氨·一水合钴(Ⅲ)

(5)二氯·二羟基·二氨合铂(Ⅳ)

第七章 常见的非金属元素及其化合物

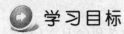 学习目标

【知识目标】
- 掌握常见非金属元素及其重要化合物的性质及非金属性质的变化规律。
- 熟悉卤素、氧族、碳族和硼族元素的通性。
- 了解一些非金属元素及化合物在医学中的应用。

【能力目标】
- 学会设计验证元素及化合物性质的方法。
- 熟练掌握常见非金属离子的鉴别方法。
- 能够将无机化学知识应用到日常生活和工作实践中,正确分析和解决实际问题。

从元素周期表可以看出,在已发现的 118 种元素中,非金属元素共有 16 种,除氢元素外,其他非金属元素都分布在周期表中从硼到砹连线的右上方。非金属元素在日常生活、化学工业、环境保护和医药卫生等方面具有重要的意义。本章主要介绍常见的非金属元素及其化合物。

第一节　卤　素

氟(F)、氯(Cl)、溴(Br)、碘(I)、砹(At)五种元素位于元素周期表中ⅦA族,统称卤族元素,简称卤素,是很活泼的非金属元素。卤素的含意是"成盐的元素",因为它们极易与金属元素直接化合生成典型的盐。如氯化钠、碘化钾等。

卤素在自然界中分布广泛,一般以卤化物的形式存在。卤素是存在于人体内的重要元素,在人生命活动中起着重要作用。氟存在于牙齿和骨骼中,氯在胃液中以盐酸的形式存在,溴以化合物形式存在于脑下垂体的内分泌腺中,碘存在于甲状腺内等,其中氟和碘是人体中必需的微量元素。

一、卤素的通性

(一)卤素的原子结构和单质的物理性质

卤素在自然界一般以化合物的形式存在,它们的单质可以人工制取。卤素的单质都是双原子分子。卤素的原子结构和单质的物理性质见表 7-1。

表 7-1　卤素的原子结构和单质的物理性质

元素名称	元素符号	核电荷数	原子半径(pm)	电子层结构 K L M N O	单质	颜色	状态	密度(常温)	沸点(℃)	熔点(℃)	溶解度(常温100g 水)
氟	F	9	71	2 7	F_2	淡黄绿色	气体	1.69 g/L	-188	-219.6	反应
氯	Cal	17	99	2 8 7	Cl_2	黄绿色	气体	3.21 g/L	-34.6	-101	226 cm³
溴	Br	35	114	2 8 18 7	Br_2	红棕色	液体	3.12 g/cm³	58.8	-7.2	4.17 g
碘	I	53	133	2 8 18 18 7	I_2	紫黑色	固体	4.93 g/cm³	184.4	113.5	0.029 g

从表 7-1 可以看出,在原子结构上,卤素原子的最外层都有 7 个电子,但随着核电荷数的递增,电子层数依次增加,原子半径依次增大。卤素单质的物理性质有较大的差异,但呈现规律性的变化。如在常温下,氟、氯是气体,溴是液体,碘是固体。颜色也是由氟的淡黄绿色到碘的紫黑色,由浅逐渐变深。沸点和熔点逐渐升高。在水中的溶解性逐渐减小。均有刺激性气味,并有毒性,其毒性从氟至碘依次减小,但吸入卤素气体均会引起咽喉和鼻腔黏膜的炎症。

卤素单质除了具有相似的性质外,不同的卤素单质在物理性质上也有各自的特性。如溴和碘虽能溶于水,但在水中的溶解性较小,而易溶于酒精、汽油、氯仿、四氯化碳等有机溶剂中。医药上消毒用的碘酊就是碘的酒精溶液。碘具有升华的性质,利用碘的这一特性,可以精制碘。碘与淀粉呈蓝色,利用这个特性可以检测碘或淀粉的存在。

氟和碘是人体必需的微量元素。氟能防止儿童龋齿,是维持骨骼正常发育、增进牙齿和骨骼强度的元素。碘是甲状腺的主要成分,甲状腺所有的生物学作用都与碘有关,体内缺乏碘,可导致甲状腺肿、克汀病或智力低下等。

(二)卤素单质的化学性质

由于氟、氯、溴、碘的最外电子层都是 7 个电子,在化学反应中极易得到一个电子而成为 8 个电子的稳定结构,因而,它们都是活泼的非金属元素。

1. 卤素与金属的反应

氟、氯、溴、碘都能与金属反应,生成金属卤化物。卤素在与金属发生化学反应时,得到一个电子,而成为带一个单位负电荷的阴离子。氟和氯能与绝大多数金属直接化合,溴和碘与金属反应的速度稍微缓慢。自然界中存在着许多金属卤化物,如氟化钙、氯化钠、溴化钾、碘化钾等。金属卤化物的稳定性按氟化物、氯化物、溴化物、碘化物的顺序递减。

2. 卤素与氢气的反应

氟、氯、溴、碘都能与氢气直接化合,生成卤化氢。但反应的剧烈程度明显的按氟、氯、溴、碘的顺序依次减弱。生成的气态卤化氢的稳定性也是按照氟化氢、氯化氢、溴化氢和碘化氢的顺序依次减弱。

氟的性质最活泼。氟气与氢气在黑暗处即能剧烈化合并发生爆炸。

$$H_2 + F_2 =\!=\!= 2HF$$

氯的性质不如氟活泼。在常温下,氯气与氢气能较缓慢的化合,但在光的照射下或加热时,会迅速化合而发生爆炸,反应瞬间即可完成,生成氯化氢气体。纯净的氢气点燃后在氯气中燃烧,发出苍白的火焰,同时产生大量的热,也生成氯化氢气体。

$$H_2 + Cl_2 \Longrightarrow 2HCl$$

溴的性质不如氯活泼。溴与氢气的反应加热到 500 ℃时才能较明显的进行。

$$H_2 + Br_2 \Longrightarrow 2HBr$$

碘的性质不如溴活泼。碘与氢气的反应必须在不断加强热的条件下才能缓慢地进行,而且生成的碘化氢不稳定,同时发生分解。

$$H_2 + I_2 \Longrightarrow 2HI$$

3. 卤素与水的反应

氟、氯、溴、碘都能与水反应,但反应的剧烈程度有所不同。氟与水发生剧烈反应,生成氟化氢和氧气。

$$2F_2 + 2H_2O \Longrightarrow 4HF + O_2$$

氯气溶于水成为氯水。氯水中溶解的部分氯气与水反应,生成盐酸和次氯酸。

$$Cl_2 + H_2O \Longrightarrow HCl + HClO$$

次氯酸是强氧化剂,能杀死水中的细菌,所以常用氯气对饮用水进行杀菌消毒(1 L 水中通入 0.002 g 氯气)。次氯酸还能使染料和有色物质氧化而褪色,故可用做漂白剂。

【演示实验 7-1】 取两条同样的有色布,一条干燥,一条湿润,分别放入盛有氯气的集气瓶中,迅速盖上瓶盖,观察布条的颜色变化。

可以看到,湿润的有色布条褪了色,而干燥的布条仍为原色。

实验结果表明,起漂白作用的是次氯酸,而不是氯气本身。这是因为次氯酸不稳定,容易分解而放出氧气。当氯水受日光照射时,次氯酸的分解速度加快。

$$2HClO \Longrightarrow 2HCl + O_2$$

因此,新制的氯水有杀菌、消毒和漂白作用,而久置的氯水会失去这种作用。

为了便于储存和运输,工业上常用氯气与消石灰反应来制备漂白粉(含氯石灰)。

$$2Cl_2 + 2Ca(OH)_2 \Longrightarrow Ca(ClO)_2 + CaCl_2 + 2H_2O$$

漂白粉是次氯酸和氯化钙的混合物,它的有效成分是次氯酸钙,具有极强的氧化作用,在光照或受热时易分解。将漂白粉放入水中,在空气中的二氧化碳参与下能分解产生少量的次氯酸,因而具有漂白作用。

$$Ca(ClO)_2 + CO_2 + H_2O \Longrightarrow 2HClO + CaCO_3$$

若在漂白粉水溶液中加入少量的酸,则会产生大量的次氯酸,使漂白作用大大增强。

$$Ca(ClO)_2 + 2HCl \Longrightarrow CaCl_2 + 2HClO$$

所以,漂白粉的漂白原理和氯气的漂白原理相似。漂白粉不仅可以用来漂白棉、麻、纸浆,还可用来消毒饮用水、游泳池和厕所等。

溴与水的反应比氯与水的反应更弱。碘与水只有极微弱的反应(几乎不反应)。

4. 卤素单质活泼性的比较

【演示实验 7-2】 取两支洁净的试管,分别加入 2 ml 无色的溴化钠和碘化钾溶液,再各滴入 1 ml 新制的氯水,用力振荡后,观察溶液颜色的变化。再各加入少量四氯化碳,振荡,观察溶液的颜色变化。

【演示实验7-3】　取一支洁净试管,加入 2 ml 无色的碘化钾溶液,滴入 4 滴溴水,振荡,观察溶液颜色。再滴入少量四氯化碳,振荡,观察溶液的颜色变化。

实验结果表明,无色的溴化钠溶液加入氯水后呈黄色,再加入四氯化碳后,四氯化碳呈红棕色;无色的碘化钾溶液加入氯水或溴水后呈棕黄色,再加入四氯化碳后,四氯化碳层呈紫红色。这是因为,反应后析出的溴和碘在水中的溶解度较小,分别呈黄色和棕黄色。而在有机溶剂四氯化碳中的溶解度较大,溴和碘的浓度增大,颜色变深,分别显示红棕色和紫红色。

通过溶液颜色的变化,说明氯能够把溴或碘从它们的卤化物中置换出来,溴能够把碘从碘化物中置换出来。

$$2NaBr + Cl_2 == 2NaCl + Br_2$$

$$2KI + Cl_2 == 2KCl + I_2$$

$$2KI + Br_2 == 2KBr + I_2$$

通过实验还可以证明,溴不能置换氯化物中的氯,碘不能置换氯化物中的氯和溴化物中的溴。由此可见,氯比溴活泼,溴比碘活泼。实验还可以证明,氟最活泼,能从熔化的氯化物、溴化物、碘化物中置换出氯、溴、碘。

从卤素的化学性质可以看出,氟、氯、溴、碘在性质上既相似,具有通性,但又有差别,并存在着一种规律性的变化。其原因就是按照氟、氯、溴、碘的顺序,它们的核电荷数依次递增,核外电子层数依次增加,原子半径依次增大,原子核对最外层电子的吸引力依次减弱,所以非金属活泼性依次减弱。

二、卤化氢和卤化物

(一)卤化氢

卤化氢中的氟化氢、氯化氢、溴化氢和碘化氢都是无色、具有强烈刺激性气味、有毒的气体。其中氟化氢的毒性最大,并有强烈的腐蚀性。它们在潮湿的空气中能雾化。

1.稳定性

将卤化氢加热到足够高的的温度,它们都会分解成卤素单质和氢气,其中最易分解的是碘化氢,它在 300 ℃ 即明显分解,而氯化氢和氟化氢加热到 1000 ℃ 仅稍有分解,这表明卤化氢的热稳定性是不同的,一般规律是卤化氢的热稳定性随着卤素原子序数的增大而降低。稳定性由大到小的顺序为 HF>HCl>HBr>HI。

2. 还原性

在卤化氢分子中,由于卤素原子的电负性比氢原子大,卤素原子都处在低氧化态(氧化数等于-1),所以卤化氢都有一定的还原性。卤化氢的还原性按照氟化氢、氯化氢、溴化氢和碘化氢的顺序增强,即 HF<HCl<HBr<HI。

3. 酸性

卤化氢易溶于水,它的水溶液称氢卤酸,即氢氟酸、氢氯酸、氢溴酸、氢碘酸,其中氢氯酸称之为盐酸。氢卤酸都具有酸的通性,酸性强弱顺序为:HF(中强酸)<HCl(强酸)<HBr(强酸)<HI(无氧酸最强酸)。

因为卤素原子原子核对其核外电子的吸电子性大小按照 F、Cl、Br、I 的顺序递减,使得氢卤键越来越易断裂,氢原子变得更易于解离,酸性增强。

4. 氢氟酸的特殊性

在氢卤酸中,氢氟酸能溶解二氧化硅和硅酸盐

$$SiO_2 + 4HF === SiF_4 + 2H_2O$$
$$CaSiO_3 + 6HF === SiF_4 + 3H_2O$$

二氧化硅是玻璃的主要成分,故氢氟酸能腐蚀玻璃。因而不能用玻璃容器盛氢氟酸。利用氢氟酸的这一特性,可以在玻璃上刻花纹和在玻璃仪器上刻标度。

其他氢卤酸不反应,氢氟酸虽为较弱的酸,但是腐蚀性和氧化性却比浓硫酸还强,属于一级腐蚀品,而其他氢卤酸则腐蚀性相对较弱,属于二级腐蚀品。

(二)卤化物

1. 卤离子的检验

大多数金属卤化物都是白色的晶体,易溶于水。但卤化银则难溶于水,而且不溶于稀硝酸,可根据这一特性来检验卤离子。

【演示实验 7-4】 在三支分别盛有氯化钠、溴化钠和碘化钾的溶液中,各滴加少量的硝酸银溶液,观察现象。再向三支试管中各加入少量稀硝酸,观察有无变化。然后往三支试管中各加入氨水,再观察是否有变化。

可以看到,滴加硝酸银后,在盛有氯化钠溶液的试管中有白色沉淀生成,在盛有溴化钠溶液的试管中有淡黄色沉淀生成,在盛有碘化钾溶液的试管中有黄色沉淀生成。加入稀硝酸,生成的沉淀均不溶解,加入氨水后,可观察到,白色沉淀溶解,淡黄色沉淀部分溶解,黄色沉淀不溶解。卤离子的检验见表 7-2。

表 7-2 卤离子的检验

离子方程式	卤化银	颜色	加入硝酸	加入氨水
$Cl^- + Ag^+ === AgCl\downarrow$	AgCl	白色	不溶解	溶解
$Br^- + Ag^+ === AgBr\downarrow$	AgBr	淡黄色	不溶解	部分溶解
$I^- + Ag^+ === AgI\downarrow$	AgI	黄色	不溶解	不溶解

2. 常见金属卤化物

金属卤化物在自然界分布很广,医学上常用的卤化物主要有以下几种:

(1)氯化钠 俗称食盐,无色或白色晶体。纯净的氯化钠在空气中不潮解,粗盐中因含有杂质而易潮解。氯化钠是人体正常生理活动不可缺少的物质。体内缺少氯化钠,可导致失水。质量浓度为 $9\ g \cdot L^{-1}$ 的氯化钠溶液称为生理盐水。医用生理盐水用于出血过多、严重腹泻等引起的失水症,也可用于洗涤伤口和灌肠。

(2)氯化钾 氯化钾为白色结晶性粉末或无色立方形结晶。易溶于水。性质与氯化钠相似,但是氯化钾的生理作用与氯化钠完全不同,它们不能互相代替。氯化钾是一种利尿药,用于心脏性或肾脏性水肿,也可用于其他缺钾症。

（3）氯化钙　氯化钙常以含结晶水的无色晶体存在。加热失去结晶水,成为白色的无水氯化钙。无水氯化钙具有很强的吸水性,常用作干燥剂。临床上用于治疗钙缺乏症,也可用于抗过敏药。

（4）氯化铵　氯化铵是无色或白色结晶性粉末。露置于空气中,有一定的吸湿性,应密闭保存。氯化铵易溶于水,溶解时吸收大量的热而使溶液温度下降,受热容易分解为氯化氢和氨气,遇冷又生成氯化铵晶体。

$$NH_4Cl == NH_3\uparrow + HCl\uparrow$$

氯化氨遇碱容易放出氨气,利用这个性质可以检验铵盐的存在。

$$2NH_4Cl + Ca(OH)_2 == CaCl_2 + 2H_2O + 2NH_3\uparrow$$

氯化铵在医药上常用作祛痰剂,还可用于治疗碱中毒。

（5）溴化钠　溴化钠为白色结晶性粉末,露置在空气中能够潮解,易溶于水。溴化钠与溴化钾和溴化铵制成三溴片,对中枢神经有抑制作用,一般用作镇静剂,对兴奋性失眠、抑制癫痫病的发作有一定的疗效。

（6）碘化钾　碘化钾为无色或白色结晶。在潮湿的空气中略有潮解,易溶于水,其水溶液久置空气中易被氧化而析出碘。

碘化钾在医药上主要用于治疗甲状腺肿大,是常用的补碘试剂,也可以作为配制碘酊的助溶剂。

三、拟卤素

有一些多原子分子和卤素单质的性质相似,它们形成阴离子时又与卤离子性质相似,把这些多原子分子称为拟卤素,又称类卤素。拟卤素主要包括氰$[(CN)_2]$和硫氰$[(SCN)_2]$,其对应的阴离子为氰离子(CN^-)和硫氰酸根(SCN^-)。拟卤素也可形成酸和盐,见表7-3。

表7-3　拟卤素

	卤素	氰	硫氰
"单质"	X_2	$(CN)_2$	$(SCN)_2$
酸	HX	HCN	HSCN
盐	KX	KCN	KSCN

（一）氢氰酸和氰化物

氰化氢(HCN)的水溶液称为氢氰酸,是一种挥发性弱酸。氢氰酸盐称为氰化物,常见的有氰化钠和氰化钾,它们都易溶于水。氢氰酸和氰化物均有剧毒。

氰离子具有还原性和配位性。在碱性条件下氯气可以氧化污水中的氰化物。

$$2CN^- + 8OH^- + 5Cl_2 == 2CO_2\uparrow + N_2\uparrow + 10Cl^- + 4H_2O$$

现在工业上主要采用在污水中加入硫酸亚铁和消石灰除去氰化物,使之生成稳定而且无毒的配合物$[Fe(CN)_6]^{4-}$。铁氰化钾$(K_3[Fe(CN)_6])$和亚铁氰化钾$(K_4[Fe(CN)_6])$是Fe^{2+}和Fe^{3+}、Cu^{2+}的鉴定试剂,药物分析中,用于亚铁盐、铁盐、铜盐的鉴别试验。

（二）硫氰化物

硫氰化物大多易溶于水。硫氰酸根离子能与许多过渡金属离子形成配位化合物，与 Fe^{3+} 形成血红色配位化合物

$$Fe^{3+} + 6SCN^- \Longrightarrow [Fe(SCN)_6]^{3-}$$

此反应常用于铁盐的鉴别试验和杂质（Fe^{3+}）的检验。

第二节　氧族元素

氧（O）、硫（S）、硒（Se）、碲（Te）、钋（Po）五种元素位于元素周期表中ⅥA族，我们通常称为氧族元素。

一、氧族元素的通性

氧族元素中，氧和硫是典型的非金属，硒和碲也是非金属，但具有部分金属性，钋是具有放射性的稀有金属。

（一）氧族元素简介

氧在地壳中分布最广，多以含氧化合物和含氧酸盐的形式存在，约占地壳中各种元素总质量的 49%，海水中约占 89%（质量），大气中游离态的氧约占 21%（体积）。

硫的含量比氧少得多。地壳中的硫多以硫化物、硫酸盐和单质硫的形式存在。通常火山喷发后会形成单质硫矿，工业废气中含有硫气体，主要来自于煤和石油的燃烧，动植物体内蛋白质腐败时也会产生硫化氢气体。

硒和碲在自然界中含量很少，常在金属硫化物矿中存在。

氧、硫、硒是重要的生命元素。氧是人体内水和有机物的主要组成元素；硫是蛋白质的组成元素；硒是人体内必需的微量元素。克山病（以心肌坏死为主要症状的地方病，1935 年首先在黑龙江省克山县发现，并根据县名而命名）和大骨节病（多发性和变形性骨关节病），被认为与体内缺硒有关。据研究认为，硒还可以防癌和抗衰老，但过量会产生硒中毒。

（二）氧族元素的通性

氧族元素的原子最外电子层有 6 个价电子，它们的原子都能结合两个电子形成氧化数为 −2 的阴离子，但和卤素原子相比，它们结合两个电子当然不像卤原子结合一个电子那么容易，因而氧族元素的非金属活泼性弱于卤素。另一方面，由氧向硫过渡，原子的电负性有一个突然的降低，所以，硫、硒和碲能显正氧化态，并且最高氧化数是 +6。在氧族中随着原子半径的增大，即由氧向钋过渡，元素的非金属性逐渐减弱，而金属性逐渐增强，硒和碲属于半金属元素，而钋为金属元素。氧族元素的原子结构和性质见表 7-4。

表 7 - 4　氧族元素的原子结构和性质

元素名称	元素符号	核电荷数	原子半径(pm)	电子层结构 K L M N O					主要氧化数	电负性	单质	颜色	状态	导电性	性质
氧	O	8	73	2	6				−2,0	3.5	O_2	无色	气体		非金属
硫	S	16	102	2	8	6			−2,0 +2,+4 +6	2.44	S	淡黄色	固体	不导电	非金属
硒	Se	34	117	2	8	18	6		−2,0 +2,+4 +6	2.48	Se	灰色	固体	半导体	非金属
碲	Te	52	135	2	8	18	18	6	−2,0 +2,+4 +6	2.01	Te	银白色	固体	导体	部分金属

二、氧族元素及其化合物

(一)臭氧和过氧化氢

1. 臭氧

臭氧(O_3)是氧气(O_2)的同素异性体。所谓同素异性体是指由同种元素的原子组成的不同单质,彼此互称同素异性体。常温下,O_3 是浅蓝色的气体,因具有特殊的气味而被称作臭氧。打雷时在电火花的作用下,高空中的氧气分子发生反应产生臭氧(O_3)。臭氧很不稳定,在紫外线照射下,又分解产生氧气。空气中 O_3 的含量很低,在距地面 20～40 km 的大气平流层中存在臭氧保护层,能吸收太阳光的紫外线辐射,保护着地球表面一切生物。但随着大气污染物中还原性工业废气(如卤代烃、硫、氮、碳的氧化物等)含量的增加,臭氧层正在不断遭到破坏。

臭氧具有杀菌能力,可用于饮用水的消毒、空气净化以及含有机物废水的处理等。

O_3 的氧化性大于 O_2。常温下,O_3 能与许多还原剂直接作用:

$$PbS + 2 O_3 == PbSO_4 + O_2 \uparrow$$

$$2Ag + 2 O_3 == 2 O_2 \uparrow + Ag_2O_2 (过氧化银)$$

O_3 用作氧化剂、漂白剂和消毒剂时,不仅作用强、速度快,而且不会造成二次污染。

2. 过氧化氢

过氧化氢(H_2O_2)的水溶液俗称双氧水,是一种无色的液体,可与水以任意比例混溶。物理性质与水相似。

双氧水的化学性质主要为不稳定性、弱酸性以及氧化、还原性。

(1)不稳定性　双氧水不稳定,常温下即能分解放出氧气:

$$2 H_2O_2 == O_2 \uparrow + 2 H_2O$$

见光、遇热、遇酸等使分解反应加速,二氧化锰可使双氧水迅速分解完全。高温下双氧水剧烈分解甚至发生爆炸。因此,保存双氧水时应注意避光、低温和密闭。

(2)弱酸性 双氧水在溶液中可电离出氢离子（H^+），使溶液显弱酸性。

$$H_2O_2 \Longrightarrow H^+ + HO_2^-$$

双氧水与碱作用生成过氧化物：

$$H_2O_2 + Ba(OH)_2 \Longrightarrow BaO_2 + 2\ H_2O$$

(3)氧化、还原性 双氧水分子中氧原子的氧化数为-1，处于中间氧化态，因此既可以被氧化，又可以被还原。

$$H_2O_2 + 2I^- + 2H^+ \Longrightarrow I_2 + 2\ H_2O$$

$$2MnO_4^- + 5\ H_2O_2 + 6\ H^+ \Longrightarrow 2Mn^{2+} + 5O_2\uparrow + 8\ H_2O$$

双氧水是常用的氧化剂，而且还原的产物是水，不会对环境造成污染，主要用于纸浆、棉麻、毛丝等的漂白剂，$30\ g\cdot L^{-1}$ H_2O_2 的稀溶液为临床上伤口等的消毒剂。

(4)生成过氧化铬的反应 在酸性介质中与重铬酸盐作用，生成蓝色的过氧化铬（CrO_5）。过氧化铬在水中不稳定，但能够稳定的存在于乙醚中。该反应可用于 H_2O_2 或 $Cr_2O_7^{2-}$、CrO_4^{2-} 离子的鉴定，《中国药典》利用该反应检验过氧化氢的存在。

$$Cr_2O_7^{2-} + 4\ H_2O_2 + 2H^+ \Longrightarrow 2CrO_5 + 5H_2O$$

(二)硫的化合物

1. 硫化氢

硫化氢（H_2S）是无色、具有臭鸡蛋气味、有毒的气体。当空气中硫化氢的体积分数达到 0.1% 时，就能引起头疼、晕眩等中毒症状。所以在制备或使用硫化氢时必须在通风橱中进行。

硫化氢能溶于水，其水溶液称为氢硫酸。氢硫酸的主要化学性质为弱酸性、还原性及与金属离子的沉淀反应。

(1)弱酸性 H_2S 为二元弱酸，在溶液中有如下电离平衡：

$$H_2S \Longrightarrow H^+ + HS^- \qquad K_1 = 9.1 \times 10^{-8}$$

$$HS^- \Longrightarrow H^+ + S^{2-} \qquad K_2 = 1.1 \times 10^{-12}$$

(2)还原性 H_2S 是还原剂，空气中的 O_2 能将溶于水的 -2 价的硫氧化成单质硫，故氢硫酸久置可变混浊。

$$2\ H_2S + O_2 \Longrightarrow 2S\downarrow + 2\ H_2O$$

H_2S 与强氧化剂作用时，还可被氧化成更高氧化态的化合物。

$$H_2S + 4Cl_2 + 4\ H_2O \Longrightarrow H_2SO_4 + 8HCl$$

(3)与金属离子的沉淀反应 H_2S 在溶液中能与许多金属离子生成难溶性的硫化物沉淀，这些沉淀常具有特殊的颜色和不同的溶解性，可利用这些性质来鉴别和分离金属离子。

2. 金属硫化物

金属硫化物在水中的溶解度相差很大，而且大多数都具有特征颜色。利用这些性质可以初步分离和鉴别各种金属离子。如

$$Pb^{2+} + S^{2-} \Longrightarrow PbS\downarrow（黑色）$$

难溶性金属硫化物在水中的溶解度相差很大，并且它们在盐酸、硝酸、王水、氢氧化钠等试剂中的溶解性也是不相同的。某些难溶性金属硫化物的颜色、K_{sp} 及溶解性的特征见表7-5。

表 7 – 5　某些难溶性金属硫化物的性质

名称	化学式	颜色	溶解性特征
硫化钠	Na_2S	白色	溶于水
硫化钾	K_2S	白色	溶于水
硫化铵	$(NH_4)_2S$	白色	溶于水
硫化锰	MnS	肉色	溶于稀盐酸
硫化亚铁	FeS	黑色	溶于稀盐酸
硫化锌	ZnS	白色	溶于稀盐酸
硫化镉	CdS	黄色	溶于浓盐酸
硫化亚锡	SnS	褐色	溶于浓盐酸
硫化铅	PbS	黑色	溶于浓盐酸
硫化铜	CuS	黑色	溶于浓硝酸
硫化亚铜	Cu_2S	黑色	溶于浓硝酸
硫化砷	As_2S_5	浅黄色	溶于浓硝酸
硫化银	Ag_2S	黑色	溶于浓硝酸
硫化汞	HgS	黑色	仅溶于王水
硫化亚汞	Hg_2S	黑色	仅溶于王水

3. 硫代硫酸钠

含氧酸中氧原子被硫原子取代所得的酸称为硫代某酸,它所对应的盐称为硫代某酸盐。

硫代硫酸钠($Na_2S_2O_3 \cdot 5H_2O$)商品名为海波,俗称大苏打,为无色透明柱状晶体,易溶于水,稳定存在于中性和碱性溶液中,遇酸迅速分解,析出单质硫,并放出二氧化硫气体。

$$Na_2S_2O_3 + 2HCl = 2NaCl + S\downarrow + SO_2\uparrow + H_2O$$

该反应常常用作硫代硫酸根离子($S_2O_3^{2-}$)的鉴定反应。

硫代硫酸钠因其中一个硫原子的氧化数为 0,因而具有较强的还原性,用作药物制剂中的抗氧化剂。例如,硫代硫酸钠可被碘氧化成连四硫酸钠($Na_2S_4O_6$)。

$$2Na_2S_2O_3 + I_2 = Na_2S_4O_6 + 2NaI$$

分析化学中,可运用该反应定量测定碘。

硫代硫酸根能与许多重金属离子形成稳定的配合物,并能将氰根离子(CN^-)转化为硫氰根(SCN^-),医药上可用作卤素、氰化物和重金属中毒时的解毒剂。

$$2S_2O_3^{2-} + AgX = [Ag(S_2O_3)_2]^{3-} + X^-$$

$$S_2O_3^{2-} + CN^- = SO_3^{2-} + SCN^-$$

三、常用含氧族元素的药物

(一)过氧化氢溶液(双氧水)

药用双氧水的浓度为 3%,为消毒防腐药物。双氧水在组织酶的作用下,分解放出活性氧而具有杀菌消毒作用,常用于清洗疮口,用于治疗化脓性中耳炎,口腔炎等。1‰的双氧水还可用于含漱。

(二)药用硫

药用硫主要有升华硫、沉降硫和洗涤硫。升华硫用于配制 10% 的硫黄软膏,外用治疗疥疮、真菌感染及牛皮癣等。洗涤硫和沉降硫既可外用也可内服,内服有轻泻作用。

(三)硫酸钠

硫酸钠常含 10 个结晶水($Na_2SO_4 \cdot 10\ H_2O$),中药名为芒硝或朴硝。$Na_2SO_4 \cdot 10\ H_2O$ 露置在空气中易风化失去结晶水。无水硫酸钠中药名为玄明粉或元明粉,有吸湿性,都可用作缓泻剂。

(四)硫代硫酸钠

20% 的硫代硫酸钠($Na_2S_2O_3$)普通制剂内服用于治疗重金属中毒,外用可治疗疥癣和慢性皮炎等皮肤病。10% 的硫代硫酸钠注射剂主要用于治疗氰化物、重金属(砷、汞、铅、铋)和碘的中毒。

(五)硫酸钡

硫酸钡为白色结晶状粉末,既不溶于水,也不溶于酸。硫酸钡的悬浊液用于胃肠道造影,它能吸收 X 线,而且不会被胃肠道吸收,俗称"钡餐"。

(六)硫酸钙

硫酸钙为白色固体,含有 2 分子结晶水的硫酸钙称为石膏($CaSO_4 \cdot 2H_2O$)。含有 $\frac{1}{2}$ 分子结晶水的硫酸钙管为熟石膏($CaSO_4 \cdot \frac{1}{2}H_2O$)。熟石膏与水混合成糊状会很快凝固成石膏,利用这一特性,可用熟石膏制造各种模型。医疗上用于制成石膏绷带。

(七)硫酸亚铁

含有 7 分子结晶水的硫酸亚铁($FeSO_4 \cdot 7H_2O$)是淡绿色的晶体,俗称绿矾。易溶于水,易风化。在空气中易被氧化为硫酸铁而呈现黄色或铁锈色。硫酸亚铁在医药上用作补血剂,治疗缺铁性贫血。

(八)硫酸铜

硫酸铜是白色粉末,易吸收水分。从水溶液中析出的水合晶体含有 5 分子结晶水称五水合硫酸铜($CuSO_4 \cdot 5\ H_2O$)。五水合硫酸铜呈蓝色,俗称胆矾。硫酸铜在医药上用作催吐剂,也可治疗磷中毒。

第三节　碳族元素和硼族元素

在元素周期表中第ⅣA族元素称为碳族元素,包括碳(C)、硅(Si)、锗(Ge)、锡(Sn)、铅(Pb)五种元素。第ⅢA族元素称为硼族元素,包括硼(B)、铝(Al)、镓(Ga)、铟(In)、铊(Tl)五种元素。

一、碳族元素和硼族元素的通性

在碳族和硼族元素中,碳、硅和硼是非金属元素。碳、硅和硼在地壳中分别占 0.023%、

29.5% 和 $1.2\times10^{-3}\%$。硅的含量在所有元素中居第二位,它以大量硅酸盐矿和石英矿存在于自然界。碳的含量虽然不多,但它是地球上化合物最多的元素。大气中有二氧化碳;矿物中有各种碳酸盐、金刚石、石墨和煤;石油和天然气等是碳氢化合物;动植物体中的脂肪、蛋白质、淀粉和纤维素等也都是碳的化合物,如果说硅是构成地球上矿物界的主要元素,那么碳就是组成生物界的主要元素。硼在自然界中的含量不多,它同硅一样,主要存在于含氧化合物的矿石中。

像周期表中所有的主族元素一样,从上至下,碳族和硼族元素的非金属性递减,金属性递增。碳、硅是非金属元素,锗、锡、铅是金属元素;硼族元素中,硼是非金属元素,其他都是金属元素。总之,在长周期中,这两族元素处于金属元素和非金属元素区的交界处,元素由非金属转变为金属的性质更为突出。同时,这两族元素中一些元素及某些化合物的性质也比较相近。例如,碳、硅、硼都有同素异性体,都有很强的自相结合成键的能力,都以形成共价键为主要成键特征,它们的含氧酸都是弱酸等。

碳族元素的原子最外电子层有 4 个价电子,在化合物中碳的常见氧化数是 $+4$ 和 $+2$,硅的主要氧化数是 $+4$,硼的氧化数为 $+3$。碳、硅、硼元素的基本性质见表 $7-6$。

表 7-6　碳、硅、硼元素的基本性质

元素名称	元素符号	核电荷数	原子半径(pm)	电子层结构 K	L	M	主要氧化数	电负性	性质
碳	C	6	77	2	4		$+4,+2,(-2,-4)$	2.55	非金属
硅	Si	14	117	2	8	4	$+4,(+2)$	1.90	非金属
硼	B	5	88	2	3		$+3$	2.04	非金属

二、碳族元素和硼族元素及其化合物

(一)碳的单质

药用炭是具有高吸附能力的单质碳。这种单质碳通常由木炭经特殊活化处理(除去孔隙间的杂质、增大表面积)而制得的。药用炭是药物合成、天然药物有效成分分离提取、药品生产和药物制剂过程中常用的吸附剂。医药上药用炭常用作止泻吸附药,能吸附各种化学刺激物和胃肠内各种有害物质,服用后可减轻肠内容物对肠壁的刺激,减少肠蠕动而起到止泻作用。可用于各种胃肠胀气、腹泻和食物中毒的治疗。药用炭在制糖工业、空气净化、净水和防毒装置中也有广泛的应用。

(二)碳酸和碳酸盐

碳酸(H_2CO_3)是碳唯一的无机含氧酸。二氧化碳溶于水即形成碳酸。碳酸是二元弱酸,具有酸的通性。碳酸的电离是分步进行的,电离常数是 $K_{a1}=4.3\times10^7$,$K_{a2}=5.6\times10^{-11}$。

碳酸可形成两类盐,即碳酸盐和碳酸氢盐。下面介绍碳酸盐的溶解性、碳酸根离子(CO_3^{2-})的沉淀反应、可溶性碳酸盐的酸碱性和热稳定性。

1. 溶解性

碳酸氢盐均能溶于水。碳酸盐中只有碱金属碳酸盐和碳酸铵易溶于水。

2. 遇酸分解

所有碳酸盐遇强酸均分解,放出二氧化碳气体(CO_2)。因此,难溶性碳酸盐能溶解在强酸溶液中:

$$CO_3^{2-} + 2H^+ = CO_2\uparrow + H_2O$$

这是碳酸盐最主要的化学性质,也是鉴定碳酸根离子的特效反应。

3. 碳酸根离子(CO_3^{2-})的沉淀反应

CO_3^{2-} 与 Ca^{2+}、Ba^{2+} 等离子作用生成碳酸盐沉淀。钙、钡等金属的氢氧化物为强碱,溶解度比其碳酸盐的溶解度大得多。因此,Ca^{2+}、Ba^{2+} 等金属离子与 CO_3^{2-} 作用时生成碳酸盐沉淀。例如

$$Ca^{2+} + CO_3^{2-} = CaCO_3\downarrow$$

4. 可溶性碳酸盐和碳酸氢盐的酸碱性

可溶性碳酸盐和碳酸氢盐溶于水时均发生质子传递反应,溶液显碱性

$$CO_3^{2-} + H_2O = HCO_3^- + OH^-$$

$$HCO_3^- + H_2O = H_2CO_3 + OH^-$$

碳酸盐溶于水时以第一步反应为主,盐的浓度越大,溶液的碱性越强。所以,Na_2CO_3 被称为纯碱,是重要的化工原料。$0.1\ mol \cdot L^{-1}$ Na_2CO_3溶液的 $pH = 11.6$。

碳酸氢钠溶于水时,因碳酸氢根离子(HCO_3^-)获得质子的倾向大于释放质子的倾向,溶液显弱碱性。重要的碳酸氢盐是碳酸氢钠($NaHCO_3$),俗称小苏打。$0.1\ mol \cdot L$ $NaHCO_3$ 溶液的 $pH = 8.3$。

5. 热稳定性

碳酸盐受热易分解。一般情况下,碳酸氢盐的热稳定性小于碳酸盐。碳酸根离子(CO_3^{2-})在溶液中对热稳定,而碳酸氢根离子(HCO_3^-)在溶液中不稳定,长期放置或受热易分解,放出 CO_2 并转化成 CO_3^{2-},溶液的碱性增强。因此,在配制 $NaHCO_3$ 注射液时,要往配制好的溶液中通入 CO_2 使其达到准饱和状态,灌封时还要以 CO_2 驱逐容器中的空气,使热压灭菌时分解了的 HCO_3^- 离子冷却后能再生成。

(三)二氧化硅和硅酸钠

1. 二氧化硅

二氧化硅(SiO_2)又称为硅石,天然的二氧化硅有晶态和无定形两种类型。石英为常见的二氧化硅晶体,耐高温,能透过紫外光。无色透明的纯石英叫水晶,常用于制造耐高温仪器和光学仪器。硅藻土则属于无定形二氧化硅。

二氧化硅是酸性氧化物,化学性质很不活泼,除 F_2、HF 和强碱外,常温下一般不与其他物质发生反应。强碱和熔融态的碳酸钠与二氧化硅的反应为

$$SiO_2 + 2NaOH = Na_2SiO_3 + H_2O$$

$$SiO_2 + Na_2CO_3 = Na_2SiO_3 + CO_2$$

生成的 Na_2SiO_3 能溶于水,因此,含有 SiO_2 的玻璃能被强碱腐蚀。

2. 硅酸钠

硅酸钠(Na_2SiO_3)是最常见的可溶性硅酸盐。SiO_3^{2-}碱性强,使溶液显强碱性,产物易聚合为二硅酸钠或多硅酸钠。

$$2Na_2SiO_3 + H_2O = Na_2Si_2O_5 + 2NaOH$$

多硅酸钠俗称水玻璃,又名泡花碱,为黏稠状液体,是多种多硅酸盐的混合物。可溶性硅酸盐与酸反应生成硅酸。

$$SiO_3^{2-} + 2H^+ = H_2SiO_3 \downarrow$$

硅酸经过老化、洗涤、烘干即得到硅胶。变色硅胶在实验室中用作干燥剂,用于分析天平和精密仪器的防潮,吸潮后根据硅胶的颜色变化判断硅胶的吸水程度。经烘干后仍可继续使用。

(四)硼酸和硼砂

1. 硼酸

硼酸(H_3BO_3)是无色的晶体,微溶于水,在热水中溶解度增大。当硼酸加热至 $100℃$ 时,脱去一分子水而成偏硼酸。

$$H_3BO_3 = HBO_2 + H_2O$$

硼酸能够接受水电离出的 OH^- 而产生一个 H^+,因此,硼酸是一种一元弱酸。

$$H_3BO_3 + H_2O = B(OH)_4^- + H^+$$

硼酸与甘油或其他多元醇作用,生成稳定的配合物,可使酸性增强,生成的配合物是一个较强的一元酸。

2. 硼砂

四硼酸钠($Na_2B_4O_7$)是常见的硼酸盐,它的水合物($Na_2B_4O_7 \cdot 10H_2O$)俗称硼砂。硼砂因无吸湿性,容易制得纯品,分析化学中用作标定盐酸溶液的基准物质。铁、钴、镍、铬等金属氧化物或盐类与硼砂一起灼烧,生成偏硼酸复盐并显出特殊的颜色,常用于鉴定金属离子。

三、常用的含碳族元素和硼族元素药物

(一)药用炭

药用炭为植物药用炭,吸附药。内服用于治疗腹泻、胃肠胀气、生物碱中毒和食物中毒。

(二)碳酸氢钠

碳酸氢钠($NaHCO_3$),俗称小苏打,为吸收性抗酸药。内服能中和胃酸及碱化尿液,5% $NaHCO_3$ 注射液用于治疗酸中毒。

(三)硼酸和硼砂

硼酸(H_3BO_3)具有杀菌作用,1%～4%的硼酸溶液用于冲洗眼睛、膀胱和伤口。4.5%～5.5%的硼酸软膏常用于治疗皮肤溃疡和褥疮。硼酸甘油滴耳剂用于治疗中耳炎。

硼砂($Na_2B_4O_7 \cdot 10H_2O$)又名盆砂,外用时的作用与硼酸相似。内服能刺激胃液分泌。硼砂也是治疗咽喉炎及口腔炎的冰硼散和复方硼砂含漱剂的主要成分。

(四)氢氧化铝

氢氧化铝[$Al(OH)_3$]内服用于中和胃酸,其产物 $AlCl_3$ 还具有收敛和局部止血作用。$Al(OH)_3$是较好的抗酸药,常制成氢氧化铝凝胶或氢氧化铝片剂,作用缓慢而持久。$Al(OH)_3$凝胶能保护溃疡面并具有吸附作用。

(五)明矾

明矾[$KAl(SO_4)_2 \cdot 12H_2O$],中药称白矾,经煅制加工后称苦矾或枯矾、炙白矾。白矾内

服有祛痰燥湿、敛肺止血的功效。外用多为枯矾,有收湿止痒和解毒的功效。0.5～2%的溶液可用于洗眼或含漱。外科用煅明矾作伤口的收敛性止血剂,也可用于治疗皮炎或湿疹。

(六)铅丹

铅丹又名黄丹,主要成分为 Pb_3O_4,具有直接杀灭细菌、寄生虫和抑制黏液分泌的作用。主要用于配制外用膏药,具有收敛、止消炎和生肌的作用。

 学习小结

1. 卤族元素

常见物质	主要性质
卤素单质(X_2)	①与金属反应
	②与氢气反应
	③与水反应
	④活泼性:$F_2>Cl_2>Br_2>I_2$
卤化氢(卤化物)	①稳定性:$HF>HCl>HBr>HI$
	②还原性:$I^->Br^->Cl^->F^-$
	③酸性:$HF<HCl<HBr<HI$

2. 氧族元素

常见物质	主要性质
臭氧(O_3)	氧化性(大于氧气)
过氧化氢(H_2O_2)	①不稳定性 ②弱酸性 ③氧化还原性 ④生成过氧化物(CrO_5)
硫化氢(H_2S),硫化物	①弱酸性 ②还原性 ③与金属离子的沉淀反应
硫代硫酸钠($Na_2S_2O_3$)	①遇酸分解 ②还原性 ③配位性

3. 碳族和硼族元素

常见物质	主要性质
药用炭	吸附性
碳酸和碳酸盐	①二元弱酸 ②碳酸盐遇酸分解 ③碳酸根离子的沉淀反应 ④可溶性碳酸盐的碱性大于碳酸氢盐 ⑤热稳定性:碳酸<碳酸氢盐<碳酸盐
二氧化硅和硅酸钠	①酸性氧化物 ②性质不活泼 ③硅酸钠呈强碱性与酸反应得到硅胶;具有强的吸附作用
硼酸和硼砂	①一元弱酸 ②配位性 ③焰色反应

目标检测

一、选择题

1. 下列卤化物中稳定性最强的是（　　）

A. HI   B. HBr   C. HCl   D. HF

2. 下列各组溶液中不能发生化学反应的是（　　）

A. 氯水和溴化钠   B. 氯水和溴化钾   C. 溴水和氯化钠   D. 溴水和碘化钾

3. 能使淀粉碘化钾溶液变蓝的是（　　）

A. 氯水   B. 氯化钠   C. 溴化钠   D. 碘化钠

4. 自来水可用氯水消毒，是因为氯水中含有（　　）

A. 氯气   B. 氧气   C. 盐酸   D. 次氯酸

5. 下列酸中能够腐蚀玻璃的是（　　）

A. 盐酸   B. 硝酸   C. 硫酸   D. 氢氟酸

6. 下列关于过氧化氢性质的叙述正确的是（　　）

A. 只有氧化性   B. 只有还原性

C. 既有氧化性，又有还原性   D. 既没有氧化性，又没有还原性

7. 下列物质中没有氧化性的是（　　）

A. Cl_2 B. NaCl   C. NaClO   D. $NaClO_3$

8. 检验 Fe^{3+} 的特效试剂是（　　）

A. KCN   B. KSCN   C. $AgNO_3$ D. HNO_3

9. 在实验室里，常用于精密仪器防潮的是（　　）

A. 药用炭   B. 硅胶   C. 浓硫酸   D. 硼砂

10. 下列物质有剧毒的是（　　）

A. KSCN   B. KCN   C. $K_3[Fe(CN)_6]$ D. $K_4[Fe(CN)_6]$

11. 下列各组试剂能区别 $NaCl$、NH_4Cl、KI、NH_4Br 四种物质的是（　　）

A. 氯气与淀粉   B. 硝酸银与氢氧化钠

C. 硝酸银与氨水   D. 硝酸银与硝酸

12. 下列酸中，属于一元弱酸的是（　　）

A. HCl   B. H_3PO_4 C. H_3BO_3 D. H_2CO_3

13. Na_2S 试剂加入含有下列各组离子的溶液中，不生成黑色沉淀的是（　　）

A. Fe^{3+}、Al^{3+} B. Cd^{2+}、Zn^{2+} C. Ag^+、Cu^{2+} D. Mn^{2+}、Pb^{2+}

14. 下列能鉴别氯化钠、溴化钠、碘化钠溶液的试剂是（　　）

A. 氯水和四氯化碳   B. 溴水和四氯化碳

C. 碘液和四氯化碳   D. 淀粉溶液

15. 下列物质中，不能用作消毒剂的是（　　）

A. 氨水   B. 氯水   C. 臭氧   D. 双氧水

二、填空

1. 卤素原子的最外电子层有_____个电子,在化学反应中都容易_____个电子,最低氧化数为_____。卤素都是活泼的_____元素,它们的活泼性随核电荷数的_____、原子半径的_____而减弱。

2. 漂白粉的有效成分是_____。

3. 金属卤化物的稳定性按照_____、_____、_____、_____的顺序递减。

4. 检验 Cl^-、Br^-、I^- 所用的试剂是_____和_____。

5. 过氧化氢的化学性质主要有_____、_____、_____。

6. 在 A 溶液中加入稀盐酸,产生刺激性气体 B 和黄色沉淀 C,将 B 通入氢氧化钠溶液中得到 D 溶液,氯水与 D 溶液作用生成 E,E 与氯化钡溶液作用产生白色沉淀 F。根据上述性质,确定 A 为_____、B 为_____、C 为_____、D 为_____、E 为_____、F 为_____。

7. 碳酸氢钠($NaHCO_3$)俗称_____,为吸收性抗酸药。内服能中和胃酸及碱化尿液,5% $NaHCO_3$ 注射液用于治疗_____。

8. 四硼酸钠($Na_2B_4O_7$)是常见的硼酸盐,它的水合物($Na_2B_4O_7 \cdot 10 H_2O$)俗称_____。

9. 硼酸(H_3BO_3)具有_____作用,1%～4% 的硼酸溶液用于冲洗眼睛、膀胱和伤口。4.5～5.5% 的硼酸软膏常用于治疗皮肤_____和_____。硼酸甘油滴耳剂用于治疗_____。

10. 硫酸钡的悬浊液用于胃肠道造影,它能吸收_____,而且不会被胃肠道吸收,俗称"_____"。

11. 卤化氢的热稳定性由大到小的顺序为:_____。

12. 卤化氢的还原性由弱到强的顺序为_____。

13. _____用作氧化剂、漂白剂和消毒剂时,不仅作用强,速度快,而且不会造成二次污染。

14. _____能与许多重金属离子形成稳定的配合物,并能将氰根离子(CN^-)转化为硫氰根(SCN^-),医药上可用作卤素、氰化物和重金属中毒时的解毒剂。

15. 药用炭是药物合成、天然药物有效成分分离提取、药品生产和药物制剂过程中常用的_____。医药上药用炭常用作止泻吸附药,能吸附各种化学刺激物和胃肠内各种有害物质,服用后可减轻肠内容物对肠壁的刺激,减少肠蠕动而起到止泻作用。可用于各种_____、_____和_____的治疗。

三、简答题

1. 卤族元素在原子结构上有何异同点?

2. 怎样用实验方法鉴别 NaCl、NaBr 和 KI,并写出有关离子方程式。

3. 把湿润的有色布条放入氯气中,布条褪了色,而干燥的有色布条在氯气中不褪色,这一现象说明什么?

4. 在某溶液中滴加硝酸银,产生黄色沉淀,该沉淀既不溶于稀硝酸也不溶于氨水,该溶液中含有什么离子?

5. 往某溶液中加入硫氰酸钾溶液,出现血红色,该溶液中一定含有哪种离子,为什么?

6.在某溶液 A 中加入氯化钠溶液,有白色沉淀 B 析出,沉淀 B 能溶于氨水得到溶液 C,在C 中加入溴化钠溶液,有浅黄色沉淀 D 析出,D 可溶于硫代硫酸钠溶液中。请确定 A、B、C、D 各是什么物质。

7.在溶液 A 中加入稀盐酸,有黄色沉淀 B 和刺激性气体 C 生成,将气体 C 通入氢氧化钠溶液中得到溶液 D,在溶液 D 中加入氯水生成溶液 E,E 与氯化钡溶液作用产生白色沉淀 F。A、B、C、D、E、F 各为什么物质?

第八章 常见的金属元素及其化合物

🎯 **学习目标**

【知识目标】

- 掌握常见金属元素单质及其化合物的基本性质和变化规律。
- 熟悉常见金属元素在周期表中的位置及其性质与电子层结构的关系。
- 了解常见含金属元素的药物。

【能力目标】

- 能熟练确定常见金属元素在周期表中的位置,并说出其单质与化合物的基本性质;
- 会通过元素周期律判断常见金属元素以外其他金属元素的基本性质。

金属元素位于元素周期表中 s 区(H 除外)、d 区、f 区、ds 区以及 p 区的左下方,目前为止共计 90 种(表 8-1)。本章将介绍与生命活动密切相关的常见金属元素及其化合物。

表 8-1 元素周期表中的金属元素

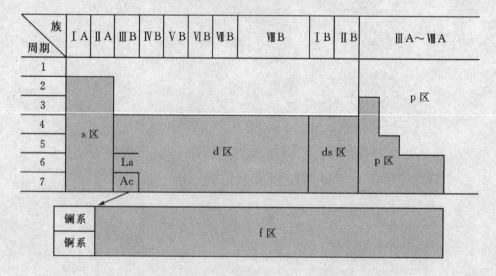

第一节 碱金属和碱土金属

碱金属和碱土金属是位于 s 区的金属元素,分别占据 I A 族和 II A 族。

I A 族元素(氢除外)包括锂、钠、钾、铷、铯及钫六种金属元素。该族元素的原子价层电

子构型为 ns^1，化学反应中极易失去 1 个电子形成 +1 价阳离子，表现出很强的金属性。由于它们氧化物的水溶液具有强碱性，因此称为碱金属。上述六种碱金属元素中，锂、铷、铯属于稀有金属，钠和钾最为常见，钫具有放射性。

ⅡA 族元素包括铍、镁、钙、锶、钡及镭六种金属元素。该族元素的原子价层电子构型为 ns^2，化学反应中易失去 2 个电子形成 +2 价阳离子，表现出强金属性。此外，由于钙、锶、钡的氧化物介于碱性和土性（难溶且难熔融的 Al_2O_3 为土性）之间，因此称为碱土金属。碱土金属中，铍属于稀有金属，镁和钙最为常见，镭具有放射性。

一、碱金属和碱土金属元素的通性

碱金属和碱土金属均存在明显的周期性。

碱金属单质具有银白色金属光泽（Cs 略带金色），质软，密度小，熔、沸点比较低。它们的化学性质活泼，是很强的还原剂，能与许多非金属发生剧烈反应，反应能力随着核电荷数的递增而增强。它们与卤素、氧、硫、氮、磷等反应生成各种无机盐；与氢气反应生成白色粉末状的氢化物；与水反应放出氢气，并生成相应的氢氧化物。因此，为了防止碱金属单质变质，一般将其储存在煤油或石蜡中。

碱土金属的单质为银白色（铍为钢灰色）固体，容易同空气中的氧气和水蒸气作用，在表面形成氧化物和碳酸盐，失去光泽而变暗。熔、沸点较同周期的碱金属要高。单质的还原性随着核电荷数的递增而增强。与碱金属相比，碱土金属的还原性减弱。

碱金属、碱土金属及它们的挥发性盐在无色火焰中灼烧时能产生特征颜色，俗称焰色反应，可以用于鉴定特定的金属元素（表 8-2）。

表 8-2　碱金属和碱土金属的火焰颜色

金属	Li	Na	K	Rb	Cs	Ca	Sr	Ba
火焰颜色	洋红	黄	紫	紫	蓝	橙	砖红	绿

二、碱金属和碱土金属及其化合物

(一)钠和钾

1. 单质

钠和钾具有很强的还原性，能与水、非金属及许多化合物直接反应。实验室常将钠、钾存放在煤油中（钾还需用石蜡包裹），隔离空气和水，以免发生燃烧和爆炸。钠、钾也可以与其他金属制造合金，如钠汞齐（钠溶于汞中）是平和的还原剂。此外，钠和钾是人体必需的组成元素。细胞内、外液的阳离子分别以 K^+、Na^+ 为主，它们维持着细胞内、外液的渗透压和酸碱平衡，参与神经信息的传递过程，对机体正常的物质代谢和生理功能有着十分重要的意义。

2. 重要的化合物

(1)氢化物

NaH 和 KH 都是白色的类盐型化合物，其中氢以 H^- 形式存在，故称为离子型氢化物或盐型氢化物。这类氢化物都是强还原剂，它们遇到含有 H^+ 的物质，会迅速放出氢气。

$$NaH + H_2O \xrightarrow{\quad} NaOH + H_2\uparrow$$

$$KH + H_2O \xrightarrow{\quad} KOH + H_2\uparrow$$

因此，NaH 和 KH 在潮湿的空气中会自燃，应密闭保存，并储存于阴凉、干燥、通风良好的地方。

（2）氧化物

碱金属的氧化物包括普通氧化物、过氧化物和超氧化物。在充足的空气中燃烧时，锂生成氧化锂（Li_2O），钠生成过氧化钠（Na_2O_2），而钾、铷、铯则生成超氧化物 KO_2、RbO_2、CsO_2。

Na_2O_2 是最常见的过氧化物，淡黄色粉末或颗粒，本身相当稳定，加热熔融也不分解。但易潮解，与水或稀酸反应生成过氧化氢，过氧化氢立即分解放出氧气。

$$Na_2O_2 + 2H_2O \xrightarrow{\quad} 2NaOH + H_2O_2$$

$$Na_2O_2 + H_2SO_4 \xrightarrow{\quad} Na_2SO_4 + H_2O_2$$

$$2H_2O_2 \xrightarrow{\quad} 2H_2O + O_2\uparrow$$

所以，Na_2O_2 常用作氧化剂、漂白剂和氧气发生剂。另外，由于 Na_2O_2 也能吸收 CO_2 放出 O_2，常被用作防毒面具、高空飞行或潜水时的供氧剂。

$$2Na_2O_2 + 2CO_2 \xrightarrow{\quad} 2Na_2CO_3 + O_2\uparrow$$

KO_2 是较易制备的超氧化物，属于强氧化剂，与水或稀酸反应生成过氧化氢和氧气。也能吸收 CO_2 放出 O_2，常用于急救器中和潜水、登山等方面。

$$2KO_2 + 2H_2O \xrightarrow{\quad} 2KOH + H_2O_2 + O_2\uparrow$$

$$2KO_2 + H_2SO_4 \xrightarrow{\quad} K_2SO_4 + H_2O_2 + O_2\uparrow$$

$$4KO_2 + 2CO_2 \xrightarrow{\quad} 2K_2CO_3 + 3O_2\uparrow$$

（3）氢氧化物

碱金属的氢氧化物都是白色固体，在空气中容易潮解和吸收 CO_2。碱性自上而下逐渐增强：$LiOH < NaOH < KOH < RbOH < CsOH$。

$NaOH$ 是其中最重要的氢氧化物，又称烧碱、火碱、苛性钠。固体 $NaOH$ 是常用的干燥剂。

（二）镁和钙

1. 单质

镁具有比较强的还原性，能与热水反应放出氢气，也能直接与氮、硫和卤素等化合。常用做还原剂去置换钛、锆、铀、铍等金属。镁合金具有很好的机械强度，质轻，是很好的航空工业材料。此外，镁是一种参与生物体正常生命活动及新陈代谢过程必不可少的元素，可作为多种酶的激活剂。镁离子在细胞内的含量仅次于钾离子而居第二位，它参与骨骼及细胞的形成，与神经肌肉和心脏功能有密切关系。

钙的化学性质活泼，能与水、酸反应产生氢气。在空气中，钙表面形成一层氧化物和氮化物薄膜，以防止继续受到腐蚀。加热时，几乎能还原所有的金属氧化物。钙元素是人体必需的组成元素，存在于血浆和骨骼中，并参与凝血和肌肉的收缩过程。此外，钙还具有调节心律、降低心血管的通透性、控制炎症和水肿、维持酸碱平衡等作用。

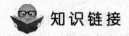 **知识链接**

钙与人体健康

　　成人缺钙可导致骨质软化症和骨质疏松症，引起抽搐及凝血功能不全等。儿童缺钙可引起生长迟缓、佝偻病、骨骼变形等。近年的临床医学及流行病学研究表明，人体钙的缺乏将导致高血压、血管硬化、退行性心脏瓣膜病、消化道恶性肿瘤、异位钙化、老年痴呆症及某些神经系统疾病的发病率上升。但人体若摄取钙过量时，也会引起异常生物矿化(如结石症)等疾病。

2. 重要的化合物

(1)氧化物

　　碱土金属在空气中和氧气反应，钡得到过氧化物，其余得到氧化物。在这些氧化物中，BeO 具有两性，其余为碱性氧化物。

　　MgO 为白色固体，熔点在 2800 ℃以上，为优质的耐火材料，可用于制造耐火砖、坩埚等。

　　CaO 又称石灰、生石灰，大量用于建筑行业，其次，在冶金、造纸和食品工业方面也有一定的应用价值。

(2)氢氧化物

　　$Mg(OH)_2$ 是中强碱，几乎不溶于水和醇，广泛应用于橡胶、化工、建材等行业。

　　$Ca(OH)_2$ 又叫熟石灰、消石灰。它的溶解度较小，主要应用于建筑材料、制造漂白粉、硬水软化、石油工业等。

三、常用的含碱金属和碱土金属元素的药物

1. 含钠和钾元素的药物

　　(1)NaCl　俗称食盐，临床上用 NaCl 配制生理盐水，主要用于出血过多或补充因腹泻引起的缺水症。另外，生理盐水还具有消炎作用，可用于洗涤伤口。

　　(2)KCl　是一种利尿药物，多用于心脏性或肾脏性水肿；还可用于治疗各种原因引起的缺钾症和洋地黄中毒引起的心律不齐。

　　(3)NaI 和 KI　可用于碘酊的配制，能增大碘的溶解度，NaI 还可用于配制造影剂。

　　(4)$NaHCO_3$　俗称小苏打，常用于治疗胃酸过多或酸中毒。

　　(5)$Na_2S_2O_3 \cdot 5H_2O$　俗称海波或大苏打，20%的硫代硫酸钠制剂内服用于治疗重金属中毒，外用可治疗慢性皮炎；10%的硫代硫酸钠注射剂可用于治疗氰化物、砷、汞、铅、铋和碘中毒。

2. 含镁和钙元素的药物

　　(1)MgO　医药上用 MgO 作为抗酸剂和轻泻剂，抑制和缓解胃酸过多，治疗胃溃疡和十二指肠溃疡病。中和胃酸作用强且缓慢持久，不产生二氧化碳。常用制剂有：

　　镁乳：$Mg(OH)_2$ 乳状液

　　镁钙片：每片含 MgO 0.1 g，$CaCO_3$ 0.5 g

　　制酸散：MgO 和 $NaHCO_3$ 混合制成的散剂

　　(2)$MgSO_4$　又称为泻盐，内服作缓泻剂和十二指肠引流剂。$MgSO_4$ 注射剂主要用于抗

惊厥。

（3）葡萄糖酸钙、磷酸氢钙、乳酸钙和氯酸钙　主要用于治疗急性钙缺乏症,防治慢性营养性钙缺乏症,抗炎、抗过敏,作为镁中毒时的拮抗剂等。近年来,有许多新型的补钙药物用于临床,这些钙剂多数以富含钙质的天然物质为原料,经过特殊的方法加工后,提高了钙的生物活性,更有利于人体的吸收利用。

（4）$CaSO_4$　$CaSO_4 \cdot 2H_2O$ 又称为生石膏,内服有清热泻火的功效。煅石膏粉末外用可治疗湿疹、烫伤、疥疮溃烂等。熟石膏($CaSO_4 \cdot \frac{1}{2}H_2O$)外用于制石膏绷带。

第二节　铝和铅

铝(Al)位于元素周期表第ⅢA族;铅(Pb)位于周期表第ⅣA族。

一、铝和铅的单质

纯铝是银白色有光泽的轻金属,具有良好的延展性、导电性、传热性和抗腐蚀性。铝可以和许多元素形成合金,所以在制造业和日常生活中有广泛用途。

铝的价电子构型是 $3s^2 3p^1$,主要氧化态为+3,是典型的两性金属,既能与酸反应,也能与碱反应。

$$2Al + 6H^+ \Longrightarrow 2Al^{3+} + 3H_2 \uparrow$$
$$2Al + 2OH^- + 6H_2O \Longrightarrow 2[Al(OH)_4]^- + 3H_2 \uparrow$$

铝在冷的浓硫酸、浓硝酸中容易产生钝化现象。

铅是银白色(与锡相比略带一点浅蓝)的重金属,质软,有毒,具有良好的展性(能压成薄片),但延性差(不能拉成丝)。对电和热的传递性较差,高温下易挥发。铅的价电子构型是 $6s^2 6p^2$,主要氧化态为+2、+4。铅很容易被空气中的氧气氧化成灰黑色的氧化铅而失去银白色光泽。不过,这层致密的薄膜能防止内部的铅进一步被氧化。铅的化学性质比较稳定,与稀盐酸、稀硫酸几乎不反应,因为反应生成的 $PbCl_2$ 和 $PbSO_4$ 溶解度很小,覆盖在铅的表面阻止了反应的继续进行。因此,铅在化工厂里常被用来制造管道和反应罐。此外,铅能有效阻挡 X 射线而被用作放射性的防护材料。

二、铝和铅的化合物

(一)铝的化合物

1. Al_2O_3

Al_2O_3 是铝的重要化合物,主要有两种晶型 α-Al_2O_3 和 γ-Al_2O_3。自然界中存在的 α-Al_2O_3 俗称刚玉,硬度仅次于金刚石,当混有微量的杂质时呈现不同的颜色,被称为宝石。红宝石通常含有微量的 $Cr(\mathbb{II})$,蓝宝石含有微量的 $Fe(\mathbb{II})$、$Fe(\mathbb{III})$ 或 $Ti(\mathbb{IV})$。γ-Al_2O_3 由于粒径小,比表面积大,因而具有很强的吸附能力和催化活性,被广泛用做吸附剂和催化剂载体。

2. $Al(OH)_3$

$Al(OH)_3$ 是两性氢氧化物,既能溶于酸也能溶于碱,但碱性略强于酸性,属弱碱,不溶于氨水。

3. $KAl(SO_4)_2 \cdot 12H_2O$

$KAl(SO_3)_2 \cdot 12H_2O$（十二水合硫酸铝钾）又称明矾，易溶于水，水解生成胶状的 $Al(OH)_3$，具有较强的吸附能力，所以明矾广泛用于水的净化。

(二)铅的化合物

1. 铅的氧化物

铅的主要氧化物有 PbO、PbO_2 和 Pb_3O_4。

PbO 有两种变体，分别呈黄色和红色，黄色 PbO（又称铅黄）加热至 $488℃$ 转变为红色 PbO（俗称"密陀僧"，是一种中药）；PbO_2 呈棕色，其中铅为 $+4$ 价，在酸性介质中是强氧化剂。例如，PbO_2 与浓硫酸作用放出氧气，与盐酸作用放出氯气。

$$2PbO_2 + 2H_2SO_4(浓) == 2PbSO_4 + O_2\uparrow + 2H_2O$$

$$PbO_2 + 4HCl == PbCl_2 + Cl_2\uparrow + 2H_2O$$

Pb_3O_4 俗称红丹或铅丹，可看成是由 PbO 和 PbO_2 形成的复合氧化物 $2PbO \cdot PbO_2$。铅丹具有直接杀灭细菌、寄生虫和制止黏液分泌的作用，常用作外用药膏。

2. 铅盐

二价铅的盐大多数难溶于水，有颜色特征，广泛用于颜料或涂料。如 $PbCrO_4$ 是黄色颜料，俗称铬黄；$[Pb(OH)]_2CO_3$ 为白色颜料，俗称铅白；$PbSO_4$ 可做白色油漆。可溶性的铅盐有毒，常见的有 $PbCl_2$、$Pb(NO_3)_2$ 及 $Pb(Ac)_2$。$Pb(Ac)_2$ 为无色晶体，有甜味，剧毒，俗称铅糖、铅霜。另外，实验室常用 $Pb(Ac)_2$ 试纸检验 H_2S 气体，是因为 $Pb(Ac)_2$ 与 H_2S 反应能生成黑色难溶的 PbS。

$$Pb^{2+} + S^{2-} == PbS\downarrow$$

 知识链接

铅的生物毒性

铅是有害元素，当进入人体后，除部分被排泄外，其余则在数小时后溶入血液从而阻碍血液的合成，导致人体贫血，出现头痛、眩晕、乏力、困倦、便秘与肢体酸痛等，有些人甚至感觉到口中有金属味，出现动脉硬化、消化道溃疡及眼底出血等症状。儿童铅中毒会导致发育迟缓、食欲缺乏、便秘和失眠等；小学生还伴有听觉障碍、注意力不集中、智力低下和多动症等，这是因为铅进入人体后通过血液浸入大脑神经组织，造成脑组织损伤所致，严重者可终身残废，特别是在儿童的生长发育期。铅若进入孕妇体内，会通过胎盘屏障，影响胎儿发育，造成畸形。

三、常用的含铝和铅元素的药物

(一)含铝的药物

1. $Al(OH)_3$

氢氧化铝是较好的抗酸药，医药级氢氧化铝用于肠胃类抑止胃酸用原料药，常用于制备氢氧化铝凝胶剂或氢氧化铝片剂等，作用缓慢持久。

2. $KAl(SO_4)_2 \cdot 12H_2O$

明矾属于含铝矿物药，中药又称为白矾，性寒味酸涩，具有较强的收敛作用。中医认为明

矾具有解毒杀虫,燥湿止痒,止血止泻,清热消痰的功效。医药上用作防腐、收敛和止血剂等。

(二)含铅的药物

Pb_3O_4(铅丹)又名黄丹、丹粉、朱粉和铅华。味辛,微寒。外用具有解毒生肌的功效,内服可坠痰镇惊。用于各种疮疡,黄水湿疹,溃疡久不收口,毒蛇咬伤,疟疾,痼癫等。但不可过量或持续服用,以防蓄积中毒。

第三节 过渡金属元素

过渡金属元素包括ⅠB～ⅦB族和Ⅷ族(即d区和ds区)元素。它们位于周期表中主族金属元素(s区)和主族非金属元素(p区)之间,故称为过渡金属元素。过渡金属元素的一个周期称为一个过渡系,第4、5、6周期的元素分别属于第一、二、三过渡系。

一、过渡金属元素的通性

过渡金属元素原子的价层电子构型为$(n-1)d^{1-10}ns^{1-2}$,其中d电子和s电子都较容易失去,表现出多种可变价态,最高可以显+7(锰)、+8(锇)氧化态。此外,由于空的d轨道的存在,过渡金属又很容易形成配合物。因此,过渡金属元素的性质与主族元素有明显差别。

过渡金属(ⅡB族除外)的熔、沸点一般比较高,密度和硬度也比较大。例如,钨(熔点3410℃)在所有金属单质中熔点最高;锇(密度22.59 g/cm³)在所有金属单质中密度最大;铬在所有金属单质中硬度最大。这些现象与过渡金属元素的原子半径较小,晶体中除s电子外,还与d电子参与成键等因素有关。

过渡金属元素具有金属的一般化学性质,但彼此的活性差别很大。第一过渡系都是比较活泼的金属,第二、第三过渡系的单质非常稳定。第一过渡系元素的高氧化态经常是强氧化剂,它们能形成具有还原性的二价金属离子;第二、三过渡系元素的原子半径大、价电子能量高,低氧化态很难形成,高氧化态也没有氧化性。另外,由于"镧系收缩"的影响,同族的二、三过渡系元素具有相仿的原子半径和相同的性质。

过渡金属离子具有未成对的d电子时,其水合离子往往具有颜色(表8-3)。

表8-3 过渡金属水合离子的颜色

未成对的d电子数	水合离子(颜色)
1	Cu^{2+}(蓝色)、Ti^{3+}(紫色)
2	Ni^{2+}(绿色)、V^{3+}(绿色)
3	Cr^{3+}(蓝紫色)、Co^{2+}(粉红色)
4	Fe^{2+}(浅绿色)
5	Mn^{2+}(浅粉色)

二、铬、锰、铁、钴、镍

铬、锰、铁、钴和镍都是第一过渡系d区元素,铬位于第ⅥB族,锰位于第Ⅶ族,铁、钴和镍

(性质相似,统称铁系元素)位于第ⅧB族。铬的价层电子构型为 $3d^5 4s^1$,具有 $+2\sim+6$ 各种氧化态,常见的是 $+2$、$+3$、$+6$,其中 $+3$ 最为稳定。锰的价层电子构型为 $3d^5 4s^2$,具有很多可能的氧化态,常见的有 $+2$、$+3$、$+4$、$+6$ 及 $+7$。铁的价层电子构型为 $3d^6 4s^2$,最常见的氧化态为 $+2$ 和 $+3$,在强氧化剂的作用下可达到 $+6$,特殊配合物中可以表现出 $+7$。钴的价层电子构型为 $3d^7 4s^2$,具有 $+1\sim+4$ 各种氧化态,最常见的氧化态为 $+2$ 和 $+3$,其中 $+2$ 价最稳定,$+3$ 价钴是强氧化剂。镍的价层电子构型为 $3d^8 4s^2$,具有 -1、$+1\sim+4$ 各种氧化态,最常见的氧化态为 $+2$ 和 $+3$,简单化合物中以 $+2$ 价最稳定,$+3$ 价镍盐为氧化剂。

(一)单质

铬具有银白色金属光泽,还原性很强,其表面易生成氧化膜而钝化,不易受到腐蚀。因此,铬不溶于浓硝酸或王水。未钝化的铬能与稀 HCl 或 H_2SO_4 作用,先生成 $Cr(Ⅱ)$(蓝色),继而被空气中的 O_2 氧化为 $Cr(Ⅲ)$(绿色)。

$$Cr + 2HCl === CrCl_2 + H_2\uparrow$$
$$4CrCl_2 + O_2 + 4HCl === 4CrCl_3 + 2H_2O$$

在高温条件下,铬能与卤素、硫、氮等非金属单质直接化合。

锰的外观类似铁,致密的块状金属锰是银白色的,粉末状的锰呈灰色。锰的化学性质活泼,常温下能与非氧化性稀酸作用放出氢气;高温下可与许多非金属单质直接化合。例如

$$Mn + 2HCl === MnCl_2 + H_2\uparrow$$
$$Mn + Cl_2 \xrightarrow{\Delta} MnCl_2$$
$$Mn + S \xrightarrow{\Delta} MnS$$
$$2Mn + 4KOH + 3O_2 \xrightarrow{\Delta} 2K_2MnO_4 + 2H_2O$$

铁是过渡金属元素中最常用的金属,在地壳中的含量仅次于氧、硅和铝,位居第四。铁有银白色金属光泽,硬而有延展性,熔点为 1535℃,沸点为 2750℃,有很强的铁磁性,并有良好的可塑性和导热性。铁在干燥的空气中很难跟氧气反应,但在潮湿的空气中很容易发生电化学腐蚀,若在酸性气体或卤素蒸气氛围中腐蚀更快。

铁的化学性质活泼,为强还原剂,在室温条件下可缓慢地从水中置换出氢,加热反应速率增高。此外,铁也可以置换金、铂、银、汞、铋、锡、镍或铜等离子,如

$$CuSO_4 + Fe === FeSO_4 + Cu$$

铁溶于非氧化性的酸如盐酸和稀硫酸中,形成二价铁离子并放出氢气;在冷的稀硝酸中则形成二价铁离子和硝酸铵。

$$Fe + H_2SO_4 === FeSO_4 + H_2\uparrow$$
$$4Fe + 10HNO_3 === 4Fe(NO_3)_2 + NH_4NO_3 + 3H_2O$$

钴是具有银灰色金属光泽的硬金属。它的主要物理、化学性质与铁、镍接近,属铁系元素。熔点为 1495℃,沸点为 2870℃,具有耐高温性和永磁性,是制造耐热合金、硬质合金、防腐合金、磁性合金和各种钴盐的重要原料,广泛用于航空、航天、电器、机械制造、化学和陶瓷工业。

常温下,致密的金属钴在空气中能稳定存在。高于 300℃ 时,钴会被空气中的氧气氧化。此外,赤热的钴能与水反应放出氢气。钴能溶于稀盐酸、稀硫酸和稀硝酸,而在浓硝酸中会钝化。加热时,钴与硫、氧、溴等发生剧烈反应。

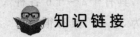 **知识链接**

^{60}Co 在医学上的应用

^{60}Co 是金属元素钴的放射性同位素之一,它会透过 β 衰变放出高速电子成为 ^{60}Ni,同时会放出两束 γ 射线。医学上,^{60}Co 常用于癌和肿瘤的放射治疗。此外,^{60}Co 具有极强的辐射性,能导致脱发,会严重损害人体血液内的细胞组织,造成白细胞减少,引起血液系统疾病,如再生障碍性贫血症,严重者会患上白血病(血癌),甚至死亡。

镍是银白色的硬金属,熔点为 1455℃,沸点为 2730℃,有铁磁性和延展性,能导电和导热。镍的化学性质很稳定,空气中不易被氧化,仅能缓慢溶于稀盐酸、稀硫酸和稀硝酸中,在发烟硝酸中钝化。纯镍银光闪闪,既美观、干净,且不易锈蚀,常用于电镀外科手术器械的表面。

(二)铬、锰、铁、钴、镍的化合物

1. 铬的化合物

铬(Ⅲ)的重要化合物主要有氧化物、氢氧化物和常见的盐,如 Cr_2O_3、$Cr(OH)_3$、$CrCl_3$、$Cr_2(SO_4)_3$、$KCr(SO_4)_2$(铬钾矾)等。铬(Ⅵ)的重要化合物最常见的有铬酸盐(如 K_2CrO_4 和 Na_2CrO_4 都是黄色晶体)和重铬酸盐(如 $K_2Cr_2O_7$ 和 $Na_2Cr_2O_7$ 都是红棕色晶体)。

Cr_2O_3 是难溶的绿色固体,常用作颜料,俗称铬绿。向 Cr(Ⅲ)盐溶液中加入适量的碱,可析出灰绿色的胶状沉淀 $Cr(OH)_3$。Cr_2O_3 和 $Cr(OH)_3$ 具有明显的两性,溶于酸形成铬(Ⅲ)盐,溶于碱形成亚铬(Ⅲ)盐。如

$$Cr_2O_3 + 6HCl == 2CrCl_3 + 3H_2O$$
$$Cr_2O_3 + 2NaOH == 2NaCrO_2 + H_2O$$

此外,$Cr(OH)_3$ 能溶解在过量的氨水中,生成铬的配合物。

$$Cr(OH)_3 + 6NH_3 == [Cr(NH_3)_6](OH)_3$$

Cr(Ⅲ)在碱性溶液中具有还原性,可被强氧化剂氧化成铬(Ⅵ);在酸性溶液中很稳定。

铬(Ⅵ)在酸性溶液中具有强氧化性。例如

$$Cr_2O_7^{2-} + 3H_2S + 8H^+ == 2Cr^{3+} + 3S\downarrow + 7H_2O$$
$$K_2Cr_2O_7 + 14HCl(浓) == 2CrCl_2 + 3Cl_2\uparrow + 2KCl + 7H_2O$$

重铬酸盐大多易溶于水,而铬酸盐中除碱金属盐、铵盐和镁盐外,一般都难溶于水。所以,无论向铬酸盐还是重铬酸盐溶液中加入某种沉淀剂(如 Pb^{2+}、Ba^{2+}、Ag^+ 等)时,生成的都是铬酸盐沉淀。铬酸盐沉淀不溶于弱酸,但可溶于强酸。这些反应常用于鉴定 CrO_4^{2-} 或用于鉴定 Pb^{2+}、Ba^{2+}、Ag^+ 等金属离子。

$$CrO_4^{2-} + 2Ag^+ == Ag_2CrO_4\downarrow(砖红色)$$
$$Cr_2O_7^{2-} + 2Pb^{2+} + H_2O == 2H^+ + 2PbCrO_4\downarrow(黄色)$$

此外,CrO_4^{2-} 和 $Cr_2O_7^{2-}$ 可以相互转化。酸性条件下,$Cr_2O_7^{2-}$ 在溶液中居多,溶液呈橙红;碱性条件下,CrO_4^{2-} 在溶液中居多,溶液呈黄色;中性条件下,两者比例相当,溶液呈橙色。

$$Cr_2O_7^{2-}(橙红色) + H_2O \rightleftharpoons 2HCrO_4^- \rightleftharpoons 2CrO_4^{2-}(黄色) + 2H^+$$

 知识链接

铬酸洗液

铬酸洗液是由饱和 $K_2Cr_2O_7$ 溶液与浓硫酸混合配制的,可用于洗涤玻璃器皿上的污物。当洗液的颜色由红棕色变为暗绿色时,表明大部分 $Cr(Ⅵ)$ 已转化为 $Cr(Ⅲ)$,洗液就失去了去污能力。由于 $Cr(Ⅵ)$ 具有明显的生物毒性,这种洗液已逐渐被其他洗涤剂所代替。

2. 锰的化合物

$Mn(Ⅱ)$ 的重要化合物有氯化锰、硫酸锰、硝酸锰等;$Mn(Ⅳ)$ 的重要化合物是二氧化锰(MnO_2);$Mn(Ⅶ)$ 的重要化合物是高锰酸钾。

$Mn(Ⅱ)$ 的强酸盐通常易溶于水,但其弱酸盐(如 $MnCO_3$、MnS)大多难溶于水。$MnCO_3$ 为白色固体,可作白色颜料,俗称锰白。MnS 为肉红色的沉淀,可溶于醋酸,该反应要在近中性或弱碱性溶液中进行。

$Mn(Ⅱ)$ 在酸性溶液中十分稳定,只有少数强氧化剂(如铋酸钠 $NaBiO_3$、过二硫酸铵等)才能将 Mn^{2+} 氧化为 MnO_4^-,溶液呈紫红色。例如

$$2Mn^{2+} + 5NaBiO_3 + 14H^+ = 2MnO_4^- + 5Na^+ + 5Bi^{3+} + 7H_2O$$

此反应也是鉴定 Mn^{2+} 的特效反应。

$Mn(Ⅱ)$ 在碱性溶液中的还原性较强。如向 Mn^{2+} 溶液中加入适量的 $NaOH$ 溶液,可析出 $Mn(OH)_2$ 白色沉淀,放置片刻即被空气中的 O_2 氧化,生成棕色的水合二氧化锰 $MnO(OH)_2$。

二氧化锰(MnO_2)为黑色粉末状固体,不溶于水,常温下稳定。在酸性介质中是强氧化剂,在碱性介质中是强还原剂。例如,MnO_2 氧化浓盐酸可放出 Cl_2。MnO_2 与 KOH 固体混合后加热熔融,空气中的氧(或加入 $KClO_3$、KNO_3 等氧化剂)能将 MnO_2 氧化成墨绿色的锰酸钾。

$$MnO_2 + 4HCl(浓) = MnCl_2 + Cl_2 \uparrow + 2H_2O$$

$$3MnO_2 + 6KOH + KClO_3 = 3K_2MnO_4 + 3H_2O + KCl$$

此外,锰(Ⅳ)可作为配合物的形成体,与某些无机或有机配体生成较稳定的配合物。例如,MnO_2 与 HF 和 KHF_2 作用时,生成金黄色的六氟合锰(Ⅳ)酸钾晶体。

$$2MnO_2 + 2HF + 2KHF_2 = K_2[MnF_6] + 2H_2O$$

高锰酸钾($KMnO_4$)也叫灰锰氧、PP 粉,是一种常见的强氧化剂,常温下为紫黑色片状晶体,见光易分解,需避光保存。

$$2KMnO_4 = K_2MnO_4 + MnO_2 + O_2 \uparrow$$

3. 铁的化合物

铁的化合物主要有氧化物、氢氧化物和常见的盐。如铁(Ⅱ)的重要化合物有 FeO、$Fe(OH)_2$、$FeSO_4 \cdot 7H_2O$、$FeCl_2 \cdot 4H_2O$、FeS 等;铁(Ⅲ)的重要化合物主要有 Fe_2O_3、$Fe(OH)_3$、$FeCl_3$、$Fe_2(SO_4)_3$、$Fe(NO_3)_3$ 等。

FeO 为黑色粉末,溶于酸,不溶于水和碱溶液,极不稳定,易被氧化成 Fe_2O_3 或 Fe_3O_4。Fe_2O_3 是砖红色粉末,俗称铁红,在自然界以赤铁矿形式存在,具有两性,与酸作用生成 Fe

(Ⅲ)盐,与强碱作用得$[Fe(OH)_6]^{3-}$。Fe_2O_3可用作油漆的颜料、抛光粉和磁性材料。

$Fe(OH)_2$为中强碱,白色固体,极微溶于水,受热不稳定且具有很强的还原性。在空气中$Fe(OH)_2$逐渐被氧化成棕红色的$Fe(OH)_3$。$Fe(OH)_3$具有两性,但其碱性强于酸性,新制得的氢氧化铁易溶于无机酸和有机酸,亦可溶于热浓碱。

$FeSO_4 \cdot 7H_2O$为淡绿色晶体,俗称绿矾;$FeCl_2 \cdot 4H_2O$为蓝绿色结晶;FeS为棕黑色块状物。亚铁盐有一定的还原性,不易稳定存在,可以被空气中的氧所氧化。因此,亚铁盐溶液久置后,溶液中会有棕色的碱式$Fe(Ⅲ)$盐沉淀生成。因此,保存$Fe(Ⅱ)$盐溶液时,最好加几颗铁钉,以阻止Fe^{2+}被氧化。

$Fe(Ⅲ)$盐又称高铁盐,主要性质之一是易水解,其水解产物一般是$Fe(OH)_3$。

$$Fe^{3+} + 3H_2O \Longrightarrow Fe(OH)_3 \downarrow + 3H^+$$

$Fe(Ⅲ)$盐的另一性质是氧化性,在酸性溶液中Fe^{3+}是中等强度的氧化剂,能把I^-、$SnCl_2$、SO_2、H_2S、Fe、Cu等氧化,而本身被还原成Fe^{2+}。

4. 钴的化合物

钴的化合物主要有氧化物、氢氧化物和常见的盐。如CoO、Co_2O_3、Co_3O_4、$Co(OH)_2$、$CoSO_4$和$CoCl_2 \cdot 6H_2O$等。

CoO通常为黑灰色粉末,不溶于水,溶于酸和$NaOH$水溶液,常用于制油漆颜料、陶瓷釉料和钴催化剂等。

Co_2O_3为钢灰色或黑色粉末,不溶于水,溶于热的浓盐酸和浓硫酸并分别放出氯气和氧气。250℃时被氢气或Co还原成金属钴。常用于制取钴和不含镍的钴盐,也用作颜料、陶瓷釉料、氧化剂和催化剂等。

Co_3O_4为黑色粉末,主要用于生产电池正极材料钴酸锂。

$Co(OH)_2$呈玫瑰红色,是两性氢氧化物,不溶于水,溶于酸和强碱。化工生产中用于制造钴盐、含钴催化剂及生产双氧水的分解剂,涂料行业中用作油漆催干剂。

$CoSO_4$为红色粉末,溶于水和甲醇,微溶于乙醇。用于陶瓷釉料、油漆催干剂和催化剂等,也用于生产含钴颜料和其他钴产品。

$CoCl_2 \cdot 6H_2O$是粉红色至红色结晶,微有潮解性,加热至52~56℃时失去4个结晶水成为紫色或蓝色的$CoCl_2 \cdot 2H_2O$,继续加热至100℃时再失去1个结晶水成为紫色易吸潮的无定形粉末或针状结晶。$CoCl_2$在仪器制造、陶瓷、涂料、畜牧、啤酒酿造和国防工业等方面都有广泛应用。

5. 镍的化合物

镍的主要化合物同样有氧化物、氢氧化物和常见的盐。如NiO、Ni_2O_3、$Ni(OH)_2$、$NiSO_4$及$NiCl_2 \cdot 6H_2O$等。

NiO为绿色粉末,属于碱性氧化物,不溶于水和碱溶液,溶于酸。主要用作陶瓷和玻璃的颜料。

Ni_2O_3为黑色有光泽的粉末,不溶于水,溶于酸。主要用作陶瓷和玻璃的着色颜料,也可用于镍粉和镍电池的制造。

$Ni(OH)_2$为强碱,微溶于水,易溶于酸。可用于制镍盐、碱性蓄电池、电镀和催化剂。

$NiSO_4$有无水物、六水合物和七水合物三种。它们是电镀工业和化学工业的主要镍盐,是医药工业中生产维生素 C 的催化剂,是印染工业中的络合剂和煤染剂。另外,还可用于生产镍镉电池等。

$NiCl_2 \cdot 6H_2O$ 为绿色结晶性粉末。在潮湿空气中易潮解,受热脱水,在真空中升华,能很快吸收氨。有致癌的可能性,对眼睛、呼吸系统、皮肤有刺激性。主要用作氨的吸收剂、组织培养剂、镀镍、制造隐显墨水等。

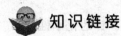 **知识链接**

铬、锰、铁的生物学效应

铬、锰、铁都是人体必需的微量元素。

一般认为正常人体内含铬的总量为 5~10 mg。铬的生物功能主要是参与机体的糖代谢和脂肪代谢,特别是对胆固醇的代谢影响较大,并具有胰岛素加强剂的作用。此外,铬也是明确的有害元素,尤其是铬(Ⅵ)的毒性非常显著。铬对人体的毒性是使血液中某些蛋白质沉淀,引起贫血、肾炎、神经炎等疾病。

正常人体内锰元素总含量为 10~20 mg,主要分布在骨骼、肝、肾、胰腺及各组织中。锰是体内几种氧化酶的组成元素,对组织细胞中的氧化还原反应过程有重大的影响。锰(Ⅱ)还参与软骨和骨组织形成时所需糖蛋白的合成,并对血液的生成、循环状态和脂类代谢产生一定的影响。此外,锰还与体内的其他元素相互作用,影响这些元素在体内的含量及生物功能。锰也具有明显的生物毒性,过量吸入含锰化合物的粉尘时,会出现头痛、头昏、恶心、胸闷、咽干、气促、寒战、高热等中毒症状。

铁是人体中含量最多的微量元素,体重为 50 kg 的人体内含铁(Ⅱ、Ⅲ)约 2 g。人体中的铁 60%~70% 分布在红细胞内,其余的分布在肝、脾、骨髓等处。人体内铁的生物功能主要是形成转铁蛋白、铁蛋白、含铁载氧体、细胞色素和含铁酶等。铁与人体健康有着十分密切的关系,铁缺乏可引起贫血、中枢神经系统功能异常、机体免疫功能低下、生长期骨骼发育异常及体重增长迟缓等疾病。铁摄入过量也可引起严重的中毒反应。

三、铜、银、锌、汞

铜和银是周期表中 ds 区ⅠB 族(也称为铜族)元素,锌和汞是周期表中 ds 区ⅡB 族(也称为锌族)元素。ⅠB 族和ⅡB 族的价电子构型分别是 $(n-1)d^{10}ns^1$ 和 $(n-1)d^{10}ns^2$。由于ⅠB 族和ⅡB 族元素原子半径较大,次外层 d 轨道全充满,不参与形成金属键,所以铜族和锌族元素单质的熔、沸点较其他过渡金属元素低,特别是锌族元素。汞在所有金属中熔点最低,常温下呈液态。

(一)单质

1.铜

单质铜为紫红色金属,熔、沸点较高,具有优良的导电性、导热性和延展性。铜的化学性质比较稳定,在干燥的空气中稳定存在,不与非氧化性稀酸反应,只能溶解在硝酸、浓盐酸及热浓硫酸中。常温下,铜与卤素反应生成卤化铜 CuX_2。加热时,铜与氧、硫反应生成 CuO 和 Cu_2S。在潮湿的空气中,铜表面逐渐形成一层绿色的碱式碳酸铜(俗称铜锈)。

$$2Cu + \dot{O}_2 + H_2O + CO_2 = Cu_2(OH)_2CO_3$$

2. 银

银是银白色的贵金属,具有很好的延展性,其导电性和传热性在所有金属中是最高的。因此,银常用来制作灵敏度极高的物理仪器元件。另外,银还用于制合金、银箔、银盐及化学仪器等。

3. 锌

单质锌为银白色金属,熔、沸点比大多数过渡金属低,属于低熔点金属。锌的化学性质活泼,在空气中表面能生成一层致密的氧化物或碱式碳酸锌保护膜,使其不再被氧化。加热时,锌能与绝大多数的非金属化合。锌属于两性金属,既能与酸反应也能与碱反应。

$$Zn + H_2SO_4 = ZnSO_4 + H_2\uparrow$$

$$Zn + 2NaOH + 2H_2O = Na_2[Zn(OH)_4] + H_2\uparrow$$

锌溶于氨水后生成配合物。

$$Zn + 4NH_3 + 2H_2O = [Zn(NH_3)_4](OH)_2 + H_2\uparrow$$

锌的主要用途是制造合金、白铁皮、干电池等。

4. 汞

单质汞俗称水银,是有毒的银白色重金属,常温下是唯一的液态金属,易挥发。汞有很多的宝贵性质被应用于科学仪器,如温度计、气压计及电学仪器和其他控制设备等。

汞蒸气生物毒性很大,接触和使用汞时要非常小心,操作应在通风橱中进行,严禁将汞盛放在敞开的容器中。

(二)重要的化合物

1. 铜的化合物

铜的主要氧化态为+1和+2。铜(Ⅰ)的化合物主要有 Cu_2O、CuX 等。铜(Ⅱ)的化合物主要有 CuO、$Cu(OH)_2$、$CuSO_4$、$CuCl_2$、CuS 及各种配合物等。

(1)铜(Ⅰ)化合物　自然界中存在的 Cu_2O 为棕红色,溶液中形成的 Cu_2O 由于晶粒大小不同,可呈现黄色、橙色、棕红色。

Cu_2O 是碱性氧化物,与酸作用易发生歧化反应,生成 Cu^{2+} 和 Cu 沉淀。

$$Cu_2O + H_2SO_4 = CuSO_4 + Cu\downarrow + H_2O$$

Cu_2O 可溶于氢卤酸 HX,生成无色配合物 $H[CuX_2]$;可溶于氨水生成无色配合物 $[Cu(NH_3)_2]OH$,但 $[Cu(NH_3)_2]^+$ 不稳定,会被空气中的 O_2 氧化成深蓝色的 $[Cu(NH_3)_4]^{2+}$。

卤化亚铜 CuX 外观均呈白色,难溶于水,溶解度按 CuCl、CuBr、CuI 的顺序依次减小。CuX 与过量的 X^- 或拟卤离子作用,可生成配位数为 2 或 4 的配合物。

(2)铜(Ⅱ)化合物　CuO 是难溶于水的碱性氧化物,易溶于酸生成相应的盐。

$$CuO(黑褐色) + 2H^+ = Cu^{2+} + H_2O$$

$Cu(OH)_2$ 是淡蓝色的絮状沉淀,受热时脱水变成黑色的 CuO。$Cu(OH)_2$ 微显两性,易溶于酸,也能溶于浓的强碱溶液生成蓝紫色的 $[Cu(OH)_4]^{2-}$。

$$Cu(OH)_2 + 2OH^- = [Cu(OH)_4]^{2-}$$

无水 $CuSO_4$ 为白色粉末,具有很强的吸水性,吸水后变成蓝色,故常用来检验有机物中的微量水分,也可作为干燥剂。$CuSO_4$ 具有较强的杀菌能力,与石灰乳混合制得杀菌剂"波尔多液"。$CuSO_4 \cdot 5H_2O$ 俗称胆矾,为蓝色晶体,遇热可逐步失去结晶水生成无水 $CuSO_4$。

无水 $CuCl_2$ 为棕黄色的固体,是共价化合物,易溶于水、乙醇和丙酮等。

往 $CuSO_4$ 溶液中通入 H_2S 气体会生成黑色的 CuS 沉淀,CuS 沉淀不溶于稀酸,但能溶于热 HNO_3 和 KCN 溶液中。

$$CuSO_4 + H_2S === CuS\downarrow + H_2SO_4$$
$$3CuS + 8HNO_3 === 3Cu(NO_3)_2 + 2NO\uparrow + 3S\downarrow + 4H_2O$$
$$2CuS + 10KCN === 2K_3[Cu(CN)_4] + (CN)_2\uparrow + 2K_2S$$

Cu^{2+} 是较好的配合物形成体,能与许多配体形成简单配合物或螯合物。

2. 银的化合物

银最重要的化合物是 $AgNO_3$。$AgNO_3$ 见光易分解生成黑色的 Ag,因此常保存在棕色试剂瓶中。

Ag^+ 与 Cu^+ 相似,可形成配位数是 2 的直线型配离子,如 $[Ag(NH_3)_2]^+$、$[AgCl_2]^-$ 等,其中 $[Ag(NH_3)_2]^+$ 常用于银镜反应。

3. 锌的化合物

锌的重要化合物主要有 ZnO、$Zn(OH)_2$ 及锌盐(如 $ZnCl_2$、$ZnSO_4$、ZnS 等)。

ZnO 是白色粉末,不溶于水,俗称锌白,是优良的白色颜料。此外,ZnO 具有两性,既能与酸作用,也能与碱作用。

$Zn(OH)_2$ 也显两性,既能溶于酸,也能溶于碱。

$$Zn(OH)_2 + 2HCl === ZnCl_2 + 2H_2O$$
$$Zn(OH)_2 + 2NaOH === Na_2ZnO_2 + 2H_2O$$

$ZnCl_2$ 易溶于水,潮解性很强,水溶液显酸性。无水 $ZnCl_2$ 吸水性很强,故在有机合成上常用作脱水剂。此外,$ZnCl_2$ 也具有一定的共价性,能溶于乙醇等有机溶剂中。

$$ZnCl_2 + H_2O === Zn(OH)Cl + HCl$$

$ZnSO_4 \cdot 7H_2O$ 俗称皓矾,大量用于制备白色颜料锌钡白(ZnS 和 $BaSO_4$ 的混合物)。

$$ZnSO_4 + BaS === ZnS \cdot BaSO_4$$

ZnS 为白色至灰白或浅黄色粉末,见光颜色加深。常用于制作表的发光刻度盘、电视荧光屏及油漆的颜料。

4. 汞的化合物

(1)氧化汞　HgO 有两种变体,一种是黄色氧化汞,另一种是红色氧化汞,前者受热能变成后者。两者晶体结构相同,只是晶粒大小不同,晶粒细小的呈黄色。黄色氧化汞由可溶性汞盐溶液加入强碱制得。

$$Hg^{2+} + 2OH^- === HgO\downarrow(黄) + H_2O$$

红色氧化汞由 $Hg(NO_3)_2$ 加热分解制得,可作颜料、催化剂,制备有机汞化合物等。

$$2Hg(NO_3)_2 \xrightarrow{\Delta} 2HgO(红) + 4NO_2\uparrow + O_2\uparrow$$

HgO 不溶于水,也不溶于碱中。在 500 ℃时分解为金属汞和氧气。

$$2HgO \xrightarrow{\Delta} 2Hg + O_2\uparrow$$

(2)汞盐　重要的汞盐有 $Hg(NO_3)_2$、$HgCl_2$、HgS、$Hg_2(NO_3)_2$、Hg_2Cl_2。Hg^{2+} 和 Hg_2^{2+} 有许多重要的化学反应,这些反应可用于鉴定或区别 Hg^{2+} 和 Hg_2^{2+}。

Hg^{2+} 与碱作用生成黄色 HgO,Hg_2^{2+} 与碱作用生成黄色 HgO 和单质汞。

$$Hg^{2+} + 2OH^- == HgO\downarrow + H_2O$$
$$Hg_2^{2+} + 2OH^- == HgO\downarrow + H_2O + Hg\downarrow$$

Hg^{2+} 与适量的 I^- 作用生成橙红色 HgI_2 沉淀,与过量 I^- 作用生成无色 $[HgI_4]^{2-}$。

$$Hg^{2+} + 2I^- == HgI_2\downarrow$$
$$HgI_2 + 2I^- == [HgI_4]^{2-}$$

Hg_2^{2+} 与适量的 I^- 作用生成黄绿色 Hg_2I_2 沉淀,与过量 I^- 作用生成无色 $[HgI_4]^{2-}$ 和单质汞。

$$Hg_2^{2+} + 2I^- == Hg_2I_2\downarrow$$
$$Hg_2I_2 + 2I^- == [HgI_4]^{2-} + Hg\downarrow$$

$HgCl_2$ 为共价化合物,易升华,俗称升汞,能溶于水,有毒。$HgCl_2$ 在酸性溶液中有较强的氧化性,与适量 $SnCl_2$ 作用时,生成白色丝状的 Hg_2Cl_2;$SnCl_2$ 过量时,Hg_2Cl_2 会进一步被还原为黑色的金属汞。此反应用于鉴定 $Hg(II)$ 或 $Sn(II)$。

$$2HgCl_2 + SnCl_2(适量) == Hg_2Cl_2\downarrow + SnCl_4$$
$$Hg_2Cl_2 + SnCl_2(过量) == 2Hg\downarrow + SnCl_4$$

$HgCl_2$ 与氨水作用,生成白色氨基氯化汞,俗称白降汞。

$$HgCl_2 + 2NH_3 == NH_4Cl + HgNH_2Cl\downarrow$$

Hg_2Cl_2 微溶于水,少量无毒,味略甜,俗称甘汞,常用于制作甘汞电极。Hg_2Cl_2 见光易分解,应保存在棕色试剂瓶中。Hg_2Cl_2 与氨水作用,生成氨基氯化汞和单质汞。

$$Hg_2Cl_2 + 2NH_3 == NH_4Cl + Hg\downarrow + HgNH_2Cl\downarrow$$

在 $Hg(II)$ 盐溶液中通入 H_2S,得到黑色 HgS 沉淀。HgS 是最难溶的金属硫化物,自然界中呈红褐色,称为辰砂或朱砂。

$$Hg^{2+} + H_2S == HgS\downarrow + 2H^+$$

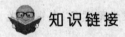 **知识链接**

铜、锌、汞的生物学效应

铜是人体必需的微量元素,正常成人体内含铜总量为 $80\sim120$ mg。铜是血浆铜蓝蛋白、超氧化物歧化酶、细胞色素 C 氧化酶等生物大分子配合物活性中心的组成元素。铜(II)缺乏时,不仅影响体内的许多生化反应,还会影响机体的造血功能,并引起免疫力下降、机体应激能力降低、小细胞低色素性贫血、肝脏肿大、骨骼病变等。同时,铜也具有一定生物毒性,铜过量时又会导致肝、肾坏死,红细胞破裂等严重的病症。

锌是人体内最重要的生命元素,其含量仅次于铁。在世界卫生组织公布的微量元素中,锌排在第一位。正常成人体内锌的总量约 2 300 mg,主要分布在肌细胞和骨骼中。锌的主要生物功能是参与组成多种锌酶和锌激活酶,这些含锌酶在机体的新陈代谢过程中具有十分重要的生理功能。儿童缺锌可造成发育不良,影响味觉和食欲,也影响身高和体重。同时,锌过量也十分有害,可引起儿童顽固性贫血等。锌盐中毒时会出现头晕、呕吐、腹泻、出冷汗等症状。

　　汞是确定的有害物质,汞及其大部分化合物均有剧毒。金属汞蒸气易于扩散,有脂溶性,易被人体吸收。汞蒸气被人体吸入后能迅速渗透到各组织中,以脑组织中含量最高,因此,汞蒸气中毒对中枢神经系统的损害最严重。无机汞对肾脏损害非常严重,可使肾功能丧失,导致血液中的代谢废物无法排出体外。有机汞主要浓集于肝、脑和肾,引起泌尿、神经、血液及消化系统的严重病症。

四、常用的含过渡金属元素的药物

(一)含锰、铁、钴元素的药物

1. $KMnO_4$

0.1% $KMnO_4$ 水溶液在医药上经常用于创面消毒。

2. $FeSO_4$

$FeSO_4$ 是最常用的补铁剂,主要用于治疗缺铁性贫血。

3. $Fe(OH)_3$

$Fe(OH)_3$ 可用作砷的解毒药。另外,氢氧化铁蔗糖复合物针对各种严重缺铁者、口服铁剂吸收障碍者可快速补铁。

4. $FeCl_3$

$FeCl_3$ 是棕黑色晶体,易分解,易潮湿,易溶于水。$FeCl_3$ 能使蛋白质迅速凝固,临床上用作伤口的止血药。

5. $CoCl_2$

$CoCl_2$ 能刺激骨髓促进红细胞的生长。因此,在医药上,用于再生障碍性贫血、肾性贫血。

(二)含铜、银、锌、汞元素的药物

1. $CuSO_4 \cdot 5H_2O$

$CuSO_4 \cdot 5H_2O$ 俗称胆矾,内服可作催吐剂,外用可治疗沙眼、结膜炎等。

2. $AgNO_3$

在医疗上,$AgNO_3$ 水溶液常用作眼药水,因为 Ag^+ 能强烈地杀死病菌。

3. ZnO

ZnO 无毒,且有一定的杀菌能力和收敛作用,医药上制成软膏外用。

4. HgO

黄色 HgO 有抗菌作用,可用于眼部表面炎症。

5. $HgCl_2$

$HgCl_2$(升汞)的稀溶液可杀菌,医学上用于外科手术器械的消毒。

6. HgS

中药用 HgS(朱砂)作安神镇静药。

📚 **学习小结**

1. 常见金属元素在周期表中的位置、价层电子构型、主要氧化态（表 8-4）

表 8-4　常见金属元素在周期表中的位置、价层电子构型、主要氧化态

金属	在元素周期表的位置	价电子构型	主要氧化态
Na、K	ⅠA	ns^1	+1
Mg、Ca	ⅡA	ns^2	+2
Al	ⅢA	$3s^2 3p^1$	+3
Pb	ⅣA	$6s^2 6p^2$	+2、+4
Cr	ⅥB	$3d^5 4s^1$	+2、+3、+6
Mn	ⅦB	$3d^5 4s^2$	+2、+3、+4、+6、+7
Fe/Co/Ni	ⅧB	$3d^6 4s^2 / 3d^7 4s^2 / 3d^8 4s^2$	+2、+3/+1~+4/-1、+1~+4
Cu	ⅠB	$3d^{10} 4s^1$	+1、+2
Ag	ⅠB	$5d^{10} 6s^1$	+1
Zn	ⅡB	$3d^{10} 4s^2$	+2
Hg	ⅡB	$5d^{10} 6s^2$	+1、+2

2. 常见金属元素的主要性质

碱金属具有银白色金属光泽（Cs 略带金色），质软，密度小，熔、沸点比较低。它们的化学性质活泼，是很强的还原剂，能与许多非金属发生剧烈反应，反应能力随着核电荷数的递增而增强。因为碱金属单质易变质，一般将其储存在煤油或石蜡中。

碱土金属为银白色（铍为钢灰色）固体，熔、沸点较同周期的碱金属要高。碱土金属容易同空气中的氧气和水蒸气作用，其还原性比碱金属弱，且同样随着核电荷数的递增而增强。

碱金属和碱土金属及它们的挥发性盐可用焰色反应鉴定。

铝是银白色有光泽的轻金属，具有良好的延展性、导电性、传热性和抗腐蚀性。属典型的两性金属，在冷的浓硫酸、浓硝酸中容易产生钝化现象。

铅是银白色（与锡相比略带一点浅蓝）的重金属，质软，有毒，具有良好的展性（能压成薄片），但延性差（不能拉成丝）。对电和热的传递性较差，高温下易挥发。铅很容易被空气中的氧气氧化。铅的化学性质比较稳定，与稀盐酸、稀硫酸几乎不反应。

铬具有银白色金属光泽，还原性很强。未钝化的铬能与稀 HCl 或 H_2SO_4 作用。在高温条件下，铬能与卤素、硫、氮等非金属单质直接化合。

块状金属锰呈银白色，粉末状的锰呈灰色。锰的化学性质活泼，常温下能与非氧化性稀酸作用放出氢气；高温可与许多非金属单质直接化合。

铁有银白色金属光泽，质硬而有延展性，有很强的铁磁性，并有良好的可塑性和导热性。铁的化学性质活泼，为强还原剂，在潮湿的空气中很容易腐蚀。

钴是有银灰色金属光泽的硬质金属，具有耐高温性和永磁性，主要物理、化学性质与铁、镍接近。

镍是有银白色金属光泽的硬金属,有铁磁性和延展性,能导电和导热。化学性质稳定。

单质铜为紫红色金属,熔、沸点较高,具有优良的导电性、导热性和延展性。铜的化学性质比较稳定,在干燥的空气中稳定存在,不与非氧化性稀酸反应,只能溶解在硝酸、浓盐酸及热浓硫酸中。铜能与卤素、氧、硫等反应。

银是银白色的贵金属,具有很好的延展性,其导电性和传热性在所有金属中是最高的。

锌为银白色金属,熔、沸点比大多数过渡金属低,属于低熔点金属。锌的化学性质活泼,加热时,能与绝大多数的非金属化合。锌属于两性金属,既能与酸反应,也能与碱反应。锌溶于氨水后生成配合物。

汞是有毒的银白色重金属,常温下是唯一的液态金属,易于挥发。

目标检测

一、选择题

1. 碱金属的价电子层结构是(　　)

A. $(n-1)d^{10}ns^1$ 　　　　B. ns^2 　　　　C. $(n-1)d^{10}ns^2$ 　　　　D. ns^1

2. 碱土金属的价电子层结构是(　　)

A. $(n-1)d^{10}ns^1$ 　　　　B. ns^2 　　　　C. $(n-1)d^{10}ns^2$ 　　　　D. ns^1

3. IB族元素的价电子层结构是(　　)

A. $(n-1)d^{10}ns^1$ 　　　　B. ns^2 　　　　C. $(n-1)d^{10}ns^2$ 　　　　D. ns^1

4. 价电子层结构为 $3d^5 4s^2$ 的元素在周期表中处于哪一族(　　)

A. IIA族 　　　　B. VIB族 　　　　C. VIIB族 　　　　D. IIB族

5. 皮肤碰到下列物质会产生黑斑的是(　　)

A. $Cu(NO_3)_2$ 　　　　B. $AgNO_3$ 　　　　C. $HgCl_2$ 　　　　D. $ZnCl_2$

6. 为防止 $FeCl_2$ 溶液变质,应加入一定量的(　　)

A. 铁钉和稀硫酸 　　　　　　　　　　B. 铁钉和稀盐酸

C. 铁钉 　　　　　　　　　　　　　　D. 硫酸亚铁和稀盐酸

7. 下列溶液需要贮存在棕色试剂瓶中的是(　　)

A. $MnSO_4$ 　　　　B. $K_2Cr_2O_7$ 　　　　C. $KMnO_4$ 　　　　D. K_2CrO_4

8. 下列元素的氢氧化物,不具有两性的是(　　)

A. Al 　　　　B. Na 　　　　C. Zn 　　　　D. Cr

9. 下列离子在水溶液中最不稳定的是(　　)

A. Cu^{2+} 　　　　B. Fe^{2+} 　　　　C. Hg^{2+} 　　　　D. Cu^+

10. 下列化合物溶于浓 HCl,除发生酸碱反应外,还能发生氧化还原反应的是(　　)

A. Fe_2O_3 　　　　B. $Ca(OH)_2$ 　　　　C. MnO_2 　　　　D. $Cr(OH)_3$

11. 下列离子能与 I^- 发生氧化还原反应的是(　　)

A. Fe^{3+} 　　　　B. Hg^{2+} 　　　　C. Ag^+ 　　　　D. Zn^{2+}

12. 清洗贮存 $KMnO_4$ 溶液试剂瓶内壁上的棕黑色沉淀,应选用的试剂是(　　)

A. 浓硫酸 　　　　B. 浓盐酸 　　　　C. 浓硝酸 　　　　D. 冰醋酸

二、填空题

1.目前研究认为:人体中含量最多的微量元素是_____,其次是_____。

2.日常生活中及临床上常利用 $KMnO_4$ 的_____性消毒杀菌。

3.只用一种试剂就能区分 Zn^{2+}、Cr^{3+}、Mn^{2+}、Cu^{2+}、Fe^{3+} 及 Hg^{2+} 六种离子,这种试剂是_____。

4.在 CrO_4^{2-} 的碱性溶液中加入酸后,溶液会由_____色变为_____色,再加入锌粉会变为_____色。

5.锰的最高氧化数是_____,以_____的形式存在,其水溶液呈_____色;锰的其他氧化数还有+2、+3、_____及_____。

三、简答题

1.为什么可用 Na_2O_2 作为潜水密封舱中的供氧剂?

2.$HgCl_2$ 有剧毒,而 Hg_2Cl_2 却可作为轻泻剂、利尿剂,为什么?

3.为什么铜器在潮湿的空气中放置会慢慢地生成一层铜绿?

下 篇

实验指导

项目一　无机化学实验须知

化学是一门以实验为基础的自然科学。通过实验中，我们可以亲眼看见大量生动、有趣的化学现象，可以亲自动手进行实验技能的操作。通过实验，一方面可以巩固和加深我们对所学化学理论知识的理解和记忆，掌握化学实验操作的基本技能和方法；另一方面，可以培养和提高我们观察、动脑、动手的能力，提高发现问题、分析问题、解决问题的能力，培养实事求是的科学态度和严谨治学、一丝不苟的工作作风。为使实验课能安全、有序的进行，我们要熟知以下规则：

一、实验规则及注意事项

(1)实验前，应认真预习实验教材有关内容，明确实验目的、实验原理，弄清实验步骤、操作方法和注意事项，做到心中有数。

(2)按时进入实验室并保持肃静。实验开始前，应先检查仪器、药品是否齐全，如有缺少或仪器破损，应立即报告实验教师补领或调换。弄清仪器的使用方法和药品的性能，否则不得开始实验，以免发生意外事故。

(3)实验过程中，要严格按照教材所规定的步骤、试剂的规格和用量进行操作。学生若有新的见解或建议要改变实验步骤和试剂规格及用量时，须征得教师同意后，才可改变。

(4)做实验时精神要集中，操作要认真，观察要细致，并积极地进行思考。对于实验的内容、观察到的现象和得出的结论等，都要如实地随时做好记录。

(5)在实验室，必须注意安全，严格遵守操作规程和实验室安全规则。谨慎、妥善处理腐蚀性药品和易燃有毒的药品。实验进行时不得擅自离开操作岗位。

(6)爱护公物和仪器设备，注意节约试剂和水电。实验室内的一切物品未经教师批准，不准带出室外。仪器若有破损，必须向老师报告，办理登记换领手续。

(7)实验过程中，要保持实验台和地面的整洁。实验完毕，把仪器洗刷干净，放回原处，整理好药品和实验台。废物、废液等应放入废物桶内，严禁倒入水槽或随地乱扔。检查水、电、门、窗是否关好后方可离开。

(8)做完实验后，根据实验记录，按要求认真写出实验报告。

二、试剂的使用须知

(1)取试剂时要看清楚试剂瓶标签上的名称和浓度，切勿拿错。

(2)试剂瓶上的滴管不可插乱，以免造成"张冠李戴"，吸管不可伸到试剂瓶里去，以免污损试剂或改变试剂的浓度。

(3)按需用量使用试剂，已取出的试剂不准再倒回原试剂瓶中，应倒入教师指定的容器中。

(4)取用固体试剂应使用干净的药匙，不得用手接触。用过的药匙须洗净后才可再次使用。试剂用后应立即盖好瓶盖，以免盖错。

(5)取用液体试剂应使用滴管或吸管。滴管应保持垂直,不可倒立,防止试剂接触橡皮帽而污染试剂,用完后立即将滴管插回原瓶中。滴管不得接触到所使用的容器壁。

(6)共用试剂,未经允许,不得挪动位置。

三、实验室安全规则

化学实验中常会接触到易燃、易爆、有腐蚀性、有毒的化学药品,所用仪器大部分是易破、易碎的玻璃仪器,而且会接触到各种加热仪器(酒精灯、电炉、酒精喷灯等)。为避免事故的发生,必须在思想上充分重视安全问题,实验前应充分熟悉本实验的安全事项,实验中严格遵守有关操作规程。

(1)熟悉实验室环境,了解与安全有关的一切设施(如电闸、水管阀门、消防用品等)的位置和使用方法。

(2)易燃、易爆的试剂要远离火源和高温物体,妥善保管,以免引起灾害。

(3)稀释浓硫酸时,应将浓硫酸慢慢注入水中,并不断搅拌,切记不要把水注入浓硫酸中。

(4)装有液体的试管加热时,试管口不得对着他人或自己,以免被溅出的液体烫伤。

(5)不允许用手直接取用固体药品,需要闻气体的气味时,鼻子不能直接对着容器口,而应用手扇闻。

(6)未经教师允许,不能随意混合各种化学试剂;不得尝试化学试剂的味道。

(7)凡做有毒或有恶臭物质的实验,需在通风橱内进行。

(8)每次实验完毕都要洗净双手。离开实验室前必须将水、电及门窗关好。

四、实验室意外事故处理

(1)若轻微划伤可在伤口处涂抹红药水。如果伤口被污染,可先用 3% 的双氧水洗涤伤口,严重者立即送往医院救治。

(2)若酸(或碱)液沾到皮肤上,立即用水冲洗,再用 20 g·L^{-1} 碳酸氢钠溶液(或 20 g·L^{-1} 醋酸)冲洗。最后外敷氧化锌软膏(或硼酸软膏)。

(3)如果因酒精、乙醚、汽油等有机溶剂引起着火时,不得用水灭火,应立即用沙土或湿布覆盖。

(4)若电器设备着火,要立即切断电源,用二氧化碳或四氯化碳灭火,不可用水和泡沫灭火器。必要时报警。

(5)金属钠、钾起火,用沙子盖灭,不能用水、二氧化碳灭火器,也不能用四氯化碳灭火器。

(6)吸入有毒气体,如吸入氯气、氯化氢气体时,可吸入酒精和乙醚的混合蒸气解毒;如吸入溴蒸气时,可吸入新鲜空气和氨气解毒;如吸入硫化氢气体时,应立即到室外呼吸新鲜空气。

(7)若不慎将温度计的水银球碰破,为防止汞蒸气中毒,应用硫粉覆盖。

项目二　无机化学实验基本操作

一、常用玻璃仪器的洗涤和干燥

(一)玻璃仪器的洗涤

为了保证实验结果的准确,实验所用的玻璃仪器都应该洁净,所以要学会玻璃仪器的洗涤方法。根据实验要求、污物性质、污染程度和仪器的特点选用适当的洗涤方法。

(1)用水刷洗　一般的玻璃仪器可先用自来水冲洗,再用试管刷洗。刷洗时,可以将试管刷在器皿里转动或上下移动,然后再用自来水冲洗几次,最后用少量蒸馏水淋洗1~2次。此方法可洗去器皿上的可溶物,但往往洗不去油污和有机物质。

(2)用去污粉或洗涤剂洗　先把器皿用水润湿,用试管刷蘸少量去污粉或洗涤剂刷洗,再依次用自来水、蒸馏水冲洗,此方法适用于洗涤油污。

(3)用铬酸洗液洗　当定量实验对仪器洁净程度要求很高,而且仪器污染严重时,可用铬酸洗液洗涤。洗液有很强的氧化性和去污能力,也有强烈的腐蚀性。洗涤仪器时,先向仪器中加入少量洗液,然后将仪器倾斜并缓慢转动,使仪器内壁全部被洗液浸润,稍后将洗液倒回原瓶,再用自来水将残留在仪器壁上的洗液洗去,最后用蒸馏水冲洗2~3次。

把洗涤过的仪器倒置,如果观察内壁附有一层均匀的水膜,证明已洗干净。

(二)干燥

(1)晾干　不急用的仪器可放置于干燥处,任其自然晾干。

(2)烘干　把仪器内的水倒干后放在电烘箱内烘干。

(3)烤干　急用的烧杯、蒸发皿等可置于石棉网上用小火烤干,试管可直接烤干,但要从底部加热,试管口向下,以免水珠倒流炸裂试管。不断来回移动试管,不见水珠后,将试管口向上赶尽水汽。

(4)吹干　带有刻度的计量仪器,不能用加热的方法进行干燥,而应用电吹风吹干。如不急用可自然晾干。

二、加热仪器和加热方法

(一)加热仪器

化学实验常常需要加热,加热的仪器主要有下列几种:

(1)酒精灯　酒精灯的加热温度一般在400~500℃,适用于温度要求不是太高的实验。要用火柴点燃酒精灯,绝不能用另外一盏燃着的酒精灯来点火,否则,一旦洒出酒精会引起火灾,加热完毕用盖子将酒精灯熄灭,不能用嘴吹灭。添加酒精时,要先熄火,再借助于漏斗添加。

(2)酒精喷灯　酒精喷灯其火焰温度可达700~1000℃。有一个贮存酒精的灯芯、灯座和一个燃烧酒精用的预热盆。使用前,先往预热盆上注入一些酒精,点燃酒精使灯管受热,酒精接近烧完时,开启开关使酒精进入灯管受热汽化,并与进入孔内的空气混合,点燃即可得到高温火焰。实验完毕,关闭开关,即可熄灭。

(3)电烘箱　常见电烘箱的温度可控制在 50～300 ℃,此范围内任意选定的温度可由箱内自动控温系统使温度恒定。电烘箱可用于烘干各种玻璃器皿,也可用于干燥药品和干燥剂等。电烘箱内不能放易燃、易爆、易挥发和具有腐蚀性的物品,当被烘干物水分很多时,开始干燥时可将箱门稍开,先挥发去一些水分再将门关上。

(4)电炉　电炉为实验室常用的加热仪器,有 500 W、800 W、1000 W、2000 W 等不同规格,可根据需要进行选择。电炉可用于烧杯、蒸发皿等器皿的加热。使用时可垫上石棉网,以利于受热均匀。应防止物质溅到电炉上,造成腐蚀或短路。

(5)水浴锅　水浴锅用于试管和烧杯的加热,其加热温度不超过 100 ℃。

(二)加热方法

(1)液体的加热　液体分为直接加热和间接加热。直接加热的液体在高温下稳定又无燃烧危险,盛有液体的试管在火焰上直接加热时,应用试管夹夹住试管的中上部,管口应向斜上方,不能对着他人和自己,要先加热液体的中上部,慢慢移动试管,加热至下部,再不停的上下移动和摇动,使液体均匀受热;间接加热时,可根据温度的不同,选用水浴(温度不超过 100 ℃)、沙浴或油浴(温度高于 100 ℃)。

(2)固体加热　当固体量少时,可直接用试管加热,固体的量不能超过试管的三分之一,加热时,可将管口稍向下倾斜,以免凝结在管口的水珠流向灼热的试管底,使试管炸裂。当固体的量较多时,可用蒸发皿加热,注意搅拌均匀。当需要高温加热固体时,可使用坩埚,用坩埚加热时,温度应逐渐升高。

三、液体和固体试剂的取用

通常固体试剂装在广口瓶内,液体试剂盛在细口瓶和滴瓶中。见光易分解的试剂(如硝酸银、碘化钾等)应装在棕色试剂瓶中。盛碱液的瓶子不要用玻璃塞,要用橡皮塞或软木塞。所有试剂瓶都应贴有标签,以标明试剂的名称和规格等。

(一)液体试剂的取用

从平顶塞试剂瓶取用试剂时,先取下瓶塞并将它仰放在实验台上,以免沾污。拿试剂瓶时注意让瓶上的标签贴着手心,倒出的试剂应沿容器壁流入容器,然后缓慢竖起试剂瓶,将瓶塞盖好,并将试剂瓶放回原处。

从滴瓶中取用试剂时,要用滴瓶中的滴管,不允许用别的滴管。取用时提起滴管,使管口离开液面,用手指捏紧管上部的乳胶帽排出空气,再把滴管深入滴瓶中吸取试剂。往试管中滴加试剂时,切勿使滴管深入试管中,以免沾污滴管。滴加完毕,应立即将滴管插回原滴瓶中。

(二)固体试剂的取用

取用固体试剂一般用药匙,药匙必须洁净并专用。往湿的或口径小的试管中加入固体试剂时,可将试剂放在事先用干净白纸折成的角形纸条上(纸条以能放入试管且长于试管为宜),然后小心送入试管底部,直立试管,再将纸条抽出。

要求称取一定量固体时,用药匙取出的固体应放在纸上或表面皿上,根据要求在台秤或天平上称量。易潮解或具有腐蚀性的固体只能放在玻璃容器中称量。

所有取出的试剂都不能再倒回原试剂瓶中,可放入指定的回收瓶中。

四、托盘天平的使用

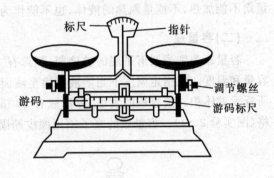

托盘天平(图实验2-1)用于精密度不高的称量,能称准到0.1 g。它附有一套砝码,放在砝码盒中。砝码的总重量等于天平的最大载重量。砝码必须用镊子夹取。托盘天平使用步骤如下:

(1)调零点 称量前,先将游码拨到游码标尺的"0"位处,检查天平的指针是否停在刻度盘上的中间位置,若不在中间位置,可调节天平托盘下侧的螺旋钮,使指针指到零点。

图实验2-1 托盘天平

(2)称量 左盘放物品,右盘放砝码。如果要称量一定质量的药品,则先在右盘加够砝码,在左盘加减药品,使天平平衡;如果称量某药品的质量,则先将药品放在左盘,在右盘加减砝码,使天平至平衡。

有些托盘天平附有游码及刻度尺,称少量药品可用游码,游码标度尺上每一大格表示1 g。称量时,不可将药品直接放在天平盘上,可在两盘放等量的纸片或用已称量过质量的小烧杯盛放药品。

(3)称量后 把砝码放回砝码盒中,游码移至刻度"0"处,并将天平两盘重叠一起,使天平休止,以免天平摆动磨损刀口。

五、几种常用量器的使用

(一)量筒

量筒(图实验2-2)是常用的有刻度的玻璃量器,用于粗略的量取一定体积的液体。根据其量度的最大容积分为5 ml、10 ml、50 ml、100 ml、500 ml、1000 ml等规格。实验中可根据所量液体的体积来选用。量取液体时,量筒应竖直放置或用手直持,量取指定体积的液体时,应先倒入接近所需体积的液体,然后改用胶头滴管滴加。读数时,视线应与量筒内液体凹液面处于同一水平,若视线偏高或偏低,都会造成误差(图实验2-3)。

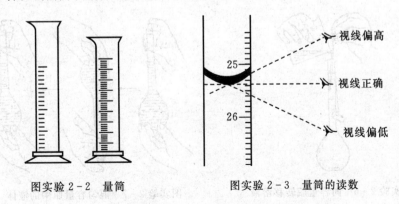

图实验2-2 量筒　　　　　　　　图实验2-3 量筒的读数

用量筒量取液体体积是一种粗略的计量法,所以在使用时必须选用合适的规格,不要用大量筒量取小体积的液体,也不要用小量筒多次量取大体积的液体,否则都会引起较大的误差。量筒不能加热,不能量取热的液体,也不能作为反应容器。

(二)容量瓶

容量瓶为细颈梨形平底的玻璃瓶,颈部有一环形标线,瓶口有磨口的玻璃塞,瓶体上标有容量和温度。在指定温度下当溶液充满至液面与标线相切时,所容纳液体的体积等于瓶体上所标示的体积。按容积的大小,容量瓶有 10 ml、50 ml、100 ml、250 ml、500 ml、1000 ml 等规格(图实验 2-4)。容量瓶的塞子须用橡皮筋固定在瓶颈上,以防止损坏和丢失。

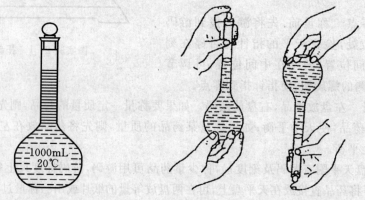

图实验 2-4　容量瓶　　　　　图实验 2-5　容量瓶的漏水检查

容量瓶主要是用来准确配制一定体积溶液用的。使用前首先要检查是否完好无损,瓶口处是否漏水。检查方法是,往瓶内加入一定量水,塞好瓶塞,用食指摁住瓶塞,另一只手托住瓶底,把容量瓶倒立过来,观察瓶塞周围是否有水漏出。如果不漏水,将瓶正立并将瓶塞旋转 $90°$ 后塞紧,再倒立一次,再检查是否漏水。经检查不漏水的容量瓶才能使用(图实验 2-5)。

配制溶液时,若试剂是固体,先将称好的试剂在小烧杯中溶解,然后沿玻璃棒把溶液转移到容量瓶中(图实验 2-6),再用少量蒸馏水洗涤小烧杯 2~3 次,并将洗液移入容量瓶,继续往容量瓶中加蒸馏水至液面距标线 1~2 cm 处,改用滴管加蒸馏水,至凹液面最低处与标线相切。若试剂是液体,用吸量管或移液管量取,移入容量瓶中,加蒸馏水方法相同。最后盖好瓶塞,用食指摁住瓶塞,其余四指握住瓶颈,另一只手的手指尖托住瓶底,将瓶反复倒置摇荡,使溶液充分混匀(图实验 2-7)。

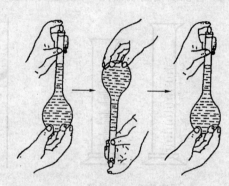

图实验 2-6　向容量瓶转移溶液　　　　　图实验 2-7　混匀容量瓶中的液体

特别注意:在溶解或稀释过程中有明显热量变化时,必须待溶液的温度恢复到室温后才能向容量瓶中转移。

容量瓶使用完毕,应洗涤干净、晾干,瓶塞与瓶口处垫张小纸条,以免瓶塞与瓶口粘连。

(三)吸量管和移液管

吸量管和移液管是准确量取一定体积液体的量具(图实验2-8),移液管为中间膨大的玻璃管,管上端有一个环形标线,管上膨大部分标有规格和温度,又称肚形吸管。常用的规格有 5 ml、10 ml、25 ml、50 ml 等。吸量管刻有细小的刻度,也称刻度吸管,常用的规格有 0.1 ml、0.5 ml、1 ml、5 ml、10 ml 等。

使用前,先检查管尖是否完整,有破损的不能使用。洗涤干净后还要用待量液润洗 2～3 次(每次 2～3 ml),以保证待量溶液浓度不变。

吸取液体时,用右手拇指及中指捏住吸量管(或移液管)刻度线以上部分,将吸量管(或移液管)插入待吸溶液。左手拿洗耳球,先把球内空气压出,然后把球的尖端紧接吸量管(或移液管)口,慢慢松开左手指,使液体吸入管内(图实验2-9),当液面上升到刻度线(或标线)以上时,移去洗耳球,迅速用右手的食指按住管口,左手放下洗耳球,将吸量管(或移液管)离开液面,管的末端仍靠在盛溶液的器皿内壁上,略微松动食指,稍减食指压力,同时用拇指和中指来回捻动吸量管(或移液管),使液面平稳下降,直到溶液的凹液面最低处与标线相切时,立即用食指压紧管口,使溶液不再流出。然后把吸量管(或移液管)移至另一容器中,松开食指,使溶液沿容器壁自动流下(图实验2-10),待溶液流尽后,等待 15 s,取出吸量管(或移液管),管内尚存少量液体切勿吹出。吸量管若有"吹"字的,最后一滴要吹出。

使用完毕,立即冲洗,放在管架上备用。

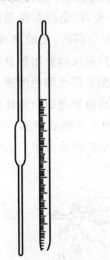
图实验 2-8　吸量管 移液管

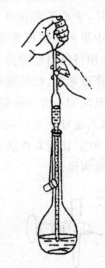
图实验 2-9　移液管吸液

图实验 2-10　移液管放液

(四)滴定管

滴定管主要用于定量分析,有时也能用于精确加液。它是刻有精密刻度而内径均匀细长的玻璃管。常量分析常用的滴定管有 25 ml 和 50 ml 两种。滴定管有酸式滴定管和碱式滴定管两种(图实验2-11)。

酸式滴定管下部有一玻璃活塞,用以控制流出的液滴。酸式滴定管用来盛酸性溶液和氧化性溶液,不宜盛碱性溶液。因碱性溶液能腐蚀玻璃,使活塞粘住,不易转动。

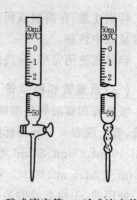

碱式滴定管下端是用橡皮管(内有一玻璃球)把玻璃尖嘴和刻度管连接起来的。碱式滴定管内不得盛放与橡皮起反应的溶液。如高锰酸钾、碘溶液等。

酸式滴定管　　碱式滴定管

滴定管的使用方法如下:

图实验 2-11　滴定管

使用前先要检验滴定管是否漏水:将滴定管盛水固定在滴定管夹上,看活塞部位或橡皮管连接处是否有水渗出。如果酸式滴定管漏水,应把活塞卸下,用干布将活塞四周和塞槽内壁擦干净,重新涂凡士林(注意不要堵塞活塞塞孔)后装好。如果碱式滴定管漏水,则应更换橡皮管或玻璃球。经检查滴定管不漏水后,依次用铬酸洗液(碱式滴定管要去掉橡皮管)、自来水、蒸馏水洗涤滴定管,然后再用滴定液润洗三次,滴定管方可使用。

滴定管的"0"刻度在上,往下刻度标数越来越大,全部容积大于它的最大刻度值,因为下面没有刻度,装液时将溶液直接由试剂瓶移入滴定管中,使液面在"0"刻度以上,开启活塞或挤压玻璃圆球,驱逐出滴定管下端的气泡。将酸式滴定管稍微倾斜,开启活塞,气泡随溶液流出而被驱出。碱式滴定管,可将橡皮管稍向上弯曲,挤压玻璃圆球,使溶液从玻璃圆球和橡皮管之间的隙缝中流出,气泡即被驱出。然后将多余的溶液滴出使管内液面处在"0"刻度线或以下。

使用酸式滴定管时,左手拇指在活塞的前面,食指和中指在活塞的后面一起控制活塞。转动活塞时,手指微微弯曲并轻轻向手心扣住,手心不要顶住活塞小头,以免活塞松动而漏液。操作碱式滴定管时,用左手的拇指、食指和中指一起挤捏玻璃球所在的部位,使玻璃球与橡皮管之间形成一条缝隙,液体就可以流出。利用挤捏时缝隙的大小可控制液体流出的速度。

在滴定过程中,左手控制活塞,右手振荡锥形瓶,眼睛观察锥形瓶中溶液颜色的变化,左手控制流量,右手拿住锥形瓶的颈部,使锥形瓶向同一方向作圆周运动,以加速瓶内液体的反应,但不能使瓶里的液体溅出。接近终点时,滴入速度要慢,每次只能加入 1 滴或半滴,并不断摇动,直至达到终点。停止滴定后,必须等待 30 s,让附着在滴定管内壁的溶液流下后,再读取滴定管中液面的读数。读数应精确到小数点后两位。

(a)活塞涂油　　　(b)旋塞套涂油处　　　(c)转动活塞

图实验 2-12　酸式滴定管涂凡士林油

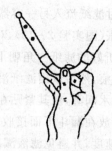

图实验 2-13　碱式滴定管排气泡

六、蒸发、浓缩和结晶

(一)蒸发和浓缩

当溶液很稀,而所制备的无机物的溶解度又比较大时,为了能从溶液中析出物质的晶体,可通过加热的方法使水分蒸发,溶液浓缩,待蒸发到一定的程度时,冷却,就可析出晶体。当物质的溶解度较大时,须蒸发到溶液表面出现晶膜时才能停止蒸发。当物质的溶解度较小或高温时溶解度较大而室温溶解度较小时,则不必蒸发到液面出现晶膜就可冷却。蒸发是在蒸发皿中进行的,蒸发皿的面积越大,越有利于快速蒸发。蒸发皿中液体的量不要超过其容量的三分之二,可以随水分的蒸发而逐渐添加。若是对热比较稳定的无机物,可以把蒸发皿放在明火上直接加热。

(二)结晶和重结晶

将溶液蒸发到一定的浓度后冷却,就可析出溶质的晶体。析出晶体的颗粒大小与外界条件有关。若溶液的浓度较高,溶质的溶解度小,冷却的快,所析出的晶体就细小,成为非晶型沉淀。如果溶液浓度较稀,缓慢冷却或放置过夜,就能得到较大的晶体。搅拌溶液、磨擦器壁或静置溶液,可以得到较大的晶体颗粒。颗粒较大的晶体容易洗涤,但如果为了得到大粒晶体,溶液过稀,样品损失多,会影响产率。

当第一次结晶所得物质的纯度不符合要求时,可重新溶解,再蒸发和结晶。第二次结晶一般能达到要求,只不过产量和产率要低一些。

七、溶液与沉淀的分离

(一)倾斜法

当沉淀的相对密度较大或晶体颗粒较大时,静置后能较快的沉降,常用倾斜法分离和洗涤沉淀。即将沉淀上部的清液缓缓倾入另一容器中,然后在盛沉淀的容器中加入少量蒸馏水,充分搅拌后静置沉降,倾去上面的液体(图实验 2-14)。重复操作 2～3 次即可将沉淀洗净。

(二)过滤法

将沉淀与溶液分离最常用的方法是过滤法。过滤时,沉淀留

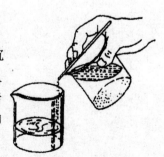

图实验 2-14　倾斜法

在过滤器(漏斗)的滤纸上,溶液则通过滤纸流入另一容器中,所得溶液称为滤液。

　　过滤时,根据漏斗大小取滤纸一张(图实验2-15),对折两次,第二次对折时,使滤纸两边相交10°的交角(如是方形滤纸,可将折好的滤纸一角朝下放入漏斗中,不要展开,紧贴漏斗内壁沿漏斗边缘把滤纸向外压一弧形折痕,然后取出滤纸沿折痕稍下的地方剪去多余部分)展开滤纸使之呈现圆锥形,放在漏斗里,用水润湿,使其紧贴在漏斗内壁上,并将漏斗固定在漏斗架或铁架台的铁圈上。另取一干净容器放在漏斗下面接收滤液。调节漏斗高度,使漏斗尖嘴靠在收集滤液容器的内壁,以加快过滤速度,并避免滤液溅出。

图实验2-15　滤纸的折叠和叠放

　　用倾斜法先使溶液沿玻璃棒在三层滤纸一侧缓缓流入漏斗中,注意液面高度应低于滤纸边缘1~2 cm,然后转移沉淀。如需要洗涤沉淀,可在溶液转移后,往盛沉淀的容器中加入少量蒸馏水,充分搅拌,待沉淀沉降后按倾斜法倾出沉淀。洗涤沉淀2~3次,最后一次沉淀连同洗涤液一起移至滤纸上,进行再次过滤。

项目三　分析天平的使用

一、实验目的

(1)掌握分析天平正确操作方法和使用规则。

(2)了解分析天平的构造。

(3)学会直接称量法、减量称量法、固定称量法称量样品。

(4)熟练使用称量瓶称量物质的质量。

二、实验仪器与试剂

(1)仪器　分析天平(TG－328B 型)、称量瓶、称量纸、托盘天平、50 ml 烧杯、药匙、干燥器。

(2)试剂　NaCl。

三、实验内容

1. 观察

首先观察天平的结构,是否处于水平位置,如不水平,可调节天平箱前下方的两个天平螺旋脚,使水准器内的水平泡恰好在圆中央。再观察天平各部件是否处于正常状态,砝码、圈码是否齐全。打开天平箱前门,用软毛刷轻扫秤盘及天平箱内的灰尘。

2. 天平零点的调节

在天平两盘空载时,轻轻开启天平,待指针停稳后,观察投影屏上的读数标线与微分标尺上的"0"刻线是否重合。如相差较小,可用天平底座下面的调零杆进行调节,使之重合。如相差较大,须用横梁上的平衡螺丝进行调节。操作方法如下:开启天平,如微分标尺"0"刻线移向投影屏标线左侧,表明天平左盘重,关闭天平,将天平梁上右侧的平衡螺丝向右移动。若微分标尺"0"刻线移向投影屏标线右侧,表明天平右盘重,关闭天平,将天平上右侧的平衡螺丝向左移动(移动左侧平衡螺丝易碰掉圈码)。如此反复调节,接近"0"刻线时用调零杆调节,直至标线与"0"刻线重合,天平零点即调整合适。

3. 天平灵敏度的调节

先调整好天平零点,然后在天平左盘上加一个校准过的 10 mg 标准砝码,开启天平,观察投影屏上的标线是否与微分标尺 10 mg 刻度相重合,允许误差为 0.1 mg。相差较大时,可在教师指导下调节重心螺丝,操作方法是:如投影屏显示的数字不足 10 mg,表明灵敏度低,可将重心螺丝上移,如此反复操作,直至投影屏上显示 10 mg 或(10±0.1)mg 时为止。灵敏度调节合适之后,须重新调节零点,一般使用天平时,不要求调节灵敏度,必要时应在教师指导下进行。

4. 称量练习

(1)直接称量法 ①调整天平零点。②取一洁净、干燥的小烧杯,先用托盘天平粗称其质量(准确到 0.1 g),记在记录本上。然后进一步在分析天平上精确称量,将小烧杯置于天平右盘中央,左盘加砝码、圈码,半开升降旋钮试称,直至指针缓慢摆动,并且投影屏上的标线指在微分标尺 $0\sim10$ mg 范围以内时,将天平开关旋至最大,等待天平静止后,记录小烧杯的质量(称量值应读准至小数点后四位)。

(2)减量称量法 用减量法称取 NaCl 3 份,每份 $0.3\sim0.5$ g。①取一洁净、空的称量瓶,装入适量 NaCl,准确称其总质量(先粗称,后精称),记录称量值 W_1。②关闭天平,在指数盘上减去约 0.4 g 圈码。③将称量瓶拿到小烧杯的上方,轻轻敲称量瓶的上方敲出少量药品后(不准药品落到容器外面),再放到天平上称量,如此反复操作,直到指针缓慢移动时,将天平开关全部打开,待指针完全静止后,记录称量值 W_2。④按上述②、③的操作,分别称取第 2 份、第 3 份 NaCl,并分别记录称取值 W_3、W_4。

(3)固定称量法 用此法称取 NaCl 3 份,每份 $0.3\sim0.5$ g。①调整天平零点。②取一称量瓶(或称量纸),先用托盘天平粗称其质量(准确到 0.1 g),记在记录本上。然后进一步在分析天平上精确称量,将称量瓶(纸)置于天平右盘中央,左盘加砝码、圈码,半开升降旋钮试称,直至指针缓慢摆动,并且投影屏上的标线指在微分标尺 $0\sim10$ mg 范围以内时,将天平开关旋至最大,等待天平静止后,记录称量瓶(纸)的质量 W_1(称量值应读准至小数点后四位)。③关闭天平,在指数盘加上约 0.4 g 圈码(一般准确至 10 mg 即可),然后用药匙向右盘上称量瓶(纸)内逐渐加入 NaCl,半开天平进行试重,直到所加试样只差很小质量时,便可全开天平,极其小心地用右手持盛有试样的药匙,伸向称量瓶(纸)中心部位上方约 $2\sim3$ cm 处,用右手拇指、中指及掌心拿稳药匙,用食指轻弹(最好是摩擦)药匙,让勺里的试样以非常缓慢的速度抖入到称量瓶(纸)内。同时还要注视微分标尺投影屏,待微分标尺正好移动到所需的刻度时,立即停止抖入试样,记录称量值 W_2。④按上述②、③的操作,分别称取第 2 份、第 3 份 NaCl,并分别记录称取值 W_3、W_4。

四、思考题

(1)分析天平的灵敏度主要取决于天平的什么零件? 称量时应如何维护天平的灵敏性?

(2)为什么开启天平后不能在秤盘上取放被称物或加减砝码?

(3)什么情况下用直接称量法? 什么情况下需用减量法称量?

项目四　溶液的配制与稀释

一、实验目的

(1)学会移液管、吸量管、容量瓶、托盘天平的使用方法。

(2)掌握质量浓度、物质的量浓度溶液的配制及稀释方法。

(3)掌握溶液稀释的基本操作。

二、实验仪器与试剂

(1)仪器　吸量管(5 ml、10 ml、20 ml)、容量瓶(50 ml、100 ml)、分析天平或电子天平(1/10000)、量筒、烧杯(50 ml、100 ml)、胶头滴管、玻璃棒、洗耳球等。

(2)试剂　氯化钠、蒸馏水、1/6 mol·L^{-1}乳酸钠、浓盐酸、药用酒精(0.95)。

三、实验内容

(一)质量浓度溶液的配制

配制质量浓度为 9 g·L^{-1}的氯化钠溶液 100 ml。

(1)计算　算出配制质量浓度为 9 g·L^{-1}的氯化钠溶液(生理盐水)100 ml 所需 NaCl 的克数。

(2)称量　用分析天平或电子天平称取所需的 NaCl 放入 100 ml 的烧杯中。

(3)溶解　用量筒量取 50 ml 的蒸馏水注入烧杯中,用玻璃棒搅拌使 NaCl 完全溶解。

(4)转移　将烧杯中的 NaCl 借助玻璃棒引流到 100 ml 的容量瓶中,再用少量蒸馏水洗涤烧杯 1~2 次,洗涤液注入容量瓶中。

(5)定容　往容量瓶中加蒸馏水至离标线约 1~2 cm 处,改用胶头滴管滴加蒸馏水,稀释到容量瓶的标线处。盖好瓶塞,混合摇匀,贴上标签备用。

(二)物质的量浓度溶液的配制

用浓盐酸配制 100 ml 0.2 mol·L^{-1}的稀盐酸。

(1)计算　算出配制 0.2 mol·L^{-1}的稀盐酸 100 ml 需用质量分数为 0.37,密度为 1.19 kg·L^{-1}的浓盐酸的体积。

(2)移取　用 5 ml 吸量管吸取所需的浓盐酸,注入 100 ml 容量瓶中。

(3)定容　往容量瓶中加蒸馏水至离标线约 1~2 cm 处,改用胶头滴管滴加蒸馏水,稀释到容量瓶的标线处。盖好瓶塞,混合摇匀,贴上标签备用。

(三)溶液的稀释

1. 用 1.0 mol · L⁻¹ 的乳酸钠溶液稀释成 1/6 mol · L⁻¹ 的乳酸钠溶液 100 ml

(1)计算　配制 1/6 mol · L⁻¹ 的乳酸钠溶液 100 ml 需用 1.0 mol · L⁻¹ 的乳酸钠溶液的体积。

(2)移取　用 10 ml 吸量管吸取所需乳酸钠溶液,注入 100 ml 容量瓶中。

(3)定容　往容量瓶中加蒸馏水至离标线约 1～2 cm 处,改用胶头滴管滴加蒸馏水,稀释到容量瓶的标线处。盖好瓶塞,混合摇匀,贴上标签备用。

2. 用体积分数为 0.95 的药用酒精配制体积分数为 0.75 的消毒酒精 100 ml

(1)计算　配制体积分数为 0.75 的消毒酒精 100 ml 需用体积分数为 0.95 的药用酒精的体积。

(2)移取　用 10 ml 吸量管吸取所需浓盐酸,注入 100 ml 容量瓶中。

(3)定容　往容量瓶中加蒸馏水至离标线约 1～2 cm 处,改用胶头滴管滴加蒸馏水,稀释到容量瓶的标线处。盖好瓶塞,混合摇匀,贴上标签备用。

四、思考题

(1)为什么在转移烧杯中的氯化钠溶液时,还需用蒸馏水洗涤烧杯 1～2 次,并注入容量瓶中?

(2)为什么洗净的吸量管还要用待取液润洗?

(3)能否在量筒、容量瓶中溶解固体试剂? 为什么?

项目五　药用氯化钠的精制

一、实验目的

(1)掌握药用氯化钠的制备原理和方法及操作过程。

(2)熟悉溶液中各种杂质的去除方法。

(3)学会研磨、称量、溶解、加热、过滤、蒸发、浓缩、结晶的洗涤和干燥等基本操作。

二、实验原理

(1)市售粗盐中含有泥沙等不溶物,通过将粗盐溶解于水,过滤除去。

(2)加入稍微过量的 $BaCl_2$ 溶液,使 SO_4^{2-} 生成 $BaSO_4$ 沉淀而除去。

(3)加入适量的 NaOH 和 Na_2CO_3 溶液,使 Ca^{2+}、Mg^{2+}、Ba^{2+}、Fe^{3+} 生成氢氧化物和碳酸盐沉淀而除去。溶液中过量的 CO_3^{2-} 可加入盐酸中和。

(4)粗盐中 K^+ 和 NO_3^- 较少,由于 NaCl 的溶解度受温度影响不大,而 KNO_3、KCl、$NaNO_3$ 的溶解度随温度降低而明显减小,所以在加热蒸发浓缩时,NaCl 会结晶出来,K^+ 和 NO_3^- 则留在母液中,可过滤除去。

(5)少量多余的盐酸,在干燥氯化钠时,以氯化氢的形式逸出。

三、实验仪器与试剂

(1)仪器　研钵、天平、烧杯、酒精灯、玻璃棒、蒸发皿、石棉网、量筒、铁架台(附铁圈、铁夹)、漏斗及漏斗架、滤纸、烘干箱、剪刀。

(2)试剂　粗食盐、蒸馏水、$1\ mol \cdot L^{-1} BaCl_2$ 溶液、$2\ mol \cdot L^{-1} NaOH$ 溶液、$1\ mol \cdot L^{-1}$ Na_2CO_3 溶液、$2\ mol \cdot L^{-1} HCl$ 溶液、pH 试纸。

四、实验内容

(1)将约 15 g 市售粗食盐放入研钵中,研成细粉。

(2)在天平上准确称量 10 g 粗食盐放入 100 ml 小烧杯中,加入 80℃ 左右热的蒸馏水 30 ml,并用玻璃棒搅拌,使粗盐完全溶解。

(3)趁热加入 $1\ mol \cdot L^{-1} BaCl_2$ 溶液 2 ml,继续加热几分钟,使沉淀颗粒增大,再冷却。

(4)将粗盐溶液沿玻璃棒慢慢倾入事先准备好的漏斗内进行过滤。除去沉淀物,保留滤液。

(5)将滤液加热至沸,加入 $1\ mol \cdot L^{-1} Na_2CO_3$ 溶液 2 ml,再滴加 $2\ mol \cdot L^{-1} NaOH$ 溶液 0.5 ml,使溶液 pH 值在 10~11,至沉淀完全,稍冷却,再进行过滤,除去沉淀。

(6)在滤液中滴加 $2\ mol \cdot L^{-1} HCl$ 溶液,边加热边搅拌,驱除 CO_2,并用 pH 试纸检验,使溶液呈现酸性(pH 约为 3～4 为宜)。

(7)将中和后的溶液小心移入蒸发皿中,边用小火加热边搅拌,以防止溶液或晶体溅出。加热蒸发到稠糊状时,有大量氯化钠晶体析出。稍冷却,将所得氯化钠晶体过滤,弃掉滤液。

(8)将所得氯化钠晶体用少量蒸馏水(约 2～3 ml)洗涤两次,放置烘干箱中烘干,得纯食盐,即药用的氯化钠。

(9)烘干后,称得重量,计算产率:

$$W(NaCl) = m_{精}/m_{粗} \times 100\%$$

五、思考题

(1)食盐精制中加试剂的次序,为什么必须先加 $BaCl_2$,再加 Na_2CO_3,最后加 HCl? 次序能否改变?

(2)食盐原料中所含的 K^+、NO_3^- 等离子是怎样去除的?

项目六　化学反应速率和化学平衡

一、实验目的

(1)理解影响化学反应速率和化学平衡的因素。

(2)培养学生观察的能力、实验现象记录的能力和分析问题的能力,养成其严谨求学的科学态度和协作互助的工作作风。

二、实验原理

(一)影响化学反应速率的因素

化学反应速率是用来衡量化学反应进行快慢的。影响化学反应速率的外界因素主要有:浓度、温度、催化剂等。

(1)浓度的影响　KIO_3 可氧化 $NaHSO_3$ 而本身被还原,其反应如下

$$2KIO_3 + 5NaHSO_3 =\!=\!= Na_2SO_4 + 3NaHSO_4 + K_2SO_4 + I_2 + H_2O$$

反应中生成的 I_2 可使淀粉变为蓝色。淀粉变蓝所需时间的长短可表示化学反应速率的快慢。

(2)温度的影响　温度对化学反应速率的影响较显著。一般地说,温度升高,化学反应速率增大;温度降低,化学反应速率减慢。

(3)催化剂的影响　催化剂能改变化学反应速率,在化学反应中催化剂能降低(增加)反应的活化能,因此催化剂能加快(减慢)化学反应速率。

(二)浓度和温度对化学平衡的影响

当可逆反应达到平衡时,如果改变平衡的条件,平衡就会被破坏而发生移动。例如,增加反应物的浓度,平衡就向减小反应物浓度即增大生成物浓度的方向移动。又如,降低温度,平衡就向放热反应的方向移动。

三、实验仪器与试剂

(1)仪器　锥形瓶、量筒、温度计、烧杯、秒表、NO_2 平衡仪。

(2)试剂　MnO_2(固体)、NH_4Cl(固体)、0.05 mol·L^{-1} KIO_3 溶液、0.05 mol·L^{-1} $NaHSO_3$ 溶液、淀粉溶液、0.2 mol·L^{-1} $FeCl_3$ 溶液、0.5 mol·L^{-1} NH_4SCN 溶液、30% H_2O_2 溶液、冰。

四、实验内容

(一)影响化学反应速率的因素

1. 浓度对化学反应速率的影响

本实验取四只 125 ml 的锥形瓶编号,用量筒量取 KIO_3 溶液 10 ml、15 ml、20 ml、25 ml,分别加入四个锥形瓶中,再用另一支量筒依次加入 20 ml、15 ml、10 ml、5 ml 蒸馏水于四个锥形瓶中,并分别在四个锥形瓶中加入淀粉溶液两滴。在一号锥形瓶中倒入 10 ml 0.05 mol·L^{-1} $NaHSO_3$ 溶液,并记录此时作为化学反应开始的时刻,一边摇动锥形瓶,一边注意观察锥形瓶中溶液的颜色变化,当蓝色出现时,表示反应终止,立即记下反应终止时间。对其余的三个锥形瓶,重复作以上实验,记录结果(可用表格形式记录)。根据实验结果说明浓度对反应速率的影响。

2. 温度对化学反应速率的影响

取 125 ml 锥形瓶两只分别加入 10 ml 0.05 mol·L^{-1} KIO_3 溶液和 20 ml 的蒸馏水,分别滴加两滴淀粉溶液。将其置于冰水中,用温度计测量锥形瓶内温度达到 0℃时,再用量筒量取 10 ml 0.05 mol·L^{-1} $NaHSO_3$ 溶液倒入锥形瓶中,振荡锥形瓶,注意观察颜色的变化,当蓝色出现时,表示反应终止,立即记下反应终止时间。在室温下,重复以上操作。记录结果(可用表格形式记录)。根据实验结果说明温度对反应速率的影响。

3. 催化剂对化学反应速率的影响

取两支试管,分别加入 1 ml 30% H_2O_2 溶液,在其中的一支试管中,加入少量的 MnO_2 固体,与另一支未加入 MnO_2 固体的进行对比观察,观察试管中是否有气泡发生以及气泡产生的速率,并进行记录。用以上实验说明催化剂对反应速率的影响。

(二)影响化学平衡的因素

1. 浓度对化学平衡的影响

用量筒量取 10 ml 蒸馏水于 100 ml 烧杯中,加入 0.2 mol·L^{-1} $FeCl_3$ 溶液及 0.5 mol·L^{-1} NH_4SCN 溶液各 1 滴,此时生成红色配合物。将此溶液分装在四支试管中,第一管作对照用。

(1)在第二管中加入 0.2 mol·L^{-1} $FeCl_3$ 2 滴,以第一管作对照,观察有什么变化?此管中原来还有 NH_4SCN 吗?

(2)在第三管中加入 0.5 mol·L^{-1} NH_4SCN 2 滴,以第一管作对照,观察有什么变化?此管中原来还有 $FeCl_3$ 吗?试说明第一管中反应是否完全,增加一种反应物的浓度对于反应有何影响?

(3)加固体 NH_4Cl 少许于第四管中,振荡试管,固体溶解。以第一管作对照,观察颜色的变化。增加一种反应产物的浓度对于反应又有什么影响?

2. 温度对化学平衡的影响

取一带有两个圆球的密闭玻璃球管,其中装有 NO_2 的气体平衡仪,观察 NO_2 平衡仪两球颜色,然后将一球浸在热水中,将另一球浸在冰水中,再观察球内颜色的变化?并解释结果。

五、思考题

(1)从实验结果说明哪些因素影响化学反应速率?它们是如何影响的?

(2)从实验结果说明哪些因素影响化学平衡?怎样判断化学平衡移动的方向?

项目七　醋酸解离常数的测定

一、实验目的

(1)掌握醋酸解离常数的测定。

(2)熟练使用 pH 计测定溶液的 pH 值。

二、实验原理

醋酸(HAc)是一种常见的一元弱酸。HAc 在水中的解离平衡为

$$HAc + H_2O \Longrightarrow H_3O^+ + Ac^-$$

若用 α 代表其解离度,K_a 代表其解离常数,$[H^+]$、$[Ac^-]$、$[HAc]$ 分别为其解离平衡浓度,c 为 HAc 的初始浓度,则有

$$K_a = \frac{[H^+][Ac^-]}{[HAc]} = \frac{[H^+]^2}{c-[H^+]} \approx \frac{[H^+]^2}{c} (当 \alpha < 5\%)$$

只要测出 HAc 溶液的浓度 c 及该溶液的 pH 值,则可利用上式计算出该 HAc 溶液的解离常数。

三、实验仪器与试剂

(1)仪器　pHS-2C 型酸度计、碱式滴定管、锥形瓶、移液管、吸量管、容量瓶、小烧杯、温度计。

(2)试剂　0.1 mol·L^{-1} HAc 溶液、0.1 mol·L^{-1} NaOH 标准溶液、酚酞指示剂。

四、实验内容

1. 0.1 mol·L^{-1} HAc 溶液浓度的测定

用 20 ml 移液管量取 0.1 mol·L^{-1} HAc 20.00 ml 于锥形瓶中,加入 2 滴酚酞指示剂,用已知准确浓度的 NaOH 标准溶液进行滴定,滴定至锥形瓶内溶液呈微红色且在 30 s 内不褪色即为滴定终点,记录数据。平行测定三次。按下式计算 HAc 溶液的准确浓度。

$$c(HAc) = \frac{c(NaOH) \times V(NaOH)}{V(HAc)} \text{ mol·L}^{-1}$$

2. 不同浓度 HAc 溶液的 pH 值测定

分别准确移取 5.00 ml、10.00 ml、25.00 ml 已测定出准确浓度的 0.1 mol·L^{-1} HAc 溶液至三个 50 ml 容量瓶中,加水至刻度线,摇匀备用。

按由稀至浓的次序,依次在 pHS-2C 酸度计上分别测定 0.1 mol·L^{-1} HAc 溶液以及三个容量瓶中 HAc 溶液的 pH 值,并记录测定时的室温。

3.分别计算出 HAc 的解离常数。

五、思考题

解离常数与浓度有关吗? 影响解离常数的因素有哪些?

项目八　缓冲溶液

一、实验目的

(1)掌握缓冲溶液的配制方法、性质、缓冲容量与缓冲溶液总浓度及缓冲比的关系。

(2)熟练使用吸量管。

二、实验原理

缓冲溶液具有抵抗少量强酸、强碱或稍加稀释仍保持其 pH 基本不变的作用。缓冲溶液一般由共轭酸(HB)及其共轭碱(B^-)组成,其 pH 可用下式计算

$$pH = pK_a + \lg \frac{c_{B^-}}{c_{HB}}$$

其中 K_a 为共轭酸的酸解离常数,$\dfrac{c_{B^-}}{c_{HB}}$ 为缓冲比。

上式表明,缓冲溶液的 pH 取决于共轭酸的解离常数 pK_a 以及平衡时溶液中所含共轭碱和共轭酸的浓度比值。配制缓冲溶液时,若使用原始浓度相同的共轭酸和共轭碱,则可用它们的体积(V)比代替浓度比,即

$$pH = pK_a + \lg \frac{V_{B^-}}{V_{HB}}$$

必须指出,由上述公式算得的 pH 是近似值,精确的计算应用活度而不应用浓度。要配制准确 pH 值的缓冲溶液,可查阅有关手册和参考书。

缓冲溶液的缓冲能力大小可用缓冲容量 β 表示。β 的大小与缓冲溶液的总浓度及缓冲比有关。当缓冲比一定时,缓冲溶液的总浓度越大,缓冲容量越大;而当缓冲溶液的总浓度一定,缓冲组分比值为 1:1 时,缓冲容量最大。

三、实验仪器与试剂

(1)仪器　吸量管、烧杯、试管、洗耳球。

(2)试剂　1.0 mol·L^{-1} HAc 溶液、0.1 mol·L^{-1} HAc 溶液、1.0 mol·L^{-1} NaAc 溶液、0.1 mol·L^{-1} NaAc 溶液、0.1 mol·L^{-1} Na$_2$HPO$_4$ 溶液、0.1 mol·L^{-1} NaH$_2$PO$_4$ 溶液、1.0 mol·L^{-1} NaOH 溶液、0.1 mol·L^{-1} NaOH 溶液、1.0 mol·L^{-1} HCl 溶液、9 g·L^{-1} NaCl 溶液、蒸馏水、甲基红、广泛 pH 试纸、精密 pH 试纸。

四、实验内容

1. 配制缓冲溶液

用吸量管按表实验 8-1 中的用量分别在四支大试管中配制 A、B、C 和 D 四种缓冲溶液,

摇匀,备用。

表实验 8-1　缓冲溶液的配制

实验编号	试剂	用量/ ml
A	1.0 mol · L⁻¹ HAc	5.00
	1.0 mol · L⁻¹ NaAc	5.00
B	0.1 mol · L⁻¹ HAc	5.00
	0.1 mol · L⁻¹ NaAc	5.00
C	0.1 mol · L⁻¹ Na₂HPO₄	5.00
	0.1 mol · L⁻¹ NaH₂PO₄	5.00
D	0.1 mol · L⁻¹ Na₂HPO₄	1.00
	0.1 mol · L⁻¹ NaH₂PO₄	9.00

2. 缓冲溶液的性质

取六支试管(1~6 号),按表实验 8-2 加入下列溶液,分别用广泛 pH 试纸测各试管中溶液的 pH。然后在各试管中分别加入 2 滴 1.0 mol · L⁻¹ HCl 或 1.0 mol · L⁻¹ NaOH 溶液,再用广泛 pH 试纸测各试管中溶液的 pH。

另取一支大试管(7 号),加入 2.00 ml 缓冲溶液 A,用广泛 pH 试纸测 pH 后,加入 5.00 ml H₂O,再用广泛 pH 试纸测其 pH。记录并解释实验结果。

表实验 8-2　缓冲溶液性质

实验编号	1	2	3	4	5	6	7
缓冲溶液 A/ml	2.00	2.00	0.00	0.00	0.00	0.00	2.00
NaCl/ ml	0.00	0.00	0.00	0.00	2.00	2.00	0.00
H₂O/ ml	0.00	0.00	2.00	2.00	0.00	0.00	0.00
广泛 pH 试纸测 pH₁							
1.0 mol · L⁻¹ HCl/滴	2	0	2	0	2	0	加 5 ml 水
1.0 mol · L⁻¹ NaOH/滴	0	2	0	2	0	2	
滴加试剂后 pH 试纸测 pH₂							
ΔpH＝ ∣ pH₂ － pH₁ ∣							

3. 缓冲容量与缓冲溶液总浓度及缓冲比的关系

(1) β 与缓冲溶液总浓度的关系　根据表实验 8-3,取两支大试管,在一试管中加入 2.00 ml 缓冲溶液 A,另一试管中加入 2.00 ml 缓冲溶液 B,在每管中分别加入 2 滴甲基红指示剂(甲基红在 pH<4.2 时呈红色,pH>6.3 时呈黄色),摇匀,观察溶液颜色。再分别边摇边滴加 1.0 mol · L⁻¹ NaOH,记下使溶液刚好变为黄色时所用 NaOH 的滴数。记录并解释实验结果。

表实验 8 – 3   缓冲容量与缓冲溶液总浓度的关系

实验编号	1	2
缓冲溶液 A/ml	2.00	0.00
缓冲溶液 B/ml	0.00	2.00
甲基红指示剂/滴	2	2
滴加甲基红指示剂后溶液颜色		
NaOH/滴（溶液刚好变黄色）		
结论		

（2）β 与缓冲比的关系   根据表实验 8 – 4，在装有 10.00 ml 缓冲溶液 C 和 10.00 ml 缓冲溶液 D 的大试管中，分别用精密 pH 试纸测量两试管中溶液的 pH。然后在每试管中各加入 0.90 ml 0.1 mol·L^{-1}NaOH，混匀后再用精密 pH 试纸分别测量两试管中溶液的 pH。比较两试管加入 NaOH 溶液前后 pH 值的改变情况，并解释原因。

表实验 8 – 4   缓冲容量与缓冲比的关系

实验编号	1	2
缓冲溶液 C/ ml	10.00	0.00
缓冲溶液 D/ ml	0.00	10.00
溶液的 pH		
加入 0.90 ml 0.1 mol·L^{-1}NaOH 后溶液 pH		
结论		

五、思考题

（1）缓冲溶液的 pH 值由哪些因素决定？

（2）缓冲容量取决于什么，在什么情况下缓冲溶液的缓冲容量有最大值？

项目九　氧化还原反应

一、实验目的

(1)理解氧化还原反应的实质,认识一些常用的氧化剂和还原剂。

(2)应用标准电极电势比较氧化剂和还原剂的强弱。

(3)了解浓度、酸度和温度对氧化还原反应的影响。

二、实验原理

氧化还原反应是物质得失电子的过程,反映在元素氧化数的变化上。反应中得到电子的物质称为氧化剂,反应后氧化数降低被还原;反应中失去电子的物质称为还原剂,反应后氧化数升高被氧化。氧化还原是同时进行的,其中得失电子数相等。

电极电势是用以判断氧化剂和还原剂相对强弱的标准,并可用以确定氧化还原反应进行的方向。电极电势表是各种物质在水溶液中进行氧化还原反应规律性的总结,溶液的浓度、酸度、温度均影响电极电势的数值。一般来说,在表中上方的还原态是较强的还原剂,可使其下方的氧化态还原,表下方的氧化态是较强的氧化剂,可使其上方的还原态氧化。

三、实验仪器与试剂

(1)仪器　试管、表面皿、烧杯、试管夹。

(2)试剂　铅粒(固体)、锌粒(固体)、$2\ mol \cdot L^{-1}\ HNO_3$ 溶液、稀 $HNO_3(1:10)$溶液、浓盐酸、$1\ mol \cdot L^{-1}\ HCl$ 溶液、$3\ mol \cdot L^{-1}\ H_2SO_4$ 溶液、$1\ mol \cdot L^{-1}\ H_2SO_4$ 溶液、$6\ mol \cdot L^{-1}$ HAc 溶液、饱和 H_2S 溶液、$40\%NaOH$ 溶液、$6\ mol \cdot L^{-1}\ NaOH$ 溶液、$0.01\ mol \cdot L^{-1}\ KMnO_4$ 溶液、$0.5\ mol \cdot L^{-1}FeSO_4$ 溶液、$0.1\ mol \cdot L^{-1}\ Na_2SO_3$ 溶液、$0.1\ mol \cdot L^{-1}\ Na_2C_2O_4$ 溶液、$1\ mol \cdot L^{-1}NaBr$ 溶液、$0.1\ mol \cdot L^{-1}K_2Cr_2O_7$溶液、$1\ mol \cdot L^{-1}\ NaI$ 溶液、$0.025\ mol \cdot L^{-1}$ $Fe_2(SO_4)_3$ 溶液、$1\ mol \cdot L^{-1}Pb(NO_3)_2$ 溶液、$1\ mol \cdot L^{-1}CuSO_4$ 溶液、$0.5\ mol \cdot L^{-1}Na_2SO_4$ 溶液、$1\ mol \cdot L^{-1}ZnSO_4$ 溶液、$3\%H_2O_2$ 溶液、$CHCl_3$、红色石蕊试纸。

四、实验内容

(一)氧化剂和还原剂

(1)取两支试管,各加 5 滴 $0.01\ mol \cdot L^{-1}KMnO_4$ 和 3 滴 $3\ mol \cdot L^{-1}H_2SO_4$,然后在第一试管中加 2 滴 3% 的 H_2O_2 溶液,在第二支试管中加 3 滴 $0.5\ mol \cdot L^{-1}FeSO_4$ 溶液,观察现象,指出反应的氧化剂和还原剂。

$$MnO_4{}^{2-} + H^+ + H_2O_2 \longrightarrow Mn^{2+} + O_2 \uparrow + H_2O$$

$$MnO_4^{2-} + H^+ + Fe^{2+} \longrightarrow Mn^{2+} + Fe^{3+} + H_2O$$

(2)取一支试管,加 3 滴 0.1 mol·L^{-1} K$_2$Cr$_2$O$_7$ 溶液,5 滴 3 mol·L^{-1} H$_2$SO$_4$,摇匀,再加饱和 H$_2$S 溶液数滴,观察现象,指出反应的氧化剂和还原剂。

$$Cr_2O_7^{2-} + H^+ + H_2S \longrightarrow Cr^{3+} + S \downarrow + H_2O$$

(二)浓度、温度和酸度对氧化还原反应的影响

1. 浓度对氧化还原反应的影响

往两支装有少量锌粒的试管中,分别加 2 ml 浓 HNO$_3$ 和稀 HNO$_3$(1∶10)溶液,观察所发生的现象?①它们的反应速率有何不同?②它们的反应产物有何不同?

浓 HNO$_3$ 被还原后的主要产物可通过观察它的颜色来判断。稀 HNO$_3$ 的还原产物可采用检验溶液中是否有 NH$_4^+$ 生成的办法来确定。

$$Zn + 4HNO_3(浓) = Zn(NO_3)_2 + 2NO_2 + 2H_2O$$
$$4Zn + 10HNO_3(稀) = 4Zn(NO_3)_2 + NH_4NO_3 + 3H_2O$$

NH$_4^+$ 的检验方法(气室法):将 5 滴被检液置于一表面皿的中心,再加 3 滴 6 mol·L^{-1} NaOH 溶液,混匀,放置在装有沸水的烧杯上;在另一块较小的表面皿中心黏附一小块湿润的红色石蕊试纸,把它盖在大的表面皿上做成气室。放置 10 min,如红色石蕊试纸变蓝,则表示有 NH$_4^+$ 存在。

2. 酸度对氧化还原反应的影响

往两支各盛有 0.5 ml 1 mol·L^{-1} NaBr 溶液的试管中,分别加 10 滴 3 mol·L^{-1} H$_2$SO$_4$ 和 6 mol·L^{-1} HAc 溶液,然后往两支试管中各加 1 滴 0.01 mol·L^{-1} KMnO$_4$ 溶液,观察并比较两支试管中紫色溶液退色的快慢。写出方程式,并加以解析。

$$Br^- + MnO_4^- + H^+ \longrightarrow Br_2 + Mn^{2+} + H_2O$$

3. 温度对氧化还原反应的影响

在两支试管中分别加入 2 ml 0.01 mol·L^{-1} Na$_2$C$_2$O$_4$、0.5 ml 3 mol·L^{-1} H$_2$SO$_4$ 和 1 滴 0.01 mol·L^{-1} KMnO$_4$ 溶液,摇匀,将其中一支试管放入 80 ℃ 的水浴中加热,另一支不加热,观察两支试管溶液褪色的快慢。写出方程式,并加以解析。

$$C_2O_4^{2-} + MnO_4^- + H^+ \longrightarrow CO_2 + Mn^{2+} + H_2O$$

4. 酸碱性对氧化还原反应的影响

取试管 3 支,各加 10 滴 0.1 mol·L^{-1} Na$_2$SO$_3$ 溶液,再分别加 10 滴 1 mol·L^{-1} H$_2$SO$_4$、蒸馏水和 40% NaOH 溶液,摇匀后,再各加 3 滴 0.01 mol·L^{-1} KMnO$_4$ 溶液,观察现象。KMnO$_4$ 在酸性、中性和碱性介质中的还原产物分别是 Mn^{2+}、MnO$_2$ 和 MnO$_4^{2-}$,试写出上述反应方程式。

$$SO_3^{2-} + MnO_4^- + H^+ \longrightarrow SO_4^{2-} + Mn^{2+} + H_2O$$
$$SO_3^{2-} + MnO_4^- + OH^- \longrightarrow SO_4^{2-} + MnO_4^{2-} + H_2O$$
$$SO_3^{2-} + MnO_4^- + H_2O \longrightarrow SO_4^{2-} + MnO_2 + H_2O$$

(三)选择氧化剂

在含有 NaBr、NaI 的混合溶液中,要求只氧化 I$^-$,而不氧化 Br$^-$,在常用的氧化剂 KMnO$_4$

和 Fe^{3+} 中,选择哪一种氧化剂合适?

(1)取小试管两支,分别加 10 滴 1 mol·L^{-1} NaBr、1 mol·L^{-1} NaI 溶液,各加 10 滴 3 mol·L^{-1} H_2SO_4、1 ml $CHCl_3$,然后分别加 2~3 滴 $KMnO_4$,振荡,观察各试管中氯仿层的变化。

(2)用 $Fe_2(SO_4)_3$ 代替 $KMnO_4$,重复上述实验。从实验结果确定选用哪一种氧化剂合适,为什么?

$$MnO_4^- + Br^- + H^+ \longrightarrow Mn^{2+} + Br_2 + H_2O$$
$$MnO_4^- + I^- + H^+ \longrightarrow Mn^{2+} + I_2 + H_2O$$
$$Fe^{3+} + I^- \longrightarrow Fe^{2+} + I_2$$

五、注意事项

(1)浓 HNO_3 与 Zn 反应有刺激性气体 NO_2 产生,必须在通风橱中进行。

(2)确定锌、铅、铜在电极电位中的顺序实验时,由于置换反应速率较慢,应将试管放置试管架上一段时间,切勿振荡,然后再观察现象。

六、思考题

(1)在标准电位表上电位差值大的两电对,其反应速率是否一定很快?

(2)如何利用电极电位表来写氧化还原反应式?

(3)哪种情况下用标准电位表来判断反应方向?哪种情况下用能斯特方程计算来判断?

（pH=10），均匀入5滴铬黑T指示剂，立即用0.1.....

.....0.02mol·L⁻¹的EDTA标准溶液......

项目十　水的总硬度的测定

一、实验目的

（1）掌握用 EDTA 测定水的总硬度的原理和方法。

（2）熟悉铬黑 T 的应用及终点时颜色的变化。

（3）进一步练习移液管、滴定管的使用。

二、实验原理

水的总硬度是指水中 Ca^{2+}、Mg^{2+} 的总量，它包括暂时硬度和永久硬度。凡水中含有钙、镁的酸式碳酸盐，遇热即成碳酸盐沉淀而失去其硬度则为暂时硬度；凡水中含有钙、镁的硫酸盐、氯化物、硝酸盐等所成的硬度称为永久硬度。暂时硬度和永久硬度的总和称为"总硬度"。因此，水的总硬度测定即对水中钙、镁总量的测定，为确定用水质量和进行水的处理提供依据。

测定水的总硬度，可用 EDTA 滴定液测定，测定时控制溶液的 $pH=10$，铬黑 T 作为指示剂，用 EDTA 标准溶液直接滴定水中的 Ca^{2+}、Mg^{2+}，直至溶液由紫红色经紫蓝色转变为蓝色，即为终点。反应如下

滴定前：$EBT + Me(Ca^{2+}、Mg^{2+}) \rightleftharpoons Me-EBT$

　　　（蓝色）　　　　　　　　$pH=10$（紫红色）

滴定开始至化学计量点前：$H_2Y^{2-} + Ca^{2+} \rightleftharpoons CaY^{2-} + 2H^+$

　　　　　　　　　　　　　$H_2Y^{2-} + Mg^{2+} \rightleftharpoons MgY^{2-} + 2H^+$

计量点时：$H_2Y^{2-} + Me-EBT \rightleftharpoons MeY^{2-} + EBT + 2H^+$

　　　　（紫蓝色）　　　　　　　　　　　（蓝色）

滴定时，Fe^{3+}、Al^{3+} 等干扰离子可用三乙醇胺掩蔽，Cu^{2+}、Pb^{2+}、Zn^{2+} 等重金属离子可用 KCN、Na_2S 或巯基乙酸掩蔽。

根据消耗的 EDTA 溶液的体积和浓度，可计算水的总硬度。

三、实验仪器与试剂

（1）仪器　移液管、锥形瓶、铁架台、碱式滴定管、烧杯、量筒。

（2）试剂　$0.02 \ mol \cdot L^{-1}$ EDTA 标准溶液、三乙醇胺（1：2）、氨-氯化铵缓冲溶液（pH=10）、HCl 溶液（1：1）、铬黑 T 指示剂。

四、实验内容

用移液管移取水样 100 ml，置于 250 ml 锥形瓶中，加 1：1 的 HCl 溶液 1～2 滴酸化水样。煮沸数分钟，除去 CO_2，冷却后，加入 5 ml 三乙醇胺溶液，5 ml 氨-氯化铵缓冲溶液

(pH＝10)，再加入 5 滴铬黑 T 指示剂，立即用 EDTA 标准溶液滴定至溶液由紫红色变为纯蓝色。15 s 后并不褪色即表示达到终点，记录 EDTA 用量 V。平行测定 3 次，计算水的总硬度。

五、思考题

(1)在滴定水的总硬度前，加盐酸 1～2 滴的目的是什么？

(2)测定水的总硬度时，加入三乙醇胺的作用是什么？

(3)测定水的总硬度时，为何要控制溶液的 pH＝10？

项目十一　铬、锰、铁

一、实验目的

（1）掌握铬、锰、铁主要氧化态化合物的重要性质。

（2）熟悉铬、锰、铁主要氧化态之间相互转化的条件。

（3）了解铬（Ⅵ）、锰（Ⅶ）化合物的氧化还原性以及介质对氧化还原反应的影响。

二、实验原理

铬（Cr）、锰（Mn）、铁（Fe）依次属于ⅥB、ⅦB 和Ⅷ族元素，在化合物中 Cr、Mn 的最高价态和族数相等。Fe 的最高价态小于族数。Cr 常见的氧化态为 +3、+6；Mn 为 +2、+4、+6、+7；Fe 为 +2、+3。Cr^{3+}、Mn^{2+}、Fe^{2+}、Fe^{3+} 的主要性质见表实验 11-5。

表实验 11-1　Cr^{3+}、Mn^{2+}、Fe^{2+}、Fe^{3+} 的性质

金属离子	Cr^{3+}	Mn^{2+}	Fe^{2+}	Fe^{3+}
氢氧化物/颜色/酸碱性	$Cr(OH)_3$/灰绿/两性	$Mn(OH)_2$/白/碱性	$Fe(OH)_2$/白/碱性	$Fe(OH)_3$/棕/两性极弱
与其他氧化态之间转化的条件	Cr（Ⅲ）→Cr（Ⅵ）碱性介质 Cr（Ⅵ）→Cr（Ⅲ）酸性介质	Mn（Ⅶ）→Mn（Ⅱ）酸性介质 Mn（Ⅶ）→Mn（Ⅳ）中性介质 Mn（Ⅶ）→Mn（Ⅵ）强碱性介质		

三、实验仪器与试剂

（1）仪器　试管、试管架、洗瓶。

（2）试剂　KOH（固体）、$KClO_3$（固体）、MnO_2（固体）、$(NH_4)_2Fe(SO_4)_2 \cdot 6H_2O$（固体）、$0.1\ mol \cdot L^{-1}$ Na_2SO_3 溶液、$1\ mol \cdot L^{-1}$ H_2SO_4 溶液、$2\ mol \cdot L^{-1}$ H_2SO_4 溶液、$3\%H_2O_2$ 溶液、$2\ mol \cdot L^{-1}$ HAc 溶液、$2\ mol \cdot L^{-1}$ NaOH 溶液、$6\ mol \cdot L^{-1}$ NaOH 溶液、$0.1\ mol \cdot L^{-1}$ $KCr(SO_4)_2$ 溶液、$0.1\ mol \cdot L^{-1}$ $K_2Cr_2O_7$ 溶液、$2\ mol \cdot L^{-1}$ $(NH_4)_2S$ 溶液、$0.1\ mol \cdot L^{-1}$ $MnSO_4$ 溶液、$0.1\ mol \cdot L^{-1}$ $KMnO_4$ 溶液、$0.1\ mol \cdot L^{-1}$ $FeCl_3$ 溶液、$0.1\ mol \cdot L^{-1}$ KI 溶液、淀粉溶液。

四、实验内容

(一)铬(Ⅲ)的化合物

取一支试管,加入 0.1 mol·L^{-1} KCr(SO$_4$)$_2$ 10 滴和 2 mol·L^{-1} NaOH 3～4 滴,观察沉淀的颜色,将沉淀分成两份分别置于试管中,第一份滴加 2 mol·L^{-1} H$_2$SO$_4$,第二份滴加 2 mol·L^{-1} NaOH,观察两支试管各有什么变化。再向第二支试管中加入 3% H$_2$O$_2$ 3～4 滴并加热,观察现象,并写出反应方程式。

(二)铬(Ⅵ)的化合物

1. 溶液中 CrO$_4^{2-}$ 与 Cr$_2$O$_7^{2-}$ 间的转化

取一支试管,加入 0.1 mol·L^{-1} K$_2$Cr$_2$O$_7$ 4 滴和 2 mol·L^{-1} NaOH 数滴,观察颜色变化,再加入 2 mol·L^{-1} H$_2$SO$_4$ 数滴后,颜色又有何变化?

2. Cr(Ⅵ)的氧化性

取一支试管,加入 0.1 mol·L^{-1} K$_2$Cr$_2$O$_7$ 4 滴,2 mol·L^{-1} H$_2$SO$_4$ 2 滴,2 mol·L^{-1} (NH$_4$)$_2$S 溶液 2 滴,微热,观察现象及颜色变化。

(三)锰(Ⅱ)的化合物

取一支试管,加入 0.1 mol·L^{-1} MnSO$_4$ 10 滴,2 mol·L^{-1} NaOH 5 滴,不振摇,立即观察现象,放置后再观察现象有何变化?

(四)锰(Ⅵ)的化合物

1. K$_2$MnO$_4$ 的制备

取一支干燥的小试管,放入一小粒 KOH 和等体积的 KClO$_3$ 固体,加热至熔融后,再加入少许 MnO$_2$,继续加热至熔结后,使试管口稍低于试管底部,加强热至熔块呈绿色,放置冷却,取少量后加 4 ml 水,振荡,溶液应呈绿色。写出反应式。

2. K$_2$MnO$_4$ 的歧化

在上一实验的绿色溶液中,加入 2 mol·L^{-1} HAc 数滴,观察溶液颜色的变化和沉淀的生成。

(五)锰(Ⅶ)的化合物

取三支试管各加入 0.1 mol·L^{-1} KMnO$_4$ 溶液 2 滴,第一支加 1 mol·L^{-1} H$_2$SO$_4$ 5 滴,第二支加蒸馏水 5 滴,第三支加 6 mol·L^{-1} NaOH 5 滴,然后再往每支试管中分别加数滴 0.1 mol·L^{-1} Na$_2$SO$_3$ 溶液,观察各试管所发生的现象。写出反应式,讨论介质对 KMnO$_4$ 还原产物的影响。

(六)铁(Ⅱ)的化合物

取一支试管,加入蒸馏水 2 ml,2 mol·L^{-1} H$_2$SO$_4$ 1～2 滴,然后向其中投入硫酸亚铁铵晶体几粒;并迅速加入煮沸的 2 mol·L^{-1} NaOH 溶液 1 ml,不振摇,观察现象。振摇,静置片刻后,再观察沉淀颜色的变化,解释每步操作的原因和现象的变化。

(七)铁(Ⅲ)的化合物

取两支试管,各加入 0.1 mol·L⁻¹ FeCl₃ 5 滴,然后第一支试管中滴加 2 mol·L⁻¹ NaOH,观察现象并写出方程式。第二支滴加 0.1 mol·L⁻¹ KI 溶液,观察现象,并解释生成的产物是什么,为什么?

五、思考题

(1)在酸性溶液中,MnO_4^- 被还原成 Mn^{2+} 的过程中,有时会出现 MnO_2 棕色沉淀,为什么?

(2)$KMnO_4$ 溶液如何存放,为什么?

项目十二　铜、银、锌、汞

一、实验目的

(1)掌握铜（Ⅰ）、铜（Ⅱ）重要化合物的性质和相互转化条件。

(2)熟悉铜、银、锌、汞的配位能力，以及 Hg_2^{2+} 与 Hg^{2+} 之间的转化。

(3)了解铜、银、锌、汞氧化物或氢氧化物的酸碱性，硫化物的溶解性。

二、实验原理

铜、银是元素周期表中的ⅠB族元素，铜的主要氧化态有＋1和＋2，银的主要氧化态是＋1。锌、汞是元素周期表中的ⅡB族元素，锌的主要氧化态是＋2，汞的主要氧化态是＋2，其次是＋1。Cu^{2+}、Ag^+、Zn^{2+}、Hg^{2+} 的主要性质见表实验 12－1。

表实验 12－1　Cu^{2+}、Ag^+、Zn^{2+}、Hg^{2+}

金属离子	Cu^{2+}	Ag^+	Zn^{2+}	Hg^{2+}
氢氧化物/颜色/酸碱性/热稳定性	$Cu(OH)_2$/蓝/两性偏碱/受热脱水	AgOH/白/碱性/常温脱水	$Zn(OH)_2$/白/两性/高温脱水	$Hg(OH)_2$ 不稳定极易脱水
氧化物/颜色	CuO/黑色	Ag_2O/棕色	ZnO/白色	HgO/黄或红
与过量氨水反应	$[Cu(NH_3)_4]^{2+}$	$[Ag(NH_3)_2]^+$	$[Zn(NH_3)_4]^{2+}$	$Hg(NH_2)Cl$
硫化物/颜色/溶解性	CuS/黑色/溶于浓硝酸	Ag_2S/灰色/溶于浓硝酸	ZnS/白色/溶于浓盐酸	HgS/黑色/溶于王水

三、实验仪器与试剂

(1)仪器　试管、烧杯、量筒、离心机、抽滤瓶、布氏漏斗。

(2)试剂　铜屑、金属汞、2 mol·L^{-1} NaOH 溶液、40％ NaOH 溶液、2 mol·L^{-1}NH$_3$·H$_2$O 溶液、浓 NH$_3$·H$_2$O、2 mol·L^{-1} H$_2$SO$_4$ 溶液、2 mol·L^{-1} HNO$_3$ 溶液、浓 HCl、2 mol·L^{-1}LHCl 溶液、0.2 mol·L^{-1} CuSO$_4$ 溶液、0.5 mol·L^{-1} CuCl$_2$ 溶液、0.1 mol·L^{-1} AgNO$_3$ 溶液、0.2 mol·L^{-1}ZnSO$_4$溶液、0.2 mol·L^{-1} Hg(NO$_3$)$_2$ 溶液、0.2 mol·L^{-1} HgCl$_2$ 溶液、0.2 mol·L^{-1} SnCl$_2$ 溶液、1 mol·L^{-1}Na$_2$S 溶液。

四、实验内容

(一)铜、锌氢氧化物的生成和性质

取两支试管，分别滴加 0.2 mol·L^{-1}CuSO$_4$ 和 0.2 mol·L^{-1} ZnSO$_4$ 溶液各 5 滴，之后逐

滴加入新配制的 2 mol·L⁻¹ NaOH 溶液直至生成大量沉淀为止。将每支试管中的沉淀和溶液摇匀，均分成两份，一份滴加 2 mol·L⁻¹ H₂SO₄ 溶液，另一份滴加过量的 2 mol·L⁻¹ NaOH 溶液，再观察实验现象，并写出反应方程式。

(二)银、汞氧化物的生成和性质

1. 氧化银的生成和性质

取一支试管，滴加 0.1 mol·L⁻¹ AgNO₃ 溶液 5 滴，再逐滴加入新配制的 2 mol·L⁻¹ NaOH 溶液，边加边振荡，观察沉淀的颜色和状态，并分析其主要成分。将沉淀离心分离、洗涤，并分成两份分别置于两支洁净的试管中，各滴加 2 mol·L⁻¹ NH₃·H₂O 和 2 mol·L⁻¹ HNO₃ 数滴，观察实验现象，写出反应方程式。

2. 氧化汞的生成和性质

取一支试管，加入 0.2 mol·L⁻¹ Hg(NO₃)₂ 溶液 0.5 ml，再缓慢滴加新配制的 2 mol·L⁻¹ NaOH 溶液，边加边振荡，观察沉淀的颜色和状态。将沉淀分成两份，分别加入 2 mol·L⁻¹ HNO₃ 和 40% NaOH 溶液数滴，观察实验现象，并写出反应方程式。

(三)锌、汞硫化物的生成和性质

取两支试管，分别加入 0.2 mol·L⁻¹ ZnSO₄ 和 0.2 mol·L⁻¹ Hg(NO₃)₂ 溶液 0.5 mL，再逐滴加入 1 mol·L⁻¹ Na₂S 溶液，观察生成沉淀的颜色和状态。将每种沉淀离心分离、洗涤，并分成三份置于试管中，第一份逐滴加入 2 mol·L⁻¹ HCl，第二份逐滴加入浓盐酸，第三份逐滴加入王水(HCl∶HNO₃＝3∶1)，水浴加热，观察沉淀的溶解情况。

(四)铜、银、锌、汞配合物的生成和性质

取四支试管，各加入 0.2 mol·L⁻¹ CuSO₄、0.1 mol·L⁻¹ AgNO₃、0.2 mol·L⁻¹ ZnSO₄ 和 0.2 mol·L⁻¹ HgCl₂ 溶液 2 mL，之后每支试管中再缓慢滴加 2 mol·L⁻¹ NH₃·H₂O，注意观察实验现象，比较 Cu²⁺、Ag⁺、Zn²⁺、Hg²⁺ 与 NH₃·H₂O 反应有什么不同。

(五)铜、汞的氧化还原性

1. 氯化亚铜的生成和性质

取一支试管，加入 0.5 mol·L⁻¹ CuCl₂ 溶液 1.0 ml、浓盐酸 10 滴和少量铜屑，加热直至溶液变成深棕色为止。取出几滴溶液放入盛有 1 ml 蒸馏水的另一支试管中，如有白色沉淀生成，则迅速把全部溶液倒入 20 ml 蒸馏水中，观察沉淀的生成。等大部分沉淀析出后，静置，倾去上层清液，并用少量蒸馏水洗涤沉淀。取少许沉淀，分成两份。一份滴加浓 NH₃·H₂O，另一份滴加浓盐酸，观察沉淀是否溶解？写出反应方程式。

2. 汞的氧化还原性

取两份 0.2 mol·L⁻¹ HgCl₂ 溶液各 1.0 ml，第一份滴加 0.2 mol·L⁻¹ SnCl₂ 溶液(先适量，后过量)，观察实验现象，并写出反应方程式；第二份滴入 1 滴金属汞，充分振荡后(未反应的汞要回收)，加入 2 mol·L⁻¹ NH₃·H₂O 数滴，观察实验现象，写出反应方程式。

五、思考题

(1)使用汞时应注意什么问题？汞储存时为什么要用水封？

(2)在白色氯化亚铜沉淀中加入浓氨水或浓盐酸后形成什么颜色的溶液？放置一段时间后会变成蓝色溶液，为什么？

加入少量乙醇水，以除去残余的水分。待干燥后称量 $FeSO_4$ 晶体出来。（同理要控制
溶液的 pH 大于 1），过热过低。将硫酸铵倒入容器，浓缩至水不继续蒸发时用玻璃棒搅
……

也就不会析出多 $FeSO_4$，因再生 Fe_2O_3，会其中减少大量影响结晶的晶体
$(NH_4)_2SO_4$ 水溶液加热浓。使之全部溶解，调节溶液 pH 为 1~2。继续加热，使之溶液蒸发
出就能得到均匀，冷却结晶，加热，用少量乙醇洗，取晶并，取中有晶体配制的大量……
而取上面干燥后，称重，计算。

项目十三　硫酸亚铁铵的制备

一、实验目的

(1)掌握实验相关的原理及数据处理方法。
(2)进一步熟悉水浴加热、溶解、过滤、蒸发与结晶等基本操作。
(3)了解复盐的一般特征和制备方法，并用于硫酸亚铁铵的制备。

二、实验原理

硫酸亚铁铵 $(NH_4)_2Fe(SO_4)_2 \cdot 6H_2O$ 又称摩尔盐，为浅蓝绿色晶体，能溶于水，难溶于乙醇。它在空气中比硫酸亚铁稳定，不易被氧化，而且制造工艺简单，价格低廉。因此，被广泛应用于各个领域。

由于 $(NH_4)_2Fe(SO_4)_2 \cdot 6H_2O$ 在水中的溶解度在 $0\sim60$ ℃内比组成它的任何一个组分 $FeSO_4$ 或 $(NH_4)_2SO_4$ 的溶解度都要小。因此，从 Fe_2SO_4 和 $(NH_4)_2SO_4$ 的浓混合溶液中，很容易得到结晶状的 $(NH_4)_2Fe(SO_4)_2 \cdot 6H_2O$。不过，制备过程中，为防止 Fe^{2+} 被氧化或水解，溶液应保持足够的酸度。

本实验采用过量铁屑和稀硫酸反应制备硫酸亚铁溶液。

$$Fe + H_2SO_4 =\!=\!= FeSO_4 + H_2\uparrow$$

然后往硫酸亚铁溶液中加入等物质的量的硫酸铵，并使其全部溶解，加热浓缩制得混合溶液，再冷却即可得到溶解度较小的硫酸亚铁铵晶体。

$$FeSO_4 + (NH_4)_2SO_4 + 6H_2O =\!=\!= (NH_4)_2Fe(SO_4)_2 \cdot 6H_2O$$

三、实验仪器与试剂

(1)仪器　台秤、锥形瓶(150 ml)、烧杯、量筒(10 ml、50 ml)、漏斗、漏斗架、布氏漏斗、吸滤瓶、蒸发皿、酒精灯、表面皿、水浴(可用大烧杯代替)、滤纸。

(2)试剂　铁屑、pH 试纸、$(NH_4)_2SO_4$(固体)、$3\ mol \cdot L^{-1}\ H_2SO_4$ 溶液、$2mol \cdot L^{-1}$ Na_2CO_3 溶液、无水乙醇(95%)。

四、实验内容

1. 铁屑的净化（除油污）

称取 2.0 g 铁屑放入小烧杯中，加入 $2\ mol \cdot L^{-1}$ 的 Na_2CO_3 溶液 10 mL，缓缓加热约 10 min，倾倒去 Na_2CO_3 碱性溶液，用水冲洗铁屑。

2. 硫酸亚铁的制备

将处理过的洁净铁屑放在小烧杯中，加入 $3\ mol \cdot L^{-1}\ H_2SO_4$ 溶液 15 mL，盖上表面皿，70~80℃水浴加热，使铁屑与硫酸反应，直至不再有气泡产生为止(注意：在加热过程中应不时

加入少量去离子水,以补充蒸发掉的水分,保持原有体积,防止 $FeSO_4$ 结晶出来;同时要控制溶液的 pH 不大于 1)。趁热过滤,滤液转移到蒸发皿中备用,残渣用水洗涤,并用滤纸吸干,称量,根据已反应的铁屑,计算出溶液中 $FeSO_4$ 的理论产量。

3. 硫酸亚铁铵的制备

根据上一步计算出的 $FeSO_4$ 的理论产量,往 $FeSO_4$ 溶液中加入等物质的量的固体 $(NH_4)_2SO_4$,水浴加热搅拌,使之全部溶解,调节溶液 pH 为 1~2,继续加热,蒸发浓缩至表面出现晶膜为止,冷却、结晶、抽滤,用少量乙醇洗去晶体表面所吸附的水分。取出晶体,放在表面皿上晾干,称量,计算产率。

五、思考题

(1)为什么制备硫酸亚铁时要控制溶液的 pH 不大于 1?如何测量和控制?

(2)减压过滤有何特点?什么情况下应采用减压过滤?减压过滤的操作步骤有哪些?

(3)如何计算 $FeSO_4$ 理论产量和反应所需 $(NH_4)_2SO_4$ 的质量?

目标检测参考答案

第一章　原子结构

一、选择题

1～5：AACDC　　　6～10：DBCDB　　　11～15：ADCCA　　　16～22：ACABACC

二、填空题

1. σ、π、σ、π。

2. sp、1、2。

3. 3、d、5、10。

4. 32、4s4p4d4f、6。

5. $[Ar]3d^{10}4s^1$、四、ⅠB、ds。

6. 能量、杂化、杂化轨道。

7. 离子、共价键、金属。

8. 相同、分子空间构型。

9. 正四面体、非极性。

10. sp^2、平面三角形。

三、简答题

1. 答：p代表p轨道(或p亚层)；2p代表第二电子层的p轨道(亚层)；2p¹表示第二电子层的p轨道(亚层)上填充了一个电子。

2. 答：(1)A：第三周期，ⅦA族，p区；B：第四周期，Ⅷ族，d区；C：第四周期，ⅠB族，ds区；D：第三周期，零族，p区。

(2)A：$[Ne]3s^23p^5$；B：$[Ar]3d^84s^2$；C：$[Ar]3d^{10}4s^1$；D：$[Ne]3s^23p^6$。

3. 答：^9C：$1s^22s^22p^2$；^{11}Na：$1s^22s^22p^63s^1$。

4. 答：(1)第四主族的元素；

(2)N元素；

(3)N元素。

5. 答：基态原子电子层结构：

16：$[Ne]3s^23p^4$，第三周期，第Ⅵ主族，p区；

17：$[Ne]3s^23p^5$，第三周期，第Ⅶ主族，p区；

19：$[Ar]4s^1$，第四周期，第Ⅰ主族，s区。

所形成的离子结构：

16：S^{2-}，$[Ne]3s^23p^6$；　　17：Cl^-：$[Ne]3s^23p^6$；　　19：K^+：$[Ne]3s^23p^6$。

6. 答：

比较内容	σ 键	π 键
轨道组成	s—s、s—p、p—p	p—p、p—d
成键方式	头碰头	肩并肩
重叠程度	大	小
键能	大	小
稳定性	高	低
存在形式	单键、双键、三键中	双键、三键中

N_2 分子中存在三个 N—N 共价键,其中 1 个 σ 键,2 个 π 键;NH_3 分子中存在三个 N—H 共价键,三个都是 σ 键。

7.答:(1)色散力;(2)诱导力、色散力;(3)取向力、诱导力、色散力;(4)取向力、色散力。

8.答:由于 HF 分子间存在氢键,所以熔沸点异常的高;HCl 和 HI 的分子之间只存在范德华力,分子量越大,范德华力越强,熔沸点越高,HF 的分子量比 HCl 大,故沸点高。

9.答:极性分子:$CHCl_3$、NCl_3、HCl;

非极性分子:BCl_3、CO_2。

10.答:$BeCl_2$:sp 杂化,直线型,非极性分子;

BBr_3:sp^2 杂化,平面三角形,非极性分子;

SiH_4:sp^3 杂化,正四面体,非极性分子;

PH_3:不等性 sp^3 杂化,三角锥,极性分子;

H_2S:不等性 sp^3 杂化,V 字形,极性分子。

第二章 溶 液

一、选择题

1~5:CCACB　6~10:CBDAC

二、填空题

1.胶粒带同种电荷、溶剂化作用。

2.加入少量电解质、加热、加胶粒带相反电荷的其他溶胶。

3.两溶液之间要有半透膜存在、半透膜的两侧有浓度差。

4.溶液渗透的方向总是从低浓度的一方向高浓度的一方渗透。

5.720~800 kPa,280~310 mmol·L^{-1}。

三、简答题

1.答:可用电泳除杂,把这些陶土和水一起搅拌,使粒子直径在 1~100 nm 之间,然后插入两根电极,接通直流电源,这时阳极聚集带负电的胶体(粒子陶土),阴极聚集带正电的胶体（Fe_2O_3）微粒。

2.答:先生成红褐色沉淀,后逐渐溶解形成棕黄色溶液,$Fe(OH)_3$ 胶体遇电解质产生凝聚生成 $Fe(OH)_3$ 沉淀,再加盐酸,沉淀溶解。

3.答:将红细胞置于低渗溶液中,由于渗透的方向是从低浓度的一方向高浓度的一方渗透,因此水主要向细胞内渗透,红细胞逐渐胀大而出现溶血现象。若将红细胞置于高渗溶液中,水主要是向红细胞外渗透,红细胞会发生皱缩(胞浆分离)。

四、计算题

1.解得:0.28 mol·L^{-1}。

2.解得:395 ml。

3.256 ml。

4.3 支。

第三章　化学反应速率和化学平衡

一、选择题

DDBACBD

二、略。

三、计算题

1.解得:(1)$v_A = kc_A c_B$ 反应级数为2;

(2)$k = 1.2$ L·mol^{-1}·min^{-1};

(3)$v_A = 2.4 \times 10^{-4}$ mol·L^{-1}·min^{-1}。

2.解得:$E_a = 103.8$ kJ·mol^{-1},$A = 5.0 \times 10^{15}$

3.解得:反应逆向进行,42 kPa。

4.解得:$p(CO_2) = 260$ kPa,$p(CO) = 1740$ kP。

第四章　电解质溶液

一、选择题

1~5:CBDAD　　6~10:DCDDA

二、简答题

1.答:影响缓冲溶液 pH 值的因素有共轭酸的 pK_a 和缓冲比。其中共轭酸的 pK_a 是决定缓冲溶液 pH 的主要因素(因为缓冲比处在对数项中,对 pH 值的影响较小,所以不是主要因素)。

2.答:缓冲溶液能起缓冲作用是与它的组成有关的。由弱电解质解离平衡来调节。根据同离子效应,从下述反应可知:在 HAc-NaAc 缓冲溶液中,存在足量的 HAc 和 Ac$^-$。

$$HAc + H_2O \Longleftrightarrow H_3O^+ + Ac^-$$

$$NaAc \longrightarrow Na^+ + Ac^-$$

(1)当在该溶液中加入少量强碱(OH$^-$)时,$H_3O^+ + OH^- \Longleftrightarrow 2H_2O$,被消耗掉的 H_3O^+ 由抗碱成分 HAc 通过质子转移平衡而加以补充,使溶液中的 H_3O^+ 基本不变,从而也保持溶液 pH 值的基本不变。

(2)当在该溶液中加入少量强酸(H$^+$)时,$Ac^- + H^+ \Longleftrightarrow HAc$,抗酸成分 Ac$^-$ 与 H_3O^+ 结合生成 HAc,使溶液中的 H_3O^+ 基本不变,从而也保持溶液 pH 值的基本不变。

3.答:正常人体血液中碳酸缓冲系最重要,正常比值$\dfrac{[HCO_3^-]}{[CO_2]_{溶解}} = 20:1$,故

$$pH = pK_a + \lg \dfrac{[HCO_3^-]}{[CO_2]_{溶解}} = 6.10 + \lg \dfrac{20}{1} = 7.40$$

人体依靠 $HCO_3^- + H^+ \Longleftrightarrow CO_2 + H_2O$ 平衡的移动及肾和肺的生理功能,可抵抗血液中外来的少量酸碱,而使 pH 能保持在 7.35~7.45 范围内。如图所示

$$H_2CO_3 \xrightleftharpoons[\ +H^+\ ]{\ +OH^-\ } HCO_3^-$$

$$\text{肺} \rightleftharpoons CO_2 + H_2O \quad \text{肾}$$

4. 答:难溶氢氧化物都能与强酸反应生成难电离的水,使沉淀溶解。

$$Mg(OH)_2(s) \rightleftharpoons Mg^{2+} + 2OH^-$$
$$+$$
$$HCl \longrightarrow Cl^- + H^+$$
$$\Downarrow$$
$$H_2O$$

因为铵盐中的 NH_4^+ 与溶液中的 OH^- 结合生成弱电解质 $NH_3 \cdot H_2O$,使 OH^- 离子浓度降低,引起沉淀的溶解。

$$Mg(OH)_2(s) \rightleftharpoons Mg^{2+} + 2OH^-$$
$$+$$
$$2NH_4Cl \longrightarrow 2Cl^- + 2NH_4^+$$
$$\Downarrow$$
$$2NH_3 \cdot H_2O$$

三、计算题

1. 解得:3;1%。

2. 解得:1.74×10^{-5};1.74×10^{-5};0.0174%。

3. 解得 NaH_2PO_4-Na_2HPO_4;$NaH_2PO_4 = 100$ ml;$NaOH = 50$ ml

或 $H_3PO_4 = 50$ ml;$NaOH = 100$ ml;$NaH_2PO_4 = 50$ ml。

4. 解得:$BaSO_4(s) \rightleftharpoons Ba^{2+} + SO_4^{2-}$
$$+$$
$$CO_3^{2-}$$
$$\Downarrow$$
$$BaCO_3 \qquad \text{总反应为 } BaSO_4(s) + CO_3^{2-} \rightleftharpoons BaCO_3(s) + SO_4^{2-}$$

沉淀转化的平衡常数

$$K = \frac{[SO_4^{2-}]}{[CO_3^{2-}]} = \frac{[SO_4^{2-}]}{[CO_3^{2-}]} \cdot \frac{[Ba^{2+}]}{[Ba^{2+}]} = \frac{K_{sp,BaSO_4}}{K_{sp,BaCO_3}} = \frac{1.08 \times 10^{-10}}{2.58 \times 10^{-9}} = 4.19 \times 10^{-2}$$

达平衡时 $[SO_4^{2-}] = 0.010$ mol $\cdot$ L^{-1} $\therefore [CO_3^{2-}] = \dfrac{[SO_4^{2-}]}{K} = \dfrac{0.010}{4.19 \times 10^{-2}} = 0.24$ mol $\cdot$ L^{-1}

由 $BaSO_4(s)$ 转化为 $BaCO_3(s)$ 所需的 CO_3^{2-} 浓度为 0.010 mol $\cdot$ L^{-1}

$\therefore$ 所需 Na_2CO_3 的最初浓度为 $0.01 + 0.24 = 0.25$ mol $\cdot$ L^{-1}

第五章　氧化还原与电极电势

一、选择题

1~4:CCAC

二、填空题

1.还原剂、氧化产物、氧化剂、还原产物。

2.

	配平方程式	还原剂	氧化剂
1	$H_2O_2 + 2I^- + 2H^+ == I_2 + 2H_2O$	I^-	H_2O_2
2	$MnO_4^- + 5Fe^{2+} + 8H^+ == 5Fe^{3+} + Mn^{2+} + 4H_2O$	Fe^{2+}	MnO_4^-
3	$Cr_2O_7^{2-} + 3SO_3^{2-} + 8H^+ == 2Cr^{3+} + 3SO_4^{2-} + 4H_2O$	SO_3^{2-}	$Cr_2O_7^{2-}$

三、计算题

1.解得：(1)1.107 V；(2)0.818 V。

2.解得：(1)向右；(2) -0.152 V,向左。

3.解得：0.021 mol·L^{-1}。

4.解得：1.45。

第六章　配位化合物

一、选择题

1~5:DCDCD　6~8:CCD

二、填空题

1.内界、外界、配离子部分、与配离子结合的带相反电荷的离子、离子、配位、接受、给予。

2.Fe^{3+}、CN^-、C、6、$[Fe(CN)_6]^{3-}$、K^+、六氰合铁(Ⅲ)酸钾。

3.N,O,S。

4.简单配合物、螯合物、多核配合物。

5.中心离子、多齿配体。

三、简答题

1.答：在 $NH_4Fe(SO_4)_2$ 溶液中显血红色，在 $K_3[Fe(CN)_6]$ 溶液中不显色。因为 $NH_4Fe(SO_4)_2$ 为复盐，在水溶液中完全解离出 Fe^{3+}，Fe^{3+} 与 SCN^- 生成血红色的 $[Fe(SCN)_6]^{3-}$。而 $K_3[Fe(CN)_6]$ 在水溶液中完全解离为 $[Fe(CN)_6]^{3-}$，因 $[Fe(CN)_6]^{3-}$ 的稳定性比 $[Fe(SCN)_6]^{3-}$ 大得多，所以不能转化为 $[Fe(SCN)_6]^{3-}$。

2.答：$[Pt(NH_3)_6]Cl_4$，$[Pt(NH_3)_3Cl_3]Cl$

3.答：(1)$K_4[Fe(CN)_6]$　　(2)$[Pt(NH_3)_4]Cl_2$　　(3)$[Ag(NH_3)_2]Cl$

(4)$[CoCl_2(NH_3)_3(H_2O)]Cl$　　(5)$[PtCl_2(NH_3)_2(OH)_2]$

第七章　常见的非金属元素及其化合物

一、选择题

1~5:DCADD　6~10:CBBBB　11~15:BCBAA

二、填空题

1.7、得1、非金属、增多、增大。

2.$Ca(ClO)_2$。

3. F、Cl、Br、I。

4. 硝酸银、稀硝酸。

5. 不稳定性、弱酸性、氧化还原性。

6. $Na_2S_2O_3$、SO_2、S、Na_2SO_3、Na_2SO_4、$BaSO_4$。

7. 小苏打、酸中毒。

8. 硼砂。

9. 杀菌、皮肤溃疡、褥疮、中耳炎。

10. X 线、钡餐。

11. $HF > HCl > HBr > HI$。

12. $HF < HCl < HBr < HI$。

13. 臭氧。

14. 硫代硫酸根。

15. 吸附剂、胃肠胀气、腹泻、食物中毒。

三、简答题

1. 答：最外层电子数相同，都是 7 个电子；电子层不同，按氟、氯、溴、碘、砹的顺序依次增加。

2. 答：取三种溶液少许，分装在三支试管中，分别滴加硝酸银溶液，观察现象。有白色沉淀生成的是氯化钠；有淡黄色沉淀生成的是溴化钠；有黄色沉淀生成的是碘化钾。加稀硝酸沉淀均不溶解。

$$Cl^- + Ag^+ == AgCl\downarrow（白）$$
$$Br^- + Ag^+ == AgBr\downarrow（浅黄色）$$
$$I^- + Ag^+ == AgI\downarrow（黄色）$$

3. 答：说明起漂白作用的不是氯气本身，而是氯气与水作用生成次氯酸的缘故。

4. 答：I^-。

5. 答：含有 Fe^{3+}，因为：$Fe^{3+} + 6SCN^- ==[Fe(CN)_6]^{3-}$（配合物）

6. 答：A：$AgNO_3$，B：$AgCl$，C：$[Ag(NH_3)_2]Cl$，D：$AgBr$。

7. 答：A：$Na_2S_2O_3$，B：S，C：SO_2，D：Na_2SO_3，E：Na_2SO_4，F：$BaSO_4$。

第八章 常见的金属元素及其化合物

一、选择题

1～5：DBACB　　6～10：CCBDC　11～5：A B

二、填空题

1. Fe、Zn。

2. 氧化。

3. NaOH。

4. 黄、橙红、绿。

5. $+7$、MnO_4^-、紫、$+4$、$+6$。

三、简答题

1. 答：由于 Na_2O_2 能吸收 CO_2 放出 O_2，$2Na_2O_2 + 2CO_2 ==2Na_2CO_3 + O_2\uparrow$

2. 答：因为 Hg_2Cl_2 微溶于水，少量无毒。

3. 答：因为在潮湿的空气中，铜表面会逐渐形成一层绿色的碱式碳酸铜。

$$2Cu + O_2 + H_2O + CO_2 ==Cu_2(OH)_2CO_3$$

附　录

附录一　我国法定计量单位

附表 1-1　国际单位制的基本单位

量的名称	单位名称	单位符号
长度	米	m
质量	千克(公斤)	kg
时间	秒	s
电流	安培	A
热力学温度	开尔文	K
物质的量	摩尔	mol
发光强度	坎德拉	cd

附表 1-2　国际单位制的辅助单位

量的名称	单位名称	单位符号
平面角	弧度	rad
立体角	球面度	sr

附表 1-3　国际单位制中具有专门名称的导出单位

量的名称	单位名称	单位符号	其他表示实例
频率	赫兹	Hz	s^{-1}
力;重力	牛顿	N	$kg \cdot m/s^2$
压力,压强;应力	帕斯卡	Pa	N/m^2
能量;功;热量	焦耳	J	$N \cdot m$
功率;辐射通量	瓦特	W	J/s
电荷量	库仑	C	$A \cdot s$
电位;电压;电动势	伏特	V	W/A
电容	法拉	F	C/V
电阻	欧姆	Ω	V/A

量的名称	单位名称	单位符号	其他表示实例
电导	西门子	S	A/V
磁通量	韦伯	Wb	V·s
磁通量密度;磁感应强度	特斯拉	T	Wb/m^2
电感	亨利	H	Wb/A
摄氏温度	摄氏度	℃	
光通量	流明	lm	cd·sr
光照度	勒克斯	lx	lm/m^2
放射性活度	贝可勒尔	Bq	s^{-1}
吸收剂量	戈瑞	Gy	J/kg
剂量当量	希沃特	Sv	J/kg

附表 1 - 4　国家选定的非国际单位制单位

量的名称	单位名称	单位符号	换算关系和说明
时间	分	min	1 min＝60 s
	[小]时	h	1 h＝60 min＝3 600 s
	天(日)	d	1 d＝24 h＝86 400 s
平面角	[角]秒	(″)	$1''＝(\pi/648\ 000)$ rad (π 为圆周率)
	[角]分	(′)	$1'＝60''＝(\pi/10\ 800)$ rad
	度	(°)	$1°＝60'＝(\pi/180)$ rad
旋转速度	转每分	r/min	1 r/min＝(1/60) s
长度	海里	n mile	1 n mile＝1852m (只用于航程)
速度	节	kn	1 kn＝1 n mile/h ＝(1 852/3 600) m/s (只用于航程)
质量	吨	t	1 t＝1000 kg
	原子质量单位	u	$1\ u≈1.660\ 565\ 5×10^{-27}$ kg
体积	升	L,(l)	$1\ L＝1\ dm^3＝10^{-3}\ m^3$
能	电子伏	eV	$1\ eV≈1.602\ 189\ 2×10^{-19}$ J
线密度	特[克斯]	tex	1 tex＝1 g/km

附表 1 – 5　用于构成十进倍数和分数单位的词头

所表示的因数	词头名称	词头符号
10^{18}	艾[可萨]	E
10^{15}	拍[它]	P
10^{12}	太[拉]	T
10^{9}	吉[咖]	G
10^{6}	兆	M
10^{3}	千	k
10^{2}	百	h
10^{1}	十	da
10^{-1}	分	d
10^{-2}	厘	c
10^{-3}	毫	m
10^{-6}	微	μ
10^{-9}	纳[诺]	n
10^{-12}	皮[可]	p
10^{-15}	飞[母托]	f
10^{-18}	阿[托]	a

注：

1. [ ]内的字,是在不致混淆的情况下,可以省略的字。

2. ( )内的字为前者的同义语。

3. 人民生活和贸易中,质量习惯称为重量。

4. 公里为千米的俗称,符号为 km。

说明：法定计量单位的使用,可查阅 1984 年国家计量局公布的《中华人民共和国法定计量单位使用方法》。

附录二　常用物理常数和单位换算

附表 2−1　常用物理基本常数表

物理常数	符号	最佳实验值	供计算用值
真空中光速	c	$299792458 \pm 1.2 \, m \cdot s^{-1}$	$3.00 \times 10^8 \, m \cdot s^{-1}$
引力常数	G_0	$(6.6720 \pm 0.0041) \times 10^{-11} \, m^3 \cdot s^{-2}$	$6.67 \times 10^{-11} \, m^3 \cdot s^{-2}$
阿伏伽德罗（Avogadro）常数	N_0	$(6.022045 \pm 0.000031) \times 10^{23} \, mol^{-1}$	$6.02 \times 10^{23} \, mol^{-1}$
普适气体常数	R	$(8.31441 \pm 0.00026) J \cdot mol^{-1} \cdot K^{-1}$	$8.31 \, J \cdot mol^{-1} \cdot K^{-1}$
玻尔兹曼（Boltzmann）常数	k	$(1.380662 \pm 0.000041) \times 10^{-23} J \cdot K^{-1}$	$1.38 \times 10^{-23} \, J \cdot K^{-1}$
理想气体摩尔体积	V_m	$(22.41383 \pm 0.00070) \times 10^{-3}$	$22.4 \times 10^{-3} \, m^3 \cdot mol^{-1}$
基本电荷（元电荷）	e	$(1.6021892 \pm 0.0000046) \times 10^{-19} \, C$	$1.602 \times 10^{-19} \, C$
原子质量单位	u	$(1.6605655 \pm 0.0000086) \times 10^{-27} \, kg$	$1.66 \times 10^{-27} \, kg$
电子静止质量	m_e	$(9.109534 \pm 0.000047) \times 10^{-31} \, kg$	$9.11 \times 10^{-31} \, kg$
电子荷质比	e/m_e	$(1.7588047 \pm 0.0000049) \times 10^{-11} \, C \cdot kg^{-2}$	$1.76 \times 10^{-11} \, C \cdot kg^{-2}$
质子静止质量	m_p	$(1.6726485 \pm 0.0000086) \times 10^{-27} \, kg$	$1.673 \times 10^{-27} \, kg$
中子静止质量	m_n	$(1.6749543 \pm 0.0000086) \times 10^{-27} \, kg$	$1.675 \times 10^{-27} \, kg$
法拉第常数	F	$(9.648456 \pm 0.000027) \times 10^4 \, C \cdot mol^{-1}$	$96500 \, C \cdot mol^{-1}$
玻尔（Bohr）半径	α_0	$(5.2917706 \pm 0.0000044) \times 10^{-11} \, m$	$5.29 \times 10^{-11} \, m$
普朗克（Planck）常数	h	$(6.626176 \pm 0.000036) \times 10^{-34} \, J \cdot s$	$6.63 \times 10^{-34} \, J \cdot s$

附表 2−2　常用单位换算

1 米(m) = 100 厘米(cm) = 10^3 毫米(mm) = 10^6 微米(um) = 10^9 纳米(nm) = 10^{12} 皮米(pm)

1 立方米(m^3) = 1000 升(liter)

1 大气压(atm) = 101.325 千帕(kPa) = 760 毫米汞柱(mmHg) = 1.0333 巴(bars)

1 卡(cal) = 4.1868 焦耳(J) = 4.1868×10^7 尔格(erg)

1 电子伏特(eV) = 1.602×10^{-19} 焦耳(J) = 23.06 千卡·摩尔$^{-1}$(kcal · mol^{-1})

K = ℃ + 273.15

附录三 弱酸、弱碱在水溶液中的解离平衡常数(298 K)

附表 3-1 无机酸在水溶液中的解离平衡常数(298 K)

序号(No.)	名称(Name)	化学式(Chemical formula)	K_a	pK_a
1	偏铝酸	$HAlO_2$	6.3×10^{-13}	12.20
2	亚砷酸	H_3AsO_3	6.0×10^{-10}	9.22
3	砷酸	H_3AsO_4	$6.3 \times 10^{-3}(K_1)$	2.20
			$1.05 \times 10^{-7}(K_2)$	6.98
			$3.2 \times 10^{-12}(K_3)$	11.50
4	硼酸	H_3BO_3	$5.8 \times 10^{-10}(K_1)$	9.24
			$1.8 \times 10^{-13}(K_2)$	12.74
			$1.6 \times 10^{-14}(K_3)$	13.80
5	次溴酸	$HBrO$	2.4×10^{-9}	8.62
6	氢氰酸	HCN	6.2×10^{-10}	9.21
7	碳酸	H_2CO_3	$4.2 \times 10^{-7}(K_1)$	6.38
			$5.6 \times 10^{-11}(K_2)$	10.25
8	次氯酸	$HClO$	3.2×10^{-8}	7.50
9	氢氟酸	HF	6.61×10^{-4}	3.18
10	锗酸	H_2GeO_3	$1.7 \times 10^{-9}(K_1)$	8.78
			$1.9 \times 10^{-13}(K_2)$	12.72
11	高碘酸	HIO_4	2.8×10^{-2}	1.56
12	亚硝酸	HNO_2	5.1×10^{-4}	3.29
13	次磷酸	H_3PO_2	5.9×10^{-2}	1.23
14	亚磷酸	H_3PO_3	$5.0 \times 10^{-2}(K_1)$	1.30
			$2.5 \times 10^{-7}(K_2)$	6.60
15	磷酸	H_3PO_4	$7.52 \times 10^{-3}(K_1)$	2.12
			$6.31 \times 10^{-8}(K_2)$	7.20
			$4.4 \times 10^{-13}(K_3)$	12.36
16	焦磷酸	$H_4P_2O_7$	$3.0 \times 10^{-2}(K_1)$	1.52
			$4.4 \times 10^{-3}(K_2)$	2.36
			$2.5 \times 10^{-7}(K_3)$	6.60
			$5.6 \times 10^{-10}(K_4)$	9.25
17	氢硫酸	H_2S	$1.3 \times 10^{-7}(K_1)$	6.88
			$7.1 \times 10^{-15}(K_2)$	14.15

序号(No.)	名称(Name)	化学式(Chemical formula)	K_a	pK_a
18	亚硫酸	H_2SO_3	$1.23 \times 10^{-2}(K_1)$	1.91
			$6.6 \times 10^{-8}(K_2)$	7.18
19	硫酸	H_2SO_4	$1.0 \times 10^3(K_1)$	-3.0
			$1.02 \times 10^{-2}(K_2)$	1.99
20	硫代硫酸	$H_2S_2O_3$	$2.52 \times 10^{-1}(K_1)$	0.60
			$1.9 \times 10^{-2}(K_2)$	1.72
21	氢硒酸	H_2Se	$1.3 \times 10^{-4}(K_1)$	3.89
			$1.0 \times 10^{-11}(K_2)$	11.0
22	亚硒酸	H_2SeO_3	$2.7 \times 10^{-3}(K_1)$	2.57
			$2.5 \times 10^{-7}(K_2)$	6.60
23	硒酸	H_2SeO_4	$1 \times 10^3(K_1)$	-3.0
			$1.2 \times 10^{-2}(K_2)$	1.92
24	硅酸	H_2SiO_3	$1.7 \times 10^{-10}(K_1)$	9.77
			$1.6 \times 10^{-12}(K_2)$	11.80
25	亚碲酸	H_2TeO_3	$2.7 \times 10^{-3}(K_1)$	2.57
			$1.8 \times 10^{-8}(K_2)$	7.74

附表 3 - 2 无机碱在水溶液中的解离常数(298 K)

序号(No.)	名称(Name)	化学式 (Chemical formula)	K_b	pK_b
1	氢氧化铝	$Al(OH)_3$	$1.38 \times 10^{-9}(K_3)$	8.86
2	氢氧化银	$AgOH$	1.10×10^{-4}	3.96
3	氢氧化钙	$Ca(OH)_2$	3.72×10^{-3}	2.43
			3.98×10^{-2}	1.40
4	氨水	$NH_3 + H_2O$	1.78×10^{-5}	4.75
5	肼(联氨)	$N_2H_4 + H_2O$	$9.55 \times 10^{-7}(K_1)$	6.02
			$1.26 \times 10^{-15}(K_2)$	14.9
6	羟氨	$NH_2OH + H_2O$	9.12×10^{-9}	8.04
7	氢氧化铅	$Pb(OH)_2$	$9.55 \times 10^{-4}(K_1)$	3.02
			$3.0 \times 10^{-8}(K_2)$	7.52
8	氢氧化锌	$Zn(OH)_2$	9.55×10^{-4}	3.02

附录四 部分难溶化合物的溶度积常数

序号 (No.)	分子式 (Molecular formula)	K_{sp}	pK_{sp} ($-\lg K_{sp}$)
1	Ag_3AsO_4	1.0×10^{-22}	22.0
2	$AgBr$	5.0×10^{-13}	12.3
3	$AgBrO_3$	5.50×10^{-5}	4.26
4	$AgCl$	1.8×10^{-10}	9.75
5	$AgCN$	1.2×10^{-16}	15.92
6	Ag_2CO_3	8.1×10^{-12}	11.09
7	$Ag_2C_2O_4$	3.5×10^{-11}	10.46
8	Ag_2CrO_4	1.2×10^{-12}	11.92
9	$Ag_2Cr_2O_7$	2.0×10^{-7}	6.70
10	AgI	8.3×10^{-17}	16.08
11	$AgIO_3$	3.1×10^{-8}	7.51
12	$AgOH$	2.0×10^{-8}	7.71
13	Ag_2MoO_4	2.8×10^{-12}	11.55
14	Ag_3PO_4	1.4×10^{-16}	15.84
15	Ag_2S	6.3×10^{-50}	49.2
16	$AgSCN$	1.0×10^{-12}	12.00
17	Ag_2SO_3	1.5×10^{-14}	13.82
18	Ag_2SO_4	1.4×10^{-5}	4.84
19	Ag_2Se	2.0×10^{-64}	63.7
20	Ag_2SeO_3	1.0×10^{-15}	15.00
21	Ag_2SeO_4	5.7×10^{-8}	7.25
22	$AgVO_3$	5.0×10^{-7}	6.3
23	Ag_2WO_4	5.5×10^{-12}	11.26
24	$Al(OH)_3$①	4.57×10^{-33}	32.34
25	$AlPO_4$	6.3×10^{-19}	18.24
26	Al_2S_3	2.0×10^{-7}	6.7
27	$Au(OH)_3$	5.5×10^{-46}	45.26
28	$AuCl_3$	3.2×10^{-25}	24.5
29	AuI_3	1.0×10^{-46}	46.0
30	$Ba_3(AsO_4)_2$	8.0×10^{-51}	50.1
31	$BaCO_3$	5.1×10^{-9}	8.29
32	BaC_2O_4	1.6×10^{-7}	6.79
33	$BaCrO_4$	1.2×10^{-10}	9.93

序号 (No.)	分 子 式 (Molecular formula)	K_{sp}	pK_{sp} $(-\lg K_{sp})$
34	$Ba_3(PO_4)_2$	3.4×10^{-23}	22.44
35	$BaSO_4$	1.1×10^{-10}	9.96
36	BaS_2O_3	1.6×10^{-5}	4.79
37	$BaSeO_3$	2.7×10^{-7}	6.57
38	$BaSeO_4$	3.5×10^{-8}	7.46
39	$Be(OH)_2$ [②]	1.6×10^{-22}	21.8
40	$BiAsO_4$	4.4×10^{-10}	9.36
41	$Bi_2(C_2O_4)_3$	3.98×10^{-36}	35.4
42	$Bi(OH)_3$	4.0×10^{-31}	30.4
43	$BiPO_4$	1.26×10^{-23}	22.9
44	$CaCO_3$	2.8×10^{-9}	8.54
45	$CaC_2O_4 \cdot H_2O$	4.0×10^{-9}	8.4
46	CaF_2	2.7×10^{-11}	10.57
47	$CaMoO_4$	4.17×10^{-8}	7.38
48	$Ca(OH)_2$	5.5×10^{-6}	5.26
49	$Ca_3(PO_4)_2$	2.0×10^{-29}	28.70
50	$CaSO_4$	3.16×10^{-7}	5.04
51	$CaSiO_3$	2.5×10^{-8}	7.60
52	$CaWO_4$	8.7×10^{-9}	8.06
53	$CdCO_3$	5.2×10^{-12}	11.28
54	$CdC_2O_4 \cdot 3H_2O$	9.1×10^{-8}	7.04
55	$Cd_3(PO_4)_2$	2.5×10^{-33}	32.6
56	CdS	8.0×10^{-27}	26.1
57	$CdSe$	6.31×10^{-36}	35.2
58	$CdSeO_3$	1.3×10^{-9}	8.89
59	CeF_3	8.0×10^{-16}	15.1
60	$CePO_4$	1.0×10^{-23}	23.0
61	$Co_3(AsO_4)_2$	7.6×10^{-29}	28.12
62	$CoCO_3$	1.4×10^{-13}	12.84
63	CoC_2O_4	6.3×10^{-8}	7.2
64	$Co(OH)_2$(蓝)	6.31×10^{-15}	14.2

附录五　常见配离子的稳定常数(293~298 K)

(温度 293~298 K，离子强度 $\mu \approx 0$)

配离子	稳定常数，K_a	$\log K_a$	配离子	稳定常数，K_a	$\log K_a$
$[Ag(NH_3)_2]^+$	1.11×10^7	7.05	$[Zn(CN)_4]^{2-}$	5.01×10^{16}	16.7
$[Cd(NH_3)_4]^{2+}$	1.32×10^7	7.12	$[Ag(Ac)_2]^-$	4.37	0.64
$[Co(NH_3)_6]^{2+}$	1.29×10^5	5.11	$[Cu(Ac)_4]^{2-}$	1.54×10^3	3.20
$[Co(NH_3)_6]^{3+}$	1.59×10^{35}	35.2	$[Pb(Ac)_4]^{2-}$	3.16×10^8	8.50
$[Cu(NH_3)_4]^{2+}$	2.09×10^{13}	13.32	$[Al(C_2O_4)_3]^{3-}$	2.00×10^{16}	16.30
$[Ni(NH_3)_6]^{2+}$	5.50×10^8	8.74	$[Fe(C_2O_4)_3]^{3-}$	1.58×10^{20}	20.20
$[Zn(NH_3)_4]^{2+}$	2.88×10^9	9.46	$[Fe(C_2O_4)_3]^{4-}$	1.66×10^5	5.22
$[Zn(OH)_4]^{2-}$	4.57×10^{17}	17.66	$[Zn(C_2O_4)_3]^{4-}$	1.41×10^8	8.15
$[CdI_4]^{2-}$	2.57×10^5	5.41	$[Cd(en)_3]^{2+}$	1.23×10^{12}	12.09
$[HgI_4]^{2-}$	6.76×10^{29}	29.83	$[Co(en)_3]^{2+}$	8.71×10^{13}	13.94
$[Ag(SCN)_2]^-$	3.72×10^7	7.57	$[Co(en)_3]^{3+}$	4.90×10^{48}	48.69
$[Co(SCN)_4]^{2-}$	1.00×10^3	3.00	$[Fe(en)_3]^{2+}$	5.01×10^9	9.70
$[Hg(SCN)_4]^{2-}$	1.70×10^{21}	21.23	$[Ni(en)_3]^{2+}$	2.14×10^{18}	18.33
$[Zn(SCN)_4]^{2-}$	41.7	1.62	$[Zn(en)_3]^{2+}$	1.29×10^{14}	14.11
$[AlF_6]^{3-}$	6.92×10^{19}	19.84	$[Aledta]^-$	1.29×10^{16}	16.11
$[AgCl_2]^-$	1.10×10^5	5.04	$[Baedta]^{2-}$	6.03×10^7	7.78
$[CdCl_4]^{2-}$	6.31×10^2	2.80	$[Caedta]^{2-}$	1.00×10^{11}	11.00
$[HgCl_4]^{2-}$	1.17×10^{15}	15.07	$[Cdedta]^{2-}$	2.51×10^{16}	16.40
$[PbCl_3]^-$	1.70×10^3	3.23	$[Coedta]^{2-}$	1.00×10^{36}	36
$[AgBr_2]^-$	2.14×10^7	7.33	$[Cuedta]^{2-}$	5.01×10^{18}	18.70
$[Ag(CN)_2]^-$	1.26×10^{21}	21.10	$[Feedta]^{2-}$	2.14×10^{14}	14.33
$[Au(CN)_2]^-$	2.00×10^{38}	38.30	$[Feedta]^-$	1.70×10^{24}	24.23
$[Cd(CN)_4]^{2-}$	6.03×10^{18}	18.78	$[Hgedta]^{2-}$	6.31×10^{21}	21.80
$[Cu(CN)_4]^{2-}$	2.00×10^{30}	30.30	$[Mgedta]^{2-}$	4.37×10^8	8.64
$[Fe(CN)_6]^{4-}$	1.00×10^{35}	35	$[Mnedta]^{2-}$	6.31×10^{13}	13.80
$[Fe(CN)_6]^{3-}$	1.00×10^{42}	42	$[Niedta]^{2-}$	3.63×10^{18}	18.56
$[Hg(CN)_4]^{2-}$	2.51×10^{41}	41.4	$[Pbedta]^{2-}$	2.00×10^{18}	18.30
$[Ni(CN)_4]^{2-}$	2.00×10^{31}	31.3	$[Znedta]^{2-}$	2.51×10^{16}	16.40

附录六 常见电对的标准电极电势

电 对	电 极 反 应	$\varphi^{\ominus}$(298.15 K)/V
Li^+/Li	$Li^+(aq)+e^- \rightleftharpoons Li(s)$	-3.040
K^+/K	$K^+(aq)+e^- \rightleftharpoons K$	-2.936
Ca^{2+}/Ca	$Ca^{2+}(aq)+2e^- \rightleftharpoons Ca(s)$	-2.869
Na^+/Na	$Na^+(aq)+e^- \rightleftharpoons Na(s)$	-2.714
Mg^{2+}/Mg	$Mg^{2+}(aq)+2e^- \rightleftharpoons Mg(s)$	-2.357
Al^{3+}/Al	$Al^{3+}(aq)+3e^- \rightleftharpoons Al(s)$	-1.68
Mn^{2+}/Mn	$Mn^{2+}(aq)+2e^- \rightleftharpoons Mn(s)$	-1.182
Zn^{2+}/Zn	$Zn^{2+}(aq)+2e^- \rightleftharpoons Zn(s)$	-0.7621
Cr^{3+}/Cr	$Cr^{3+}(aq)+3e^- \rightleftharpoons Cr(s)$	-0.74
$CO_2/H_2C_2O_4$	$2CO_2(g)+2H^+(aq)+2e^- \rightleftharpoons H_2C_2O_4(aq)$	-0.5950
Fe^{2+}/Fe	$Fe^{2+}(aq)+2e^- \rightleftharpoons Fe(s)$	-0.4089
Cd^{2+}/Cd	$Cd^{2+}(aq)+2e^- \rightleftharpoons Cd(s)$	-0.4022
Ni^{2+}/Ni	$Ni^{2+}(aq)+2e^- \rightleftharpoons Ni(s)$	-0.2363
Sn^{2+}/Sn	$Sn^{2+}(aq)+2e^- \rightleftharpoons Sn(s)$	-0.1410
Pb^{2+}/Pb	$Pb^{2+}(aq)+2e^- \rightleftharpoons Sn(s)$	-0.1266
$H+/H_2$	$2H^+(aq)+2e^- \rightleftharpoons H_2(g)$	0.0000
$S_4O_6{}^{2-}/S_2O_3{}^{2-}$	$S_4O2{}_{-6}(aq)+2e^- \rightleftharpoons 2S_2O_3^{2-}(aq)$	$+0.02384$
S/H_2S	$S(s)+2H^+(aq)+2e^- \rightleftharpoons H_2S(aq)$	$+0.1442$
Sn^{4+}/Sn^{2+}	$Sn^{4+}(aq)+2e^- \rightleftharpoons Sn^{2+}(aq)$	$+0.1539$
Cu^{2+}/Cu^+	$Cu^{2+}(aq)+2e^- \rightleftharpoons Cu^+(aq)$	$+0.1607$
$AgCl/Ag$	$Ag(s)+e^- \rightleftharpoons Ag(s)+Cl^-(aq)$	$+0.2222$
Hg_2Cl_2/Hg	$Hg_2Cl_2(s)+2e^- \rightleftharpoons 2Hg(l)+2Cl^-(aq)$	$+0.2680$
Cu^{2+}/Cu	$Cu^{2+}(aq)+2e^- \rightleftharpoons Cu(s)$	$+0.3394$
I_2/I^-	$I_2(s)+2e^- \rightleftharpoons 2I^-(aq)$	$+0.5345$
$MnO_4{}^-/MnO_4{}^{2-}$	$MnO_4^-(aq)+2e^- \rightleftharpoons MnO_4^{2-}(aq)$	$+0.5545$
H_3AsO_4/H_3AsO_3	$H_3AsO_4(aq)+2H^+(aq)+2e^- \rightleftharpoons H_3AsO_3(aq)+H_2O(l)$	$+.05748$
$MnO_4{}^-/MnO_2$	$MnO_4^-(aq)+2H_2O(l)+3e^- \rightleftharpoons MnO_2(s)+4OH^-(aq)$	$+0.5965$
O_2/H_2O_2	$O_2(g)+2H^+(aq)+2e^- \rightleftharpoons H_2O_2(aq)$	$+0.6945$
Fe^{3+}/Fe^{2+}	$Fe^{3+}(aq)+e^- \rightleftharpoons Fe^{2+}(aq)$	$+0.769$
$Hg_2{}^{2+}/Hg$	$Hg^{2+}(aq)+2e^- \rightleftharpoons 2Hg(l)$	$+0.7956$

电　对	电　极　反　应	φ^{θ}(298.15 K)/V
Ag^+/Ag	$Ag^+(aq)+e^- \Longleftrightarrow Ag(s)$	+0.7991
NO_3^-/NO	$NO_3^-(aq)+3e^- \Longleftrightarrow NO(g)+2H_2O(l)$	+0.9637
HNO_2/NO	$HNO_2(aq)+H^+(aq)+e^- \Longleftrightarrow NO(g)+H_2O(l)$	+1.04
Br_2/Br^-	$Br_2(l)+2e^- \Longleftrightarrow 2Nr^-(aq)$	+1.0774
O_2/H_2O	$O_2(g)+4H^+(aq)+4e^- \Longleftrightarrow 2H_2O(l)$	+1.229
MnO_2/Mn^{2+}	$MnO_2(s)+4H^+(aq)+2e^- \Longleftrightarrow Mn^{2+}(aq)+2H_2O(l)$	+1.2293
$Cr_2O_7^{2-}/Cr^{3+}$	$Cr_2O_7^{2-}(aq)+14H^+(aq)+6e^- \Longleftrightarrow 2Cr^{2+}(aq)+7H_2O(l)$	+1.33
Cl_2/Cl^-	$Cl_2(g)+2e^- \Longleftrightarrow 2Cl^-(aq)$	+1.360
PbO_2/Pb^{2+}	$PbO_2(s)+4H^+(aq)+2e^- \Longleftrightarrow Pb^{2+}(aq)+2H_2O(l)$	+1.458
MnO_4^-/Mn^{2+}	$MnO_4^-(aq)+8H^+(aq)+5e^- \Longleftrightarrow Mn^{2+}(aq)+4H_2O(l)$	+1.512
H_2O_2/H_2O	$H_2O_2(aq)+2H^+(aq)+2e^- \Longleftrightarrow 2H_2O(l)$	+1.763
$S_2O_8^{2-}/SO_4^{2-}$	$S_2O_8^{2-}(aq)+2e^- \Longleftrightarrow 2SO_4^{2-}(aq)$	+1.939
$F_2(g)/F^-$	$F_2(g)+2e^- \Longleftrightarrow 2F^-(aq)$	+2.889

主要参考文献

[1] 侯新初. 无机化学[M]. 北京：中国医药科技出版社，1995.

[2] 高职高专化学教材编写组. 无机化学[M]. 北京：高等教育出版社，2000.

[3] 张锦楠. 化学[M]. 北京：人民卫生出版社，2002.

[4] 谢吉民. 医学化学[M]. 北京：人民卫生出版社，2004.

[5] 刘德育. 无机化学[M]. 北京：人民卫生出版社，2004.

[6] 许善锦，姜凤超. 无机化学[M]. 北京：人民卫生出版社，2004.

[7] 张天蓝. 无机化学[M]. 北京：人民卫生出版社，2007.

[8] 汤启昭. 无机化学[M]. 北京：中央广播电视大学出版社，2006.

[9] 付莱花，廖禹东. 医用化学[M]. 北京：北京出版社，2008.

[10] 刘斌. 无机化学[M]. 北京：科学出版社，2009.

[11] 魏祖期. 基础化学[M]. 北京：人民卫生出版社，2009.

[12] 李雪华. 基础化学实验[M]. 北京：人民卫生出版社，2009.

[13] 牛秀明，吴瑛. 无机化学[M]. 北京：人民卫生出版社，2010.

[14] 刘志红. 无机化学[M]. 西安：第四军医大学出版社，2011.

[15] 刘幸平，张拴. 无机化学[M]. 2版. 北京：科学出版社，2011.

元素周期表

注:
1. 相对原子质量录自1999年国际相对原子质量表，以 ¹²C=12 为基准。元素的相对原子质量末位数的准确度加注在其后括弧内。
2. 商品Li的相对原子质量范围为6.939～6.996。
3. 稳定元素列有天然丰度的同位素；天然放射性元素和人造元素的同位素的选列与国际相对原子质量标的有关文献一致。

图例说明：
- 原子序数
- 元素符号（红色指放射性元素）
- 元素名称（注*的是人造元素）
- 稳定同位素的质量数（短线指指丰度最大的同位素）
- 放射性元素的质量数
- 外围电子构型（括号指可能的构型）
- 相对原子质量（括号内数据为放射性元素最长寿命同位素的质量数）

图例方块：稀有气体　金属　过渡元素　非金属

周期＼族	1 IA	2 IIA	3 IIIB	4 IVB	5 VB	6 VIB	7 VIIB	8	9 VIIIB	10	11 IB	12 IIB	13 IIIA	14 IVA	15 VA	16 VIA	17 VIIA	18 VIIIA
1	1 H 氢 1.00794(7)																	2 He 氦 4.002602(2)
2	3 Li 锂 6.941(2)	4 Be 铍 9.012182(3)											5 B 硼 10.811(7)	6 C 碳 12.0107(8)	7 N 氮 14.0067(2)	8 O 氧 15.9994(3)	9 F 氟 18.9984032(5)	10 Ne 氖 20.1797(6)
3	11 Na 钠 22.989770(2)	12 Mg 镁 24.3050(6)											13 Al 铝 26.981538(2)	14 Si 硅 28.0855(3)	15 P 磷 30.973761(2)	16 S 硫 32.065(5)	17 Cl 氯 35.453(2)	18 Ar 氩 39.948(1)
4	19 K 钾 39.0983(1)	20 Ca 钙 40.078(4)	21 Sc 钪 44.955910(8)	22 Ti 钛 47.867(1)	23 V 钒 50.9415(1)	24 Cr 铬 51.9961(6)	25 Mn 锰 54.938049(9)	26 Fe 铁 55.845(2)	27 Co 钴 58.933200(9)	28 Ni 镍 58.6934(2)	29 Cu 铜 63.546(3)	30 Zn 锌 65.39(2)	31 Ga 镓 69.723(1)	32 Ge 锗 72.64(1)	33 As 砷 74.92160(2)	34 Se 硒 78.96(3)	35 Br 溴 79.904(1)	36 Kr 氪 83.80(1)
5	37 Rb 铷 85.4678(3)	38 Sr 锶 87.62(1)	39 Y 钇 88.90585(2)	40 Zr 锆 91.224(2)	41 Nb 铌 92.90638(2)	42 Mo 钼 95.94(1)	43 Tc 锝* (98)	44 Ru 钌 101.07(2)	45 Rh 铑 102.90550(2)	46 Pd 钯 106.42(1)	47 Ag 银 107.8682(2)	48 Cd 镉 112.411(8)	49 In 铟 114.818(3)	50 Sn 锡 118.710(7)	51 Sb 锑 121.760(1)	52 Te 碲 127.60(3)	53 I 碘 126.90447(3)	54 Xe 氙 131.293(6)
6	55 Cs 铯 132.90545(2)	56 Ba 钡 137.327(7)	71 Lu 镥 174.967(1)	72 Hf 铪 178.49(2)	73 Ta 钽 180.9479(1)	74 W 钨 183.84(1)	75 Re 铼 186.207(1)	76 Os 锇 190.23(3)	77 Ir 铱 192.217(3)	78 Pt 铂 195.078(2)	79 Au 金 196.96655(2)	80 Hg 汞 200.59(2)	81 Tl 铊 204.3833(2)	82 Pb 铅 207.2(1)	83 Bi 铋 208.98038(2)	84 Po 钋* (210)	85 At 砹* (210)	86 Rn 氡 (222)
7	87 Fr 钫* (223)	88 Ra 镭 (226)	103 Lr 铹* (260)	104 Rf 鑪* (261)	105 Db 𨧀* (262)	106 Sg 𨭎* (263)	107 Bh 𨨏* (264)	108 Hs 𨭆* (265)	109 Mt 䥑* (268)	110 Uun 𫟼* (269)	111 Uuu * (272)	112 Uub * (277)						

镧系：
57 La 镧 138.9055(2)	58 Ce 铈 140.116(1)	59 Pr 镨 140.90765(2)	60 Nd 钕 144.24(3)	61 Pm 钷* (145)	62 Sm 钐 150.36(3)	63 Eu 铕 151.964(1)	64 Gd 钆 157.25(3)	65 Tb 铽 158.92534(2)	66 Dy 镝 162.50(3)	67 Ho 钬 164.93032(2)	68 Er 铒 167.259(3)	69 Tm 铥 168.93421(2)	70 Yb 镱 173.04(3)

锕系：
89 Ac 锕 (227)	90 Th 钍 232.0381(1)	91 Pa 镤 231.03588(2)	92 U 铀 238.02891(3)	93 Np 镎* 237	94 Pu 钚* (244)	95 Am 镅* (243)	96 Cm 锔* (247)	97 Bk 锫* (247)	98 Cf 锎* (251)	99 Es 锿* (252)	100 Fm 镄* (257)	101 Md 钔* (258)	102 No 锘* (259)

电子层及18族电子数说明（右上角）：
- K层：He 2
- L,K层：Ne 8,2
- M,L,K层：Ar 8,8,2
- N,M,L,K层：Kr 8,18,8,2
- O,N,M,L,K层：Xe 8,18,18,8,2
- P,O,N,M,L,K层：Rn 8,18,32,18,8,2